湖北省学术著作出版专项资金资助项目

土木工程前沿学术研究著作丛书(第1期)

城市基坑工程设计施工实践与应用

李欢秋　刘　飞　郭进军　编著

武汉理工大学出版社

·武　汉·

图书在版编目(CIP)数据

城市基坑工程设计施工实践与应用/李欢秋，刘飞，郭进军编著. —武汉：武汉理工大学出版社，2019.3

ISBN 978-7-5629-5972-4

Ⅰ.①城… Ⅱ.①李… ②刘… ③郭… Ⅲ.①基坑工程—工程设计 ②基坑工程—工程施工 Ⅳ.①TU46

中国版本图书馆 CIP 数据核字(2018)第 300729 号

项目负责人：杨万庆　　**责任编辑**：彭佳佳
责任校对：李正五　　**封面设计**：博壹臻远
出版发行：武汉理工大学出版社
地　　址：武汉市洪山区珞狮路 122 号
邮　　编：430070
网　　址：http://www.wutp.com.cn
经 销 者：各地新华书店
印 刷 者：湖北恒泰印务有限公司
开　　本：787×1092　1/16
印　　张：16.5
字　　数：330 千字
版　　次：2019 年 3 月第 1 版
印　　次：2019 年 3 月第 1 次印刷
定　　价：98.00 元

凡购本书，如有缺页、倒页、脱页等印装质量问题，请向出版社发行部调换。
本社购书热线电话：027-87391631　87664138　87785758　87165708(传真)

前　言

由于地下空间开发利用向大面积、大深度、大型综合体方向发展，地下空间开发带来的深基坑工程问题日益增多，建筑地基处理、深基坑支护、地下水治理、复杂环境地下工程近接施工以及支护与结构主体相结合设计等是保障地下工程建设安全和控制成本、工期必须面对的关键技术问题，因此，城市地下空间开发利用首先遇到的难题是深基坑工程问题。在基坑工程设计与施工、地下水治理设计与施工、地下工程近接施工过程中，不确定因素多，涉及的专业领域广，具有很强的实践性，因此非常需要一本能紧密结合工程实践的深基坑支护设计与施工的书籍，以指导深基坑的概念性设计，合理确定初步设计方案，把握方向。作者通过多年来亲自主持或参与的复杂环境下地下工程基坑支护设计与施工及地下工程近接施工等有代表性的工程实践和工程分析总结，给出了环境条件、施工方法均不同的情况下，特别是淤泥质土中基坑支护及近接施工的设计参数、技术途径、实施效果以及工程经验等。该书不求理论全面，只求真实、简便、实用、可行。

本书可供对岩土工程有一定了解的工程技术人员参考，也可供从事岩土工程勘察、设计、施工、监测、监理等工作的相关技术人员参考。

本书由李欢秋、刘飞、郭进军编著。本书中的工程实例设计和施工的参与人员有：李欢秋、刘飞、张福明、吴祥云、张勇、袁培中、张向阳、庞伟宾、张光明、王励之、明治清、张仕、连洛培、郭进军等。

限于作者水平，不妥之处请予指正。

编　者

2018.5

目　录

绪　论

随着城市建设的发展以及城市地下空间开发利用越来越受到重视，城市深基坑工程数量越来越多，基坑规模和深度越来越大，所处的环境越来越复杂，深基坑事故导致的环境危害也将越来越严重，因此深基坑工程已越来越受到建设管理部门、建设方、社会以及勘察设计施工单位的高度重视。为了确保建筑边坡与深基坑建设工程及其周围建（构）筑物和地下管线、道路的安全，必须深入研究建筑边坡与深基坑工程设计施工技术，加强相关管理和监督力度，努力提高边坡及深基坑工程设计及施工技术水平。

深基坑工程包括工程地质勘察和环境调查、基坑支护设计与施工、地下水控制设计与施工、地表水的疏导与排泄、土方开挖与回填、周边环境保护、基坑支护结构内力监测、边坡变形监测及环境监测等内容。深基坑一般是指开挖深度超过自然地面下 5m（含）或深度虽未超过 5m，但地质条件和周围环境复杂的基坑。所谓地质条件复杂一般是指组成基坑侧壁或基底的土层主要为松散的填土、淤泥质土、地下水位以下的砂性土等；周围环境复杂是指距离基坑边 1～2 倍基坑深度范围内有对变形敏感的建（构）筑物或地下管线、管沟等。

基坑支护设计与施工应综合考虑工程地质与水文地质条件、基础类型、基坑开挖深度、降排水条件、周边环境对基坑侧壁位移的要求、基坑周边荷载、施工季节、支护结构使用期限等因素，做到因地制宜，因时制宜，合理设计，精心施工，严格监控。

根据基坑及边坡支护深度、工程地质情况、周边环境以及工期等，可选择不同的支护结构类型，图 0-1 给出了支护结构的主要类型，在基坑深度不大和地质及环境不复杂的情况下，采用挡土墙结构可以满足安全性要求，但是在采取挡土墙结构不足以保证安全和环境稳定的情况下，则需要增加内支撑或锚杆等加固体系。不同的支护结构型式适应于不同的条件，《建筑基坑支护技术规程》（JGJ 120—2012）原则上规定了其适用条件，见表 0-1。

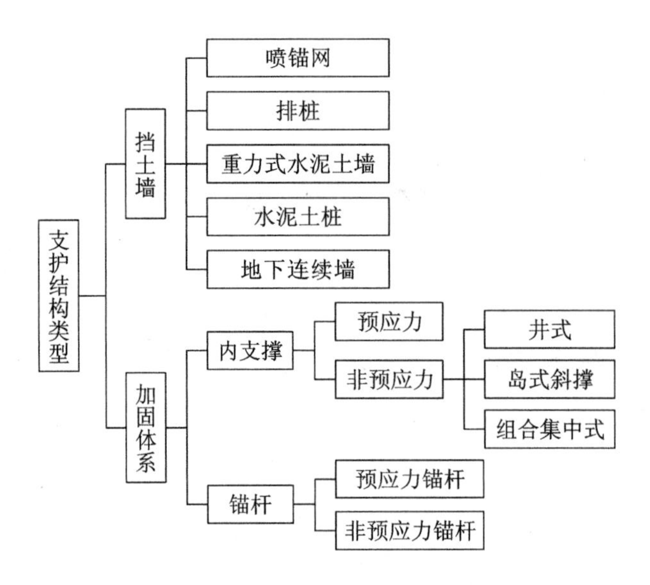

图 0-1　基坑支护结构类型

表 0-1　支护结构型式适用条件

结构型式	适用条件
排桩或地下连续墙	① 适用于基坑侧壁安全等级一级、二级、三级； ② 悬臂式结构在软土场地中不宜长于 5m； ③ 当地下水位高于基坑底面时，宜采用降水、排桩加截水帷幕或地下连续墙
水泥土墙	① 基坑侧壁安全等级宜为二级、三级； ② 水泥土桩施工范围内地基土承载力不宜大于 150kPa； ③ 基坑深度不宜大于 6m
土钉墙	① 基坑侧壁安全等级宜为二级、三级的非软土场地； ② 基坑深度不宜大于 12m； ③ 当地下水位高于基坑底面时，应采取降水或截水措施
逆作拱墙	① 基坑侧壁安全等级宜为二级、三级； ② 淤泥和淤泥质土场地不宜采用； ③ 拱墙轴线的矢跨比不宜小于 1/8； ④ 基坑深度不宜大于 12m； ⑤ 地下水位高于基坑底面时，应采取降水或截水措施
放坡	① 基坑侧壁安全等级宜为三级； ② 施工现场地应满足放坡条件； ③ 可独立或与上述其他结构型式结合使用； ④ 当地下水位高于坡脚时，应采取降水措施

一级、二级、三级基坑侧壁安全等级是根据基坑出现安全事故后对基坑周边环境或主体结构事故安全的影响程度而定的，它主要与基坑深度、环境条件和工程水文地质条件等因素有关。在上述支护结构型式中，一般常用的深基坑边坡支护结构类型为：悬臂排桩、排桩（地下连续墙）＋支撑（预应力锚杆）、土钉墙（喷锚支护）、复合土钉墙及放坡等。对于基坑深度在15m以上或地下水位高、深厚淤泥质土中则往往采用排桩＋支撑（锚杆）或地下连续墙＋支撑（锚杆）等。不论是钢筋混凝土灌注桩还是型钢桩，其承受水平向荷载的能力远远小于承受竖向荷载的能力，利用悬臂桩抵抗岩土边坡的水平推力，不是一种有利的支护结构形式，其受力性能不利，支护桩桩端变形较大，常导致地面开裂，而且悬臂桩的嵌固深度比较大，配筋率高，因此经济上不划算，实际工程中单独采用悬臂支护桩比较少，悬臂支护桩常应用于二级基坑及以下的基坑支护，支护桩悬臂高度尽量不要超过5m。排桩（地下连续墙）＋支撑（预应力锚杆）支护通过对支撑（锚杆）施加预应力可以有效控制桩端变形，是一种支护效果比较好、安全性高、适应范围广的支护结构。该支护结构常用于基坑深度大、地质条件差、基坑周边有特别需要保护的建（构）筑物的基坑支护或边坡加固中。喷锚网（或土钉墙）是一种在土层开挖过程中通过密排锚杆（土钉）将土体支护变被动为主动的支护方法，一方面锚杆抵抗土体主动土压力充分发挥了钢筋受拉的特点，另一方面通过锚杆注浆，浆液使边坡周边土体得到固结从而使土体强度、整体性得到一定提高，使土体变为支护结构的一部分，同时，喷射混凝土除起面板作用外还能封闭边坡土体起止水作用，因此该方法是一种安全、节约的支护方案，但其支护效果与可靠性与施工技术水平、施工过程控制、施工管理及施工经验有密切的关系。从经济方面来看，根据成本核算，喷锚网支护造价比桩或桩锚支护造价节约20％～40％，比水泥土墙节约20％。从工期来看，无论是悬臂桩还是排桩＋锚杆施工方案，除了需要专门的施工工期外，还需要养护时间。而喷锚网支护施工是紧跟基坑土方开挖进行的，它不单独占用工期，从而大大缩短了基础施工周期，赢得了宝贵的建筑时间。但喷锚网支护不能单独用于土质条件较差（如由软土组成的基坑边壁）或深度较大的基坑支护，在这种情况下常常采用与水泥土搅拌桩、管桩、钢管桩或预应力锚杆等组成复合喷锚支护的方案。

当受场地周边环境限制，基坑周围建筑物比较复杂，使用外部支护结构受限制时，可考虑选用排桩与内支撑组合方式，基坑面积较小或形状狭长时尤为适用。但该方法对基坑开挖及地下室施工影响大，施工进度慢，且造价高。

近年来，随着地铁及地下商业街开发，常常采用地下连续墙方案，或地下连续墙＋锚杆（或内支撑）等方案，但其造价较高，一般多用于软土基坑支护中以及周边环境非常紧张的工程。如果将地下连续墙除了作为基坑开挖支护和防水外，还兼用于全部或部分地下室结构外墙，则可以大大节约成本，使经济效益明显。地下连续墙＋支撑（锚）支护或排桩＋支撑（锚）支护方法为复合支护方法，其适用范围广，安全可靠，在许多地区已成功地普遍应用于大型深基坑支护工程中。特别是在基坑深度较大、基坑紧临周边楼房、地质条件非常差的情况下，为了减小地面建筑物沉降和变形，虽然工程造价高但也常常采用这种类型的支护方法。

基坑支护设计依据的资料主要包括：

① 审查合格后的岩土工程勘察报告；

② 边坡与基坑周边环境情况（地面建筑物、地下建筑物、地下管网等）；

③ 工程主体设计总平面图、基础平面图、基础大样图；

④ 住房和城乡建设部及当地的有关规范和规程；

⑤ 基坑支护设计合同以及其他需要的资料。

支护结构设计计算首先应根据基坑深度、环境情况、地质条件等确定工程安全等级。其次，根据基坑周边环境、开挖深度、工程地质与水文地质、工程安全等级、施工作业设备和施工季节、施工工期等条件，选定合理的支护结构型式。

支护结构设计计算主要内容有：确定地面附加荷载、支护结构内力计算、边坡整体稳定性分析、结构水平变形、地下水的变化对周边环境的水平与竖向变形的影响。对基坑安全影响较大和对周边环境变形有限定要求的建筑基坑侧壁，应根据周边环境的重要性、对变形的适应能力及土的性质等因素确定支护结构和环境的变形控制值。

当场地内有地下水时，应根据场地及周边区域的工程地质条件、水文地质条件、周边环境情况和支护结构与基础型式等因素，确定地下水控制方法并给出对周边环境的影响分析。当场地周边有地表水汇流、地下水管渗漏等问题时，应提出基坑工程保护措施。

需要说明的是，由于工程设计及施工时间的原因，工程实例和论文中的一些设计参数及施工方法与现行规范要求不一致，因此书中的有关设计参数仅供参考，设计时应按现行规范执行。

第1章　土钉墙设计与施工

1.1　设计计算方法简述

1.1.1　基本概念

土钉墙支护，是指由混凝土面板和土钉（土中锚杆）组成的支护结构，在岩体边坡或隧道加固中常称喷锚网支护，在土体边坡加固中则常称土钉支护或土钉墙支护（图1-1）。它是以一定间距水平或竖向排列的型钢、钢管、钢筋等直接打入边坡土体中，或置入边坡土体中并注浆形成土体加固体，边坡侧向主动土压力通过面板和土钉传递至基坑外围稳定土体中，依靠外围稳定土体保持边坡稳定并限制其变形的支护结构型式。

土钉支护是以利用基坑边壁土体的固有力学性质，变土体荷载为支护结构体系的一部分为基本原理的，一方面土钉抵抗主动土压力充分发挥了钢筋受拉的特点，另一方面土钉注浆使边坡周边土体空隙得到充填和固结，土体强度得到提高，因此被加固后的基坑周边岩土体变为支护结构的一部分。由于土钉支护是随着基坑土方开挖进行的，不需要专门的施工工期，即它不单独占用工期，而且该支护施工不需要专门的场地和专门的养护时间，从而大大缩短了基础施工工期，赢得了宝贵的建筑时间。土钉支护面板厚度只有100mm左右，基本上不占场地，在场地环境紧张的条件下更显现出其优越性。土钉支护具有施工简便、快速、机动灵活、适用性强、安全经济等特点。

土钉墙一般适用于地下水位以上或经人工降水后的人工填土、黏性土和弱胶结砂土的基坑边坡支护和加固，要求土体的承载力能满足上部土体的荷载，边坡具有一定的坡度。土钉墙一般不适用于淤泥质土、淤泥及强度过低的软土（如新近填土等）的基坑支护。特别是当基坑深度超过4.0m时，由于淤泥质土地基承载力不足，采用土钉墙支护后的边坡往往由于地基承载力不足而导致坑底隆起、边坡整体滑移等失稳现象，因此，软土基坑不应采用单一的土钉墙支

图 1-1　土钉墙支护实景

护，此时可采用与水泥土搅拌桩、管桩和钢管桩等组成复合土钉墙支护结构的方案。对于高度较大的边坡也常采用预应力锚杆（索）与土钉墙组成复合土钉墙支护结构。土钉墙支护如果作为永久性结构，需要专门考虑防锈蚀、耐久性、抗震等问题，而且支护结构安全系数也高于临时支护的安全系数。

基坑边坡采用土钉墙支护技术，其安全性和可靠性除了与可行的设计方案有关外，施工单位的经验和施工过程控制起着非常重要的作用。土钉墙施工工序见图 1-2。

1.1.2　土钉分类

所谓土钉，一般是指直接打入边坡土体中的密排型钢、钢管、钢筋等，或将型钢、钢管、钢筋置入边坡土体中并注浆形成承受拉力和剪力的杆体，对于钢筋、钢管等置入边坡土体中并注浆形成承受拉力的杆体，在岩石边坡或隧道工程中一般称为锚杆。根据形成方法，土钉可以分为：打入式土钉、打入注浆式土钉、钻孔注浆式土钉。

（1）打入式土钉

在土体中直接打入角钢、圆钢或钢筋等，不再注浆。由于打入式土钉与土体间的粘结强度低，钉长又受限制，所以布置较密，可用人力或振动冲击钻、液压锤等机具打入。打入式土钉的优点是不需要预先钻孔，施工速度快但不适用于砾石土和密实胶结土，也不适用于服务年限大于 2 年的永久支护工程，而且用钢量大，不经济。

图 1-2　土钉墙施工工序图

(a) 土钉墙施工过程；(b) 土方开挖；(c) 制作土钉(锚杆)拉筋；

(d) 土钉注浆；(e) 喷射混凝土；(f) 土钉墙；(g) 带格构梁的土钉墙

（2）打入注浆式土钉

采用冲击钻或人工方式直接将带孔的钢管（锚管）打入土中，然后注浆形成土钉，这种土钉特别适合于成孔困难的卵石层、砂层、杂填土和软弱土层。在距锚管头3m往内每隔500～800mm设置直径6～10mm的出浆小孔，呈120°梅花形布置，出浆孔应采用小短角钢或胶布覆盖，防止锚管顶进工程中黏土通过出浆孔进入管中，影响注浆。

（3）钻孔注浆式土钉

先在土中钻孔，钻孔直径90～150mm，置入钢筋，为使土钉钢筋处于孔的中心位置，有足够的浆体保护层，须沿钉长每隔2m左右设对中支架，然后从孔底开始进行全长注浆，形成土钉。

土钉外露端应与支护面板加强钢筋连接牢固，详见下节。

1.1.3　支护面层

（1）临时性土钉支护的面层

土钉墙面板厚度可以按设计计算确定，一般为50～150mm喷射混凝土，喷射混凝土强度等级不低于C20，钢筋网采用Φ6.5@200×200或Φ6.5@250×250。

土钉与面板钢筋网连接部位通过边长250～350mm“#”形钢筋网片或将土钉头做成螺纹并通过螺母、钢垫板与支护面板中的Φ14～Φ18通长钢筋（又称加强钢筋）和钢筋网相连。对于高度较大如大于6m的土钉墙支护边坡，应在边坡腰部位置的土钉头部采用通长的水平刚性围囹进行加强，该围囹可以是钢筋混凝土结构或型钢，并在土钉注浆体强度达到75%后用加力扳手拧紧螺母使土钉中产生约为设计拉力30%左右的预应力，以减小边坡变形。

（2）永久性土钉支护的面层

喷射混凝土的厚度一般取150～200mm，设两层钢筋网，钢筋保护层厚度应符合防腐要求，分两到三次喷成。为了改善加固后的边坡外观，也可在最后一次喷射混凝土的基础上，现浇一层混凝土面层，或贴上一层预制钢筋混凝土板，或种植植物等。

（3）土工织物作为土钉支护面层

土工织物覆盖在土坡上，用土钉锚在土坡内，拧紧土钉时将织物曳向土体并使面层形成拉膜，同时使受约束的表层土受压。

1.1.4 支护面层排水系统

为了防止地表水渗透对喷射混凝土面层产生压力，并降低土体强度和土体与钉之间的界面黏结力，土钉支护必须有良好的排水系统。施工开挖要先做好地面排水，设置地面排水沟引走地表水，并设置不透水的混凝土地面，防止近处的地表水向下渗透。沿基坑边缘地面要垫高，防止地表水注入基坑内。随着向下开挖和支护，可从上到下设置浅表排水管，即用直径 60～100mm、长 300～400mm 的短塑料管插入坡面以便将喷射混凝土面层背后的水排走，其间距和数量随水量而定。在基坑底部应设排水沟和集水井，排水沟需防渗漏，并宜和面层保持一定距离。

1.1.5 土钉设计计算

当基坑坑壁采用土钉墙支护时，基坑边坡可能发生以下五种破坏形式：

① 土钉长度不足，基坑边坡土体与支护结构一道沿滑移面滑塌从而发生边坡整体破坏；

② 土钉与面层钢筋连接不牢固，与面层钢筋拉脱，导致坡面一定厚度的土体与面层结构一块滑落；

③ 土钉的拉筋与浆体之间或浆体与周围介质之间的抗拔力不足，土钉拉筋或锚固体拔出，锚杆或土钉锚固段失效，导致基坑边坡变形过大而发生倾覆或滑塌破坏；

④ 边坡坡比很小，土钉的变形过大，导致基坑边坡变形过大，甚至出现滑移；

⑤ 软土地基上边坡由于坑底土体承载力不够，坑底土隆起，因而基坑边坡深层整体滑移。

针对上述五种破坏形式，土钉墙支护计算主要进行土压力计算、锚杆或土钉抗拔强度计算、面板强度计算、边坡整体稳定性验算和坑底抗隆起验算。首先应对土体边坡侧向土压力进行计算，以确定土钉和面层需要承受的作用力。在不考虑地震荷载等不可预知的荷载时，土压力主要由土体自重和地面附加荷载两部分引起，地面附加荷载主要指周边建筑物、施工荷载等。基坑工程设计中，对于常见的砂性土和黏性土，土压力计算常采用朗肯土压力理论或库仑土压力理论。需要严格限制支护结构的水平位移时，支护结构外侧的土压力一般选取静止土压力。

(1) 土压力计算

土压力计算常采用朗肯土压力理论，该理论是假定挡土墙背垂直、光滑，然后根据土的极限平衡理论得出的。其主动土压力及被动土压力采用如下公式计算(图 1-3)。

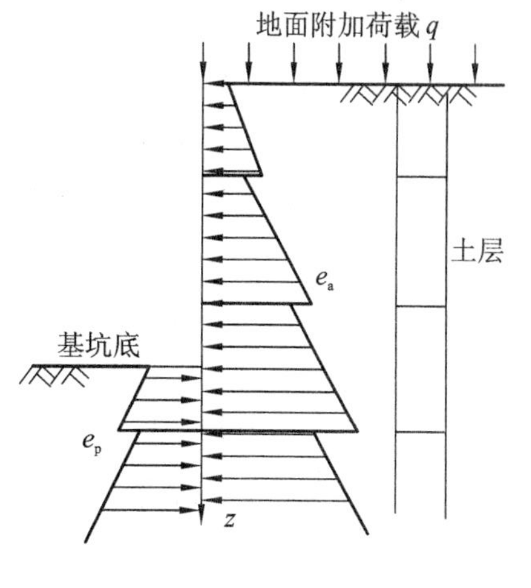

图 1-3　土压力图

$$e_a = \sigma_z K_a - 2c\sqrt{K_a} \tag{1-1}$$

$$K_a = \tan^2\left(45° - \frac{\varphi}{2}\right) \tag{1-2}$$

$$\sigma_z = \sum \gamma_i h_i + q_z$$

$$e_p = \sigma_z K_p + 2c\sqrt{K_p} \tag{1-3}$$

$$K_p = \tan^2\left(45° + \frac{\varphi}{2}\right) \tag{1-4}$$

式中　e_a——主动土压力强度(kPa)；

e_p——被动土压力强度(kPa)；

σ_z——垂直向应力，包含土体自重和地面附加荷载(kPa)；

q_z——深度 z 处由地面附加荷载引起的竖向土压力标准值(kPa)；

γ_i——计算深度以上第 i 层土层的天然重度(kN/m^3)；

h_i——计算深度以上第 i 层土层厚度(m)；

K_a——主动土压力系数；

c,φ——土体抗剪强度指标，即土的黏聚力(kPa)和内摩擦角(°)，应根据地下水、土的类型选择合理的指标；

K_p——被动土压力系数。

对于地下水位以下的碎石土及砂性土，应采用水土分算，即需要考虑静水压力，并近似地按三角形分布计算；对黏性土及粉土一般采用水土合算。虽然采用朗肯土压力理论可以对作用在支护结构上的水平压力进行计算，并以计算结果反映土压力的分布情况，但是实际上土压力沿支护结构竖向分布形式与支护结构变形、土的特性等有关，因此作用在支护结构上的土压力应根据土体性质，结合工程经验和类比进行修正。常有如图 1-4 所示的几种土压力分布形式供参考，一般认为密实砂土或硬质黏土的坡脚侧向土压力近似为零，因此对于硬质黏土，采用土钉墙支护时靠近坡底的土钉长度一般都比上部的土钉短，如果计算结果中坡底的土钉比上部的长，则说明土压力分布形式没有考虑土的性质；对于流塑性淤泥质土，其压力分布一般为三角形分布，即越往坡底，土压力越大。实际工程设计计算时，首先要根据地质情况和工程经验确定土压力分布形式，按规范要求对支护结构土压力进行计算。

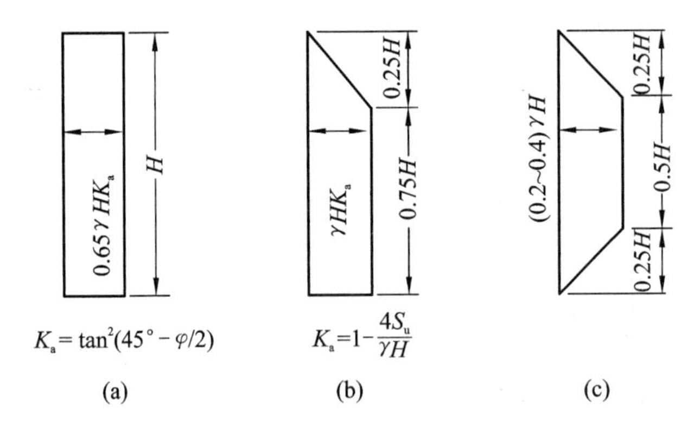

图 1-4　Terzaghi-peck 土压力分布图

(a)砂土；(b)软到中等黏土；(c)硬裂隙黏土

静止土压力标准值计算公式为

$$e_a = \left(\sum \gamma_i h_i + q_z\right) k_0 \tag{1-5}$$

其中，k_0 为计算点处静止土压力系数，常采取 Jaky 公式进行初步计算，然后根据工程经验或工程类比确定：

$$k_0 = 1 - \sin\varphi \tag{1-6}$$

当土层为砂性土或渗透性较大的土层而地下水位在基坑底以上，且采取了隔水帷幕时，则受地下水影响的土层土压力计算还必须考虑静水压力，进行水土分算。

根据土压力计算结果确定土钉长度、土钉拉力、布置方式，然后采用圆弧滑动法对包括土钉在内的加固边坡进行整体稳定性验算。一般按土钉所处的土层计算土钉的抗拉力并进行边坡整体稳定性分析，工程上为了方便，可将特性不同的土层采用加权方法等效成单一土层，采用三角形滑移体计算边坡的稳定，其综合土钉支护抗拉承载力计算简图见图 1-5。

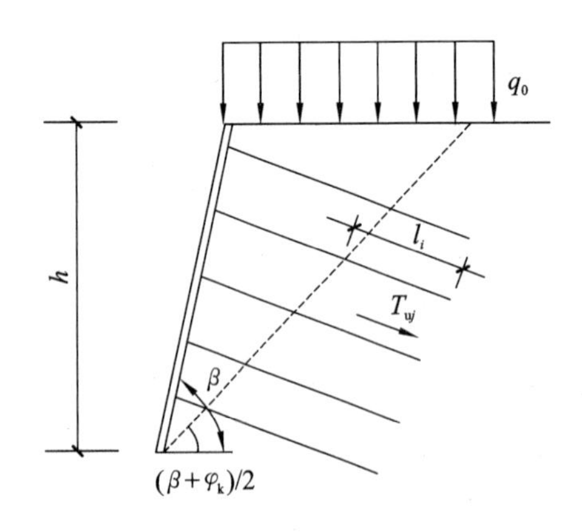

图 1-5　土钉支护抗拉承载力计算简图

（2）单根土钉受拉荷载标准值计算

单根土钉受拉荷载标准值与该根土钉所承担的边坡受力面积及主动土压力的合力有关，其计算公式如下：

$$T_{jk}=\zeta s_{xj}s_{zj}\frac{e_{ajk}}{\cos\alpha_j} \tag{1-7}$$

其中荷载折减系数 ζ 可按下式计算

$$\zeta=\tan\frac{\beta-\varphi_k}{2}\left[\frac{1}{\tan\frac{\beta+\varphi_k}{2}}-\frac{1}{\tan\beta}\right]/\tan^2\left(45°-\frac{\varphi_k}{2}\right) \tag{1-8}$$

式中　β——土钉墙坡面与水平面的夹角(°)；

φ_k——土的内摩擦角标准值(°)；

ζ——荷载折减系数，其值小于等于1.0，当 $\beta=90°$ 时 $\zeta=1.0$；

e_{ajk}——第 j 根土钉位置处的基坑水平荷载（土压力）标准值(kPa)；

s_{xj}、s_{zj}——第 j 根土钉与相邻土钉的平均水平、垂直间距(m)；

α_j——第 j 根土钉与水平面的夹角(°)。

（3）土钉抗拉承载力设计值计算

土钉抗拉承载力设计值主要与土钉锚固体的直径、土钉锚固段长度以及土钉与介质之间的极限摩阻力有关，计算公式如下：

$$T_{uj}=\frac{1}{\gamma_s}\pi d_{nj}\sum q_{sik}L_i \tag{1-9}$$

式中　T_{uj}——第 j 根土钉抗拉承载力设计值(kN)；

γ_s——土钉抗拉抗力分项系数，大于1；

d_{nj}——第 j 根土钉锚固体直径(m)；

q_{sik}——土钉穿越第 i 层土体与锚固体极限摩阻力标准值(kPa)，该值一般根据土层性质参照有关规范建议值选取，实际上该值宜选用土体的抗剪强度 τ_i，土体的抗剪强度除了与土的抗剪强度指标（黏聚力和内摩擦角）有关外，还与土层受到的压力有关，其表达式为：

$$\tau_i=c_i+\sigma_z\tan\varphi_i \tag{1-10}$$

L_i——第 j 根土钉在直线破裂面外穿越第 i 层稳定土体内的长度(m)，破裂面与水平面的夹角为 $\frac{\beta+\varphi_k}{2}$。

当土钉拉杆直径较小，土钉往往因为拉杆与浆体之间发生破坏而失去承载力，因此有必要验算拉杆与浆体之间的抗拉承载力，其计算方法同式(1-9)，只是将土钉锚固体直径改成拉杆的直径，土体与锚固体极限摩阻力标准值改成拉杆与锚固体极限摩阻力标准值。此外还应验算拉杆本身的允许承载力。土钉抗拉承载力设计值取三者的最小值。

(4) 单根土钉抗拉承载力计算应符合下列要求

$$1.25\gamma_0 T_{jk} \leqslant T_{uj} \tag{1-11}$$

式中 γ_0——基坑侧壁重要性系数；

T_{jk}——第 j 根土钉受拉荷载标准值(kN)。

(5) 边坡整体稳定性验算

土钉墙支护整体失稳的几种模式：滑移、倾覆、整体失稳、面层结构破坏(图1-6、图1-7)。

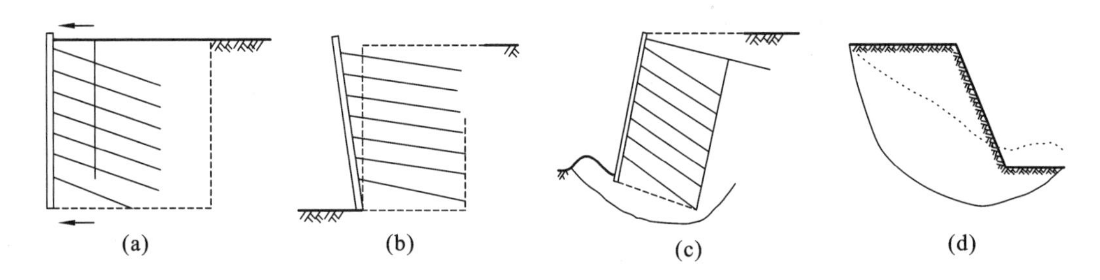

图 1-6 土钉墙支护整体失稳的几种模式

(a)滑移；(b)倾覆；(c)整体失稳；(d)面层结构破坏

图 1-7 土钉墙支护整体失稳实景图

整体稳定性验算不仅要验算通过坡脚的滑弧，而且要验算通过坡底以下不同深度的滑弧，按条分法进行整体稳定性分析的简图见图1-8。如验算不能满足式(1-11)的要求，应对土钉的布置或长度进行调整，或采用复合土钉支护结构、被动区加固等措施。

$$\sum_{i=1}^{nl}(Q_1+W_i)\cdot\sin\alpha_1\leqslant\frac{(R_1+R_2)}{k_{\mathrm{hd}}}\tag{1-12}$$

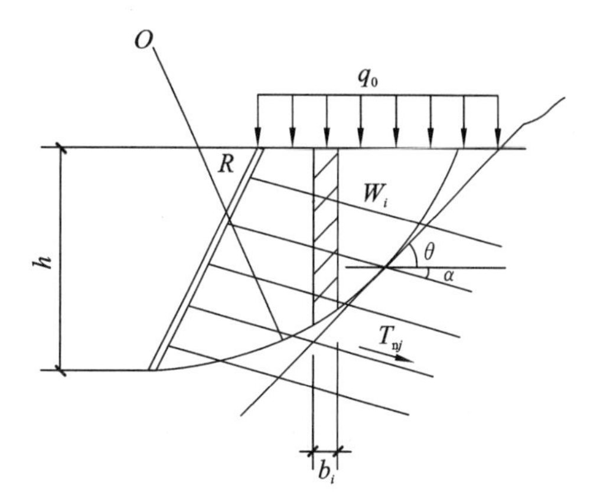

图 1-8　整体稳定性验算模型

其中

$$R_1=\sum_{i=1}^{n}\left[c_{\mathrm{k}i}l_i+(Q_i+W_i)\cdot\cos\alpha_i\tan\varphi_{\mathrm{k}i}\right]$$

$$\sum_{i=nl+1}^{n}(Q_i+W_i)\cdot\sin\alpha_i\tag{1-13}$$

$$R_2=\frac{\sum\limits_{i=1}^{m}[\cos(\alpha_i+\theta_i)+\sin(\alpha_i+\theta_i)\cdot\tan\varphi_{\mathrm{k}i}]N_{\mathrm{u}i\mathrm{k}}}{S_{\mathrm{x}i}}\tag{1-14}$$

式中　k_{hd}——整体抗滑稳定安全系数，对于重要性等级为一级、二级、三级的基坑分别应不低于 1.30、1.15 和 1.05；

$c_{\mathrm{k}i}$，$\varphi_{\mathrm{k}i}$——第 i 土条底面或第 i 层锚杆与滑弧相交处按总应力法确定的土的黏聚力(kPa)、内摩擦角(°)标准值；

l_i——第 i 土条底面弧长(m)；

Q_i——第 i 土条顶面的超载(kN/m)；

W_i——第 i 土条的自重(kN/m)；

α_i——第 i 土条底中点或第 i 层锚杆与滑弧相交处切线与水平线的夹角(°)；

θ_i——第 i 层锚杆与水平线的夹角(°)；

m——滑弧穿越的锚杆层数；

$N_{\mathrm{u}i\mathrm{k}}$——第 i 层锚杆极限抗拔力标准值(kN)；

$S_{\mathrm{x}i}$——第 i 层锚杆水平方向的间距(m)。

(6) 基坑坑底抗隆起验算

对于基坑边坡土体由软土组成，特别是坑底下有软土层的土钉墙结构，往往坑底或某一深度土层承载力不足，导致基坑边坡因坑底土隆起而发生破坏，因此应进行坑底抗隆起稳定性验算，验算可采用规范推荐的公式，见式(1-15)。也可以采用验算上部土体荷载及地面附加荷载之和是否小于地基承载力的方法，不考虑土体黏聚力的影响，以简单快捷地判断坑底是否能承受上部荷载，是否会发生坑底隆起。抗隆起稳定性验算模型见图 1-9。

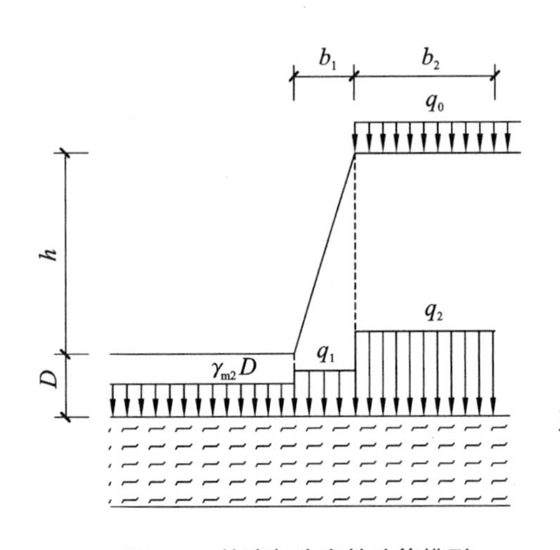

图 1-9 抗隆起稳定性验算模型

$$\frac{\gamma_{m2}DN_qcN_c}{(q_1b_1+q_2b_2)/(b_1+b_2)}\geqslant K_{he} \quad (1\text{-}15)$$

$$N_q=\tan^2\left(45°+\frac{\varphi}{2}\right)e^{\pi\tan\varphi}$$

$$N_c=(N_q-1)/\tan\varphi$$

$$q_1=0.5\gamma_{m1}h+\gamma_{m2}D$$

$$q_2=\gamma_{m1}h+\gamma_{m2}D+q_0$$

式中 q_0——地面均布荷载(kPa)；

γ_{m1}——基坑底面以上土的重度(kN/m³)，对多层土取各层土按厚度加权的平均重度；

h——基坑深度(m)；

γ_{m2}——基坑底面至抗隆起计算平面之间土层的重度(kN/m³)，对多层土取各层土按厚度加权的平均重度；

D——基坑底面至抗隆起计算平面之间土层的厚度(m)，当抗隆起计算平面为基坑底平面时，取 $D=0$；

N_c、N_q——承载力系数；

c、φ——抗隆起计算平面以下土的黏聚力(kPa)、内摩擦角(°)；

b_1——土钉墙坡面的宽度(m)，当土钉墙坡面垂直时取 $b_1=0$；

b_2——地面均布荷载的计算宽度(m)，可取 $b_2=h$；

K_{he}——抗隆起安全系数，安全等级为二级、三级的土钉墙，K_{he}分别不应小于 1.6、1.4。

1.2 工程实践

1.2.1 湿陷性黄土中地下商业街基坑土钉支护

1.2.1.1 工程概况

该地下商业街工程位于韩城市黄河大街和太史大街，见图 1-10。工程施工分为两期，一期工程位于太史大街下，东西总长 336m，商业街宽度为 20m，总建筑面积 9635m²，工程功能主要为地下过街通道和商业街。太史大街从西到东高差相差近1m，工程顶底板部分随路面坡度倾斜，整体覆土厚度1.8m，负一层层高5.3m。二期工程位于黄河大街，建设范围为黄河大街，北起乔南路，南至太史大街，南北总长约582.9m，总建筑面积13031m^2。黄河大街从北到南高差相差近0.8m，工程顶底板部分随路面坡度倾斜，整体覆土厚度2.0m，负一层层高5.3m。考虑地基换填厚度，基坑深度为8.5～9.0m。工程所处的道路两侧为临街商业楼房，地下管线较多，基坑周边环境比较复杂。

图1-10 韩城市黄河大街和太史大街地下过街通道平面位置图

（注：图非常大，请扫二维码查看）

1.2.1.2 工程地质水文条件

场地地形基本平坦，最大相对高差0.42m。勘察场地地貌单元属黄河右岸Ⅲ级阶地。场地地层自上而下依次为各层土的特征，详见表1-1。

勘察期间，在部分勘探点见到地下水，地下水稳定水位埋深为22.30～22.80m，相应标高为77.15～78.01m，属潜水类型。

表1-1 土层的特征及埋藏条件

地层编号	时代成因	岩性描述	层厚（m）	层底深度（m）	层底高程（m）
①	Q^{ml}	杂填土：由大量黄土、少量粉煤灰、白灰和零星砖渣构成，成分杂乱	1.00～1.60	1.00～1.60	98.36～99.05
②	Q_3^{2eol}	黄土：褐黄色，土质均匀，具大孔、虫孔，含少量钙质条纹，偶见蜗牛壳碎片；以坚硬状态为主，高压缩性土，具中等至强湿陷性	6.90～8.20	8.30～9.50	90.50～91.65
③	Q_3^{1el}	古土壤：棕红色，具针状孔隙，含少量钙质条纹及结核，底部钙质结核较多，局部富集成钙板；以硬塑状态为主，中偏高压缩性土，具中等湿陷性	1.80～3.00	10.70～11.70	88.29～89.40
④	Q_2^{2eol}	黄土：褐黄色，土质均匀，具针状孔隙，含少量钙质条纹及结核；以硬塑状态为主，中偏高压缩性土，具轻微湿陷性	3.30～5.30	15.00～16.50	83.60～85.32
⑤	Q_2^{1el}	古土壤：褐红色至黄褐色，具针状孔隙，含白色钙质条纹及结核，底部局部相变为粉土；以可塑状态为主，中等压缩性土，上部个别土具轻微湿陷性	1.70～3.80	18.00～19.60	80.46～82.30

续表 1-1

地层编号	时代成因	岩性描述	层厚(m)	层底深度(m)	层底高程(m)
⑥	Q_2^{al}	粉质黏土：该层夹层透镜体，灰黄色，含氧化铁条纹及少量结核，土质较均匀；以可塑状态为主	0.20～0.50	19.60～19.90	80.42～80.97
⑦	Q_2^{al}	细砂：浅黄至褐黄色，长石、石英质，可见云母碎片，级配不良，湿至饱和，密实状态	2.10～2.80	22.00～22.40	77.58～78.19
⑧	Q_2^{al}	中砂：灰黄色，长石、石英质，可见云母碎片，级配不良，饱和，密实状态	该层未穿透最大揭露厚度8.00m		

根据本场地地质勘察资料，与支护相关的土层的物理力学参数取值如表 1-2 所示，表中带“*”的值为经验参考值。由于同一土层厚度变化不大，计算分析时可以按土层的平均厚度取值。

表 1-2　土层物理力学参数

编号	土层名称	厚度(m)	重度(kN/m³)	黏聚力(kPa)	内摩擦角(°)	承载力(kPa)	自重湿陷系数
①	杂填土	1.0～1.6	18.0*	5*	15*	80	
②	黄土	6.9～8.2	14.6	30.0	20.0	150	0.026
③	古土壤	1.8～3.0	15.7	25.0	20.0	170	0.033
④	黄土	3.3～5.3	16.6	25.0*	20.0*	160	0.027
⑤	古土壤	1.7～3.8	17.4			170	0.02

1.2.1.3　支护方案选择

目前对于黄土地区边坡支护加固的研究集中在锚杆锚固机理、边坡土压力、边坡稳定性分析等方面。吴璋等对黄土地层锚杆的工作原理进行了试验分析，得出黄土层锚杆对边坡的加固主要表现在改善边坡整体力学性质和结构特征的结论。在坡体构筑物的作用下，锚杆对边坡产生主动压力，限制边坡土体性质的进一步变形，同时注浆不仅为锚杆提供了锚固力，而且充填加固了土体中的裂缝，防止了地下水对坡体的影响，改善了土体的力学性质。在边坡稳定性计算方面，对于黄土类边坡采用极限平衡法、极限分析法更具有其优势，也就是说最简单的方法可能是最有效的方法。高建勇等对考虑含水量的黄土高边坡稳定性预测模型进行了研究，在搜集黄土高边坡工程典型实例资料的基础上对黄土边坡稳定性进行了分析，结果表明：黄土边坡的重度、黏聚力、内摩擦角是黄土边坡稳定性影响因子中最主要的因子，其次为坡比、坡高，孔隙压力比和地震烈度也对黄土边坡的稳定性有一定的影响。这里根据基坑深度、基坑周边环境及土层情况，综合考虑采用桩、锚索、土钉墙(喷锚支护)等方法进行近接施工，科学、合理而又经济地解决复杂环境下地下工程近接施工难题。

该基坑工程的特点：一是平面布置呈长条形，极不规则，加上场地狭窄，基坑两侧建筑物密集。二是土质主要为杂填土、风积黄土(Q_3^{2eol})、残积古土壤(Q_3^{1el})，虽然土质较好，但均为自重湿陷性土，本工程②层黄土的天然含水量平均值为16.3%，饱和度平均值为40.0%；③层古土壤的天然含水量平均值为19.5%，饱和度平均值为51.0%；④层黄土的天然含水量平均值为20.2%，饱和度平均值为59.0%。土体遇水后强度将大大降低，基坑变形增大，特别是雨季施工时若处理不当极易产生边坡滑塌造成周边环境的损坏。三是基坑深度为8.65m，但地下室口部外墙距地面建筑物较近，基本上均在1倍基坑深度以内。四是市政府要求基坑施工尽量减少对环境的影响，基坑施工围挡限制在绿化道边线。五是需要考虑沿地下室外墙铺设雨污管道，因此基坑开挖时难以有较大的放坡条件，特别是出入口位置一般都要垂直开挖。

根据安全性、工期、经济性比较以及以上分析，该基坑支护方案主要应根据黄土特性和基坑周边环境而采用不同的支护结构类型，其原则是需要考虑地表水对土体强度的影响，与周围建筑紧临的重要部位必须重点支护，环境宽松的地方则应尽量采用经济支护方案，并结合适当放坡，减少支护费用。支护结构类型为：对于垂直开挖地段处拟采用钢管桩＋土钉墙支护方案；对于可以适当放坡(1∶0.2～0.4)的位置拟采用放坡＋土钉墙支护结构。

依据场地地质条件，基坑周边环境、深度和建筑基坑支护技术规程，该基坑工程安全等级定为二级深基坑。基坑设计时限12个月。基坑周边荷载按20kPa设计，建筑物按每层15kPa设计，施工期间距基坑坡顶6m以内的地面严禁超载。

1.2.1.4　支护结构设计

根据现场场地环境情况、楼房牢固情况、地层条件和开挖深度，本着安全、经济、节省工期和便于施工的原则，该基坑支护可归为表1-3所示的7种剖面进行支护设计。几个有代表性的支护结构说明如下。

表1-3　基坑支护段划分及支护特点

编号	支护结构类型	对应的段号	特点
①	微型钢管桩＋锚索复合土钉墙	23～26＃口部(tu\bc\rs\de段)	垂直开挖，支护面作模板
②	微型钢管桩＋锚索复合土钉墙	22＃口部(pq段)	垂直开挖，支护面作模板

续表 1-3

编号	支护结构类型	对应的段号	特点
③	微型钢管桩＋锚索复合土钉墙	18～21＃口部(lm\no2\o1o\fg 段)	垂直开挖,支护面作模板
④	灌注桩＋锚索	南侧三层楼处(e1e2 段)	三层楼结构差,有裂缝
⑤	锚索复合土钉墙	f14～19 轴(cd\ds 段)	外墙到坡脚须留 2m 宽,须留管道平台
⑥	锚索复合土钉墙	d14～d20 轴(op\qr\ee1\e2f)	外墙到坡脚须留 2m 宽,须留管道平台
⑦	1∶0.4 放坡＋土钉墙	道路端(uab\ghijkl\o2o1)	工程端头及交叉口

(1) 太史大街东头 23～26＃口部(tu\bc\rs\de)段支护

这些地段主要位于太史大街东头南北侧出入口,虽然基坑周边环境比较宽松,但环境只允许工地在道路中绿化带外侧布置,因此,出入口外侧边坡不能放坡,只能垂直开挖,并采用支护面作外墙模板。基坑设计计算深度为 8.65m。由于地层变化很小,因此采用平均地层高度和参数。从该深基坑工程地质、环境、安全性、经济性、可行性考虑,采用微型钢管桩＋锚索复合土钉墙支护(图 1-11)。根据工程类比和计算,按表 1-4 设置锚索和土钉可以满足基坑边坡安全要求。

锚索注浆采用 P·O 42.5 级的普通硅酸盐水泥,水灰比为 0.45,外加早强剂及止水剂,采用二次注浆,第一次注浆压力 0.6MPa,第二次注浆压力不小于 1.5MPa,注浆体强度为 M20。锚索自由段为 5m,锁定拉力为 100kN,锚索端部采用 1[16 通长槽钢作腰梁。

微型钢管桩采用 ϕ108t4 钢管,成孔直径 120mm,钢管中心间距 0.5m,长度 9m,根据土层情况,桩顶距地面 1.0～1.5m,钢管上四周应按间距 0.4m 加工直径 6mm 的出浆孔,梅花形布置,按土钉要求进行注浆。

土钉注浆采用 P·O 42.5 级的普通硅酸盐水泥,水灰比为 0.45,外加早强剂及止水剂,采用一次注浆,注浆压力 0.6MPa,注浆体强度为 M20。

土方开挖后应及时进行喷射混凝土和施工锚索、土钉以保护土体,喷射混凝土厚度为 80～100mm,强度为 C20,水泥采用 P·O32.5 普通硅酸盐水泥,混凝土配合比约为水泥∶砂∶石＝1∶2∶2,外加速凝剂。编网钢筋采用ϕ 6.5 圆钢,间距 200mm×200mm,土钉头加强钢筋采用ϕ 16 钢筋通长布置,与土钉焊接牢固,以使整个喷锚网受力更加均匀。挂网土钉采用ϕ 22 螺纹钢,长度为 1000mm,间距 1500mm×1500mm。锚杆注浆及网喷,以下均同此。

表 1-4　锚索及土钉参数表（位置 0.0 点在地面）

位置(m)	长度(m)	水平间距(m)	倾角(°)	锚杆材料
1.7	9	1.5	15	1Φ22 钢筋
3.2	12	1.5	15	2Φ^{s}15.2 钢绞线
4.7	9	1.5	15	1Φ22 钢筋
6.2	6	1.5	15	1Φ22 钢筋
7.7	4.5	1.5	15	1Φ22 钢筋

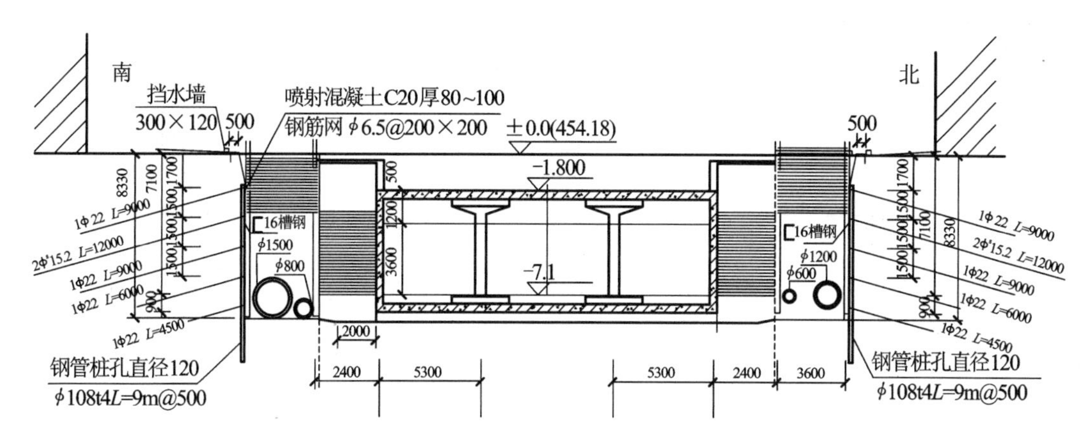

图 1-11　微型钢管桩＋锚索复合土钉墙支护平面图

(2) 太史大街南侧三层楼处(e1e2 段)支护

该地段主要位于太史大街南侧三层商铺前，三层楼房距基坑边较近，只有 4m 左右，且据说三层楼房基础较差，楼房在开挖前已有裂缝。考虑到土层为遇水浸泡时强度极易降低并发生沉陷的湿陷性黄土，为确保楼房在基坑开挖过程中的安全性，该处将采用灌注桩＋锚索支护方案。经过计算，按表 1-5 设置锚索和土钉可以满足基坑边坡安全要求，支护剖面图见图 1-12。护坡桩采用钢筋混凝土灌注桩，即机械成孔后安放钢筋笼，灌注混凝土，桩直径 500mm，中心间距 1.0m，桩长 12m，桩身混凝土为 C30，顶标高－0.6m；采用隔桩施工，在灌注混凝土 24h 后进行邻桩成孔施工。

桩顶设置冠梁，冠梁设计截面尺寸 600mm×400mm，混凝土等级 C25，采用开槽支模浇筑，达到设计强度的 80％以后方可挖土。锚索头部采用 1⊏16 通长槽钢作为腰梁。

支护桩及冠梁内主筋搭接宜采用焊接，焊接长度：双面焊 5d，单面焊 10d；同一截面钢筋接头数量：受拉钢筋总数的 25％。

桩内主筋锚入冠梁的长度＞35d，冠梁底设100mm厚C15混凝土垫层。桩位偏差50mm，桩孔偏差100mm，桩身倾斜偏差1%，桩深偏差10cm；主筋保护层厚度不小于50mm。桩基和冠梁施工应做好相应的施工记录，其验收按照相关规范执行。

排桩的喷护面层设置及施工技术要求同土钉墙的喷护面层。管道平台在－7.2m左右。其他设计参数均同上。

表1-5　锚索土钉参数表（位置0.0点在地面）

位置(m)	长度(m)	水平间距(m)	倾角(°)	锚杆材料
2	15	2	15	2Φ^s15.2钢绞线
4.5	12	2	15	2Φ^s15.2钢绞线
6.5	9	2	15	1Φ22钢筋

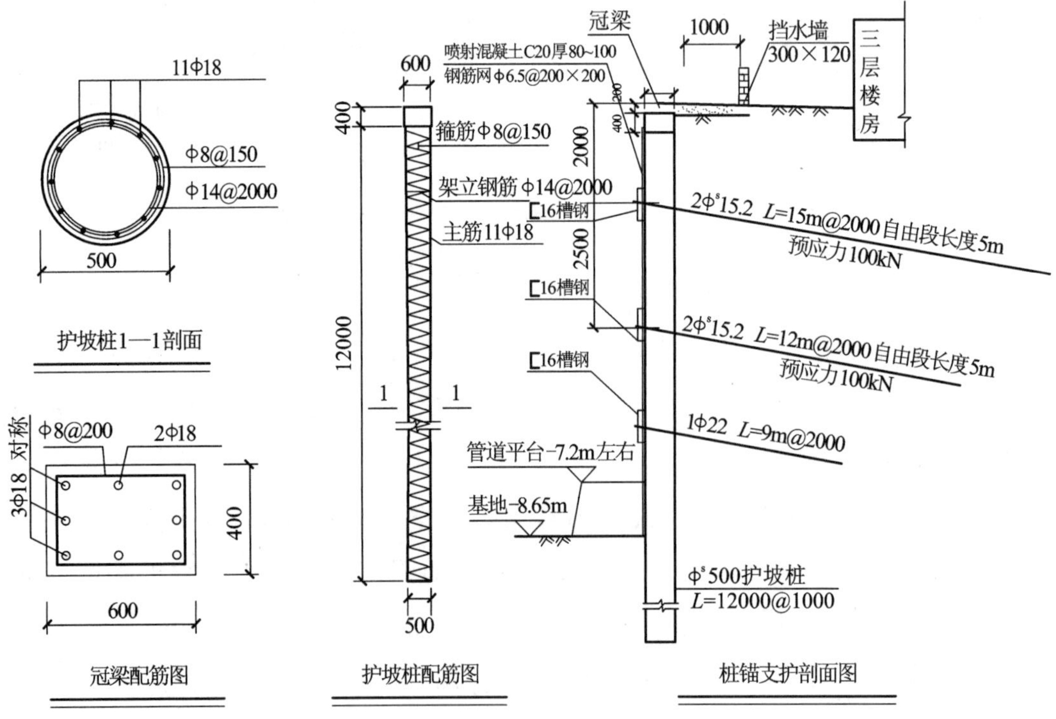

图1-12　灌注桩＋锚索支护剖面图

(3) 太史大街工程端头及交叉口支护

该地段主要位于太史大街东头工程端头及交叉口部位，该处周边环境比较宽松，围挡距离主体结构有4m左右的宽度，有放坡条件，因此采用1∶0.4坡＋土钉墙。经过计算，按表1-6设置土钉可以满足基坑边坡安全要求，支护剖面见图 1-13。同时要求如果场地条件达不到 1∶0.4 放坡，则应采取加强措施，或按复合土钉墙支护设计剖面施工。

表 1-6　土钉参数表(位置 0.0 点在地面)

位置(m)	长度(m)	水平间距(m)	倾角(°)	拉杆材料
1.7	6	1.5	15	1Φ22
3.2	6	1.5	15	1Φ22
4.7	4.5	1.5	15	1Φ22
6.2	4.5	1.5	15	1Φ22
7.7	3	1.5	15	1Φ22

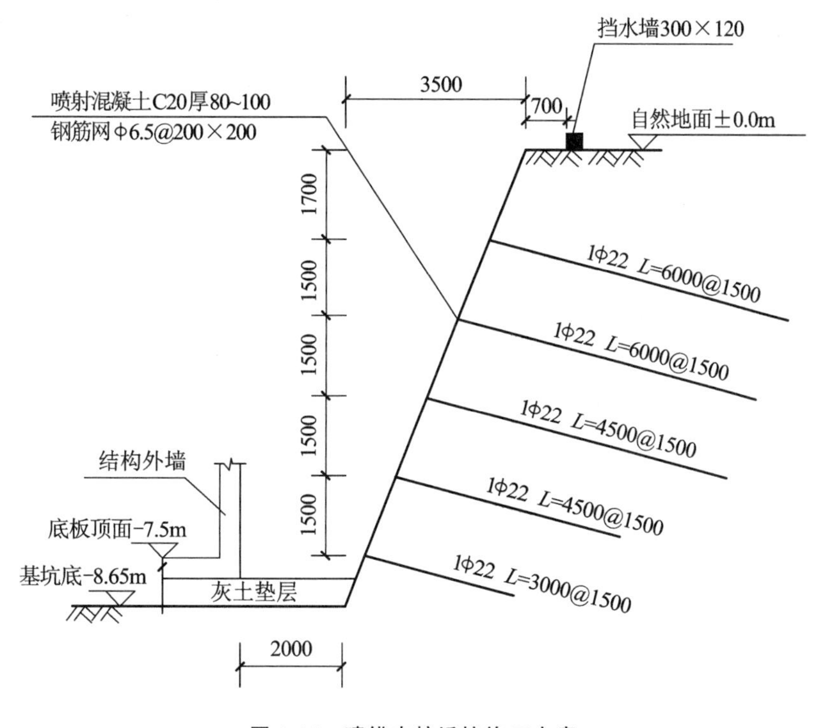

图 1-13　喷锚支护近接施工方案

(4) 地下水治理设计

勘察期间，在部分勘探点见到地下水，地下水稳定水位埋深为 22.30～22.80m，属潜水类型。据区域资料，地下水位年变化幅度为 1.00～2.00m。因此基坑开挖基本上不受地下水影响，但基坑周边分布有建筑物和地下管线，建筑物有生活水排出，地下管线往往会有漏水点，而黄土状粉质黏土属于自重湿陷性黄土，遇水后土体强度急剧降低，地面将发生沉降。因此地面及地下管道中渗漏水对基坑边坡的影响不容忽视，不可大意。

基坑开挖之前及施工过程中应掌握上水管线阀门及雨污水检查井的位置，发现管道漏水或支护面由干变湿甚至出现渗漏，则应当及时查清原因，采取断水措施，需要的话应采取进一步的加固措施。土方开挖及支护施工应当密切配合，做到随挖随支，挖好作业面后应当在24h内完成支护施工。不能因为土质好而使边坡土体暴露时间过长，因为无支护的边坡将发生变形，土体变形将造成邻近的地下雨污水管道变形而发生渗漏水现象。

冬季施工时雨水较少，但仍然要做好防雨水准备，边坡面在施工喷锚支护结构后，可通过支护结构保护土体被雨淋，也可将一部分水阻挡在土体内。在距坡顶0.5～1.0m处设置约0.3m高的挡水墙，距坡底0.5m位置施工一道排水沟，排水沟尺寸为宽×深＝0.3m×0.20m，坑底沿坑边30m左右设置一个集水井以便采用潜水泵将水抽到地面主下水道，防止水浸泡坡脚土体。

支护坡面应视情况设置排水管，排水管采用长300mm直径100mm的PVC管，排水孔外斜坡度大于5%，按水平间距3.0m、竖向间距4.0m设置。

1.2.1.5　点评

湿陷性黄土是我国中原地域地基处理及基坑支护经常遇到的地层，处理不好，往往出现因工程地质而引发的工程事故，因此黄土地区地基处理及边坡支护的分析与设计是工程设计的一大难题。该基坑工程采用土钉墙和复合土钉墙支护结构，在施工过程中特别注意地表水的影响，从而合理、安全又经济地解决了湿陷性黄土地质条件下复杂环境中地下商业街基坑支护难题。

1.2.2　邻近楼房高边坡复合喷锚网永久支护设计与施工

1.2.2.1　工程概况及周边环境

新安县某建筑边坡位于新安县城西，虽然边坡已经开挖，但没有达到设计要求。边坡坡比约1∶0.3，边坡局部高15m，施工时可以将其挖到与相临楼房的散水处于同一平面，地面其余位置边坡高度均为12m，南北长约30m。边坡坡顶距离东侧已建成的基础为筏板的12层楼房约6m。边坡土质为黄土，边坡开挖现状见图1-14、图1-15。该边坡工程按永久边坡设计和施工，采取锚杆＋网喷＋钢筋混凝土格构梁＋坡脚浆砌毛石挡墙复合支护结构对边坡进行加固。

1.2.2.2　工程地质及水文地质条件

该工程场地地貌单元为黄土丘陵区，勘察点高程为309.40～310.08m。除上部分布0.6～1.2m厚左右的杂填土外，其下均属第四系全新统-晚更新统坡

图 1-14　边坡正立面

图 1-15　边坡顶部情况

洪积作用形成的黄土状粉质黏土、钙质结核及第三系碎石层，黄土不具湿陷性。钙质结核即黄土结核，是黄土中碳酸钙形成的结核，其中往往充填黏性土，一般为泥质弱胶结。与边坡稳定性和支护有关的土层为：

① 层：杂填土，以褐黄至棕黄色粉质黏土为主，含砖块、块石、生活垃圾等填料，属高压缩性土层，层厚 0.6～1.2m。

② 层：黄土状粉质黏土，褐黄至棕褐色，硬塑-坚硬状，局部硬塑，中压缩性，

具有针状空隙，含黄色-褐色斑点及氧化丝，偶见钙质结核。湿陷系数小于0.015，不考虑湿陷，层厚2.6～5.0m，层底深度3.8～5.0m。

③ 层：钙质结核，褐黄至灰白色，稍密，以钙质结核为主，局部为砾石及碎石，夹有粉质黏土，不均匀。层厚0.7～1.5m，层底深度6.4～6.9m。

④ 层：钙质结核，灰黄至灰白色，中密，以钙质结核为主，局部为砾石及碎石，不均匀，大部分地段具泥质胶结或砂质胶结。层厚3.7～4.1m，层底深度10.3～11.0m。

⑤ 层：碎石，灰黄至灰白色，中密，多以碎石为主，含少量钙质结核及粉质黏土，具泥质胶结或砂质胶结，致密坚硬，强度因胶结程度不同而差异较大，颗粒表面未风化或微风化。颗粒粒径在20mm以下，不均匀，大部分地段具泥质胶结或砂质胶结。揭露层厚3.0～5.7m(未揭穿)。

与边坡有关的地层主要物理力学参数按表1-7选取。

表1-7　土层物理力学参数

土层编号	土层名称	厚度(m)	重度(kN/m³)	黏聚力(kPa)	内摩擦角(°)	承载力(kPa)
①	杂填土	1.0	18.0	5	20	
②	黄土状粉质黏土	3.8	19.0	22.4	25.1	160
③	钙质结核	1.1	19.0	20	27	250
④	钙质结核	3.9	19.1	21	29	300
⑤	碎石	5.7	19.5	0	35	350

场区内地下水主要为①层杂填土中的上层滞水，接受大气降水和地表水的补给，水量比较丰富，但水压较低。黄土状粉质黏土渗透系数为0.02～0.05m/d，因边坡已经开挖至坡底，现场踏勘时边坡上土质比较干燥，因此边坡开挖及支护时可以不考虑地下水对边坡支护的影响。地下水对建筑材料具有微腐蚀性。

1.2.2.3　支护结构类型选择

该边坡土层主要为钙质结核粉质黏土，具泥质胶结或砂质胶结，承载力高，土质好，土层完全适应于锚杆加固。综合考虑该基坑周边环境、目前基坑边坡现状、基坑安全、支护造价等因素，该边坡支护方案拟采用锚杆＋网喷＋钢筋混凝土格构梁边坡加固方案。边坡支护工程安全等级定为一级。

1.2.2.4　支护结构设计

根据现场场地状况、地层条件和边坡高度，本着安全、经济和节省工期的原则，边坡设计按照高度12m考虑。采用锚杆+网喷+钢筋混凝土格构梁方案，坡面设6排锚杆，并用网喷护面。锚杆参数见表1-8，支护剖面图见图1-16。因边坡已经开挖完毕至边界线，坡面只需相应修整，沿开挖面进行支护。由于支护面为永久性护坡，为了增加坡脚强度、刚度和保护坡脚土体，沿地面坡脚施工一道浆砌毛石挡墙。为了增加面板刚度和锚固效果，在永久边坡支护时，在锚杆端部设置加强筋的基础上，设置钢筋混凝土格构梁，具体设计参数如下。

表1-8　边坡锚杆参数表

位置/坡顶下(m)	锚杆长度(m)	水平间距(m)	倾角(°)	锚杆材料
1.5	3	1.5	10～15	锚杆长度小于9m的可用1ϕ48t3.5钢管，大于等于9m的采用1根Φ22mm的螺纹钢筋
3.5	9	1.5	10～15	
5.5	12	1.5	10～15	
7.5	12	1.5	10～15	
9.5	12	1.5	10～15	
11.5	9	1.5	10～15	

(1) 喷射混凝土

边坡支护采用C20喷射混凝土，由于采取了钢筋混凝土格构梁，因此喷射混凝土厚度取为120mm，喷射混凝土采用P·O32.5普通硅酸盐水泥，配合比为石∶砂∶水泥=2∶2∶1，水灰比为0.45～0.5。速凝剂掺量小于水泥重量的3%，在满足施工条件下，尽量少用。

(2) 钢筋网

坡面钢筋网材料设计钢筋网采用Φ6.5mm盘圆钢筋，网格间距为200mm×200mm。

(3) 锚杆及注浆

根据锚杆受力情况，锚杆拉杆采用1根Φ22mm的螺纹钢筋。锚杆头采用Φ16mm加强螺纹钢筋固定。注浆采用纯水泥浆，水泥采用P·O32.5级普通硅酸盐水泥，水灰比为0.45～0.5，注浆压力0.5MPa，外加早强剂，注浆体强度为M20。

(4) 压顶土钉

压顶混凝土喷层厚度约(80±20)mm，宽度1.0m，压顶土钉使用Φ16螺纹钢，长度0.5m。加强钢筋使用Φ16mm螺纹钢，沿每排锚杆(土钉)全长设置并与锚杆焊接。

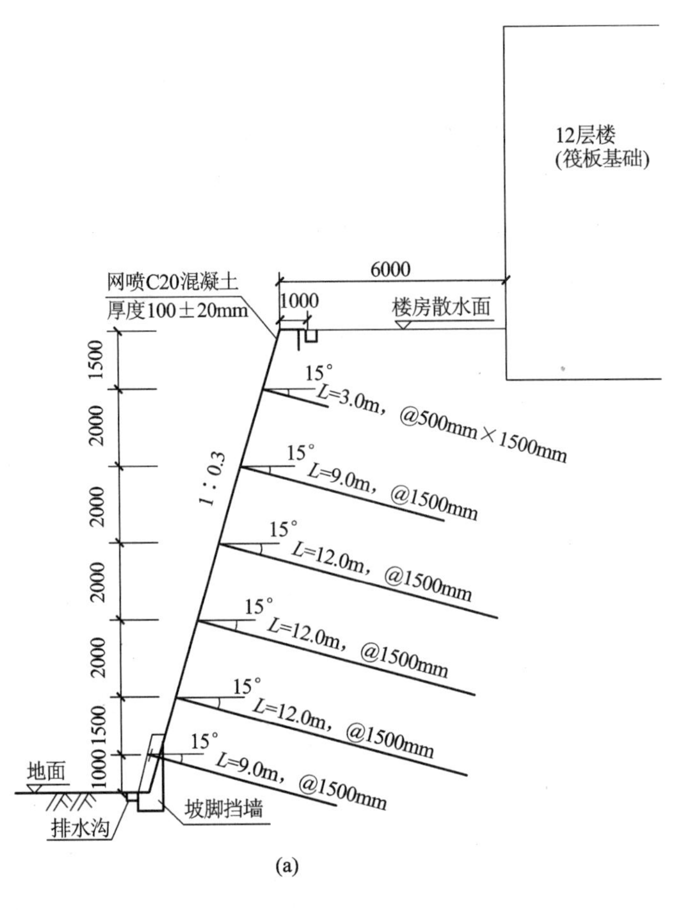

(a)

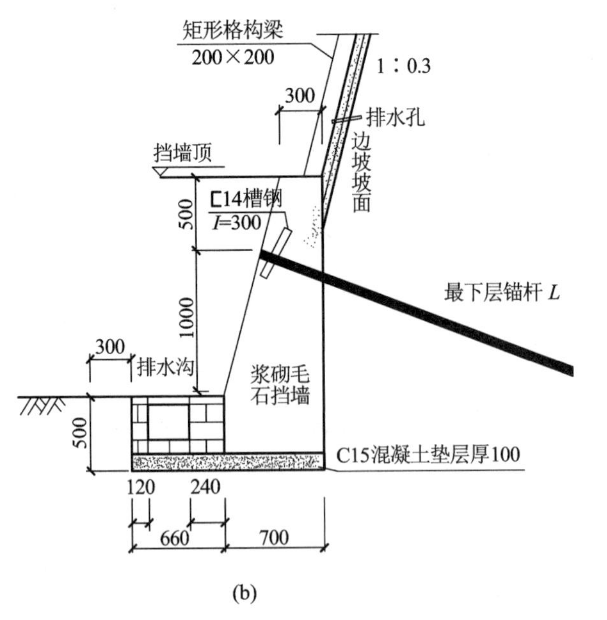

(b)

图 1-16　边坡支护设计剖面图

(a)支护剖面图；(b)坡脚大样图

（5）钢筋混凝土格构梁

为了提高面板刚度和锚固效果，在永久边坡支护时，在锚杆端部设置加强筋的基础上，还应设置钢筋混凝土格构梁，钢筋混凝土格构梁尺寸为200mm×200mm，混凝土强度等级为C20，所配主筋为4Φ16螺纹钢，箍筋为Φ8@200，按水平向3m、竖向2.0m间距设置。

（6）浆砌毛石挡墙

为了增加坡脚强度、刚度和保护坡脚土体，应沿地面坡脚施工一道浆砌毛石挡墙，挡墙地面高度约1.5m，埋深0.5m，墙顶宽度0.3m。

1.2.2.5　地下水控制设计

场区内地下水主要为杂填土中的上层滞水，水量受季节和生活用水影响，水量可能比较丰富。根据基坑边坡现状，目前为旱季，雨水较少，而且边坡已经开挖完毕，暴露部分土质干燥坚硬，因此在施工喷锚支护结构后，可通过支护结构将一部分水阻挡在土体内，将另一部分水经设置于混凝土喷层面上的排水管引出，经坡脚的排水沟流入降水井，用浅水泵抽出。具体方案为：在距坡顶1.0m和坡底0.5m位置各施工一道截排水沟，排水沟尺寸为宽×深＝0.3m×0.20m，并与主下水道连接。

支护坡面应设置排水管，排水管采用长300mm、直径100mm的PVC管，排水孔外斜坡度大于5％，按水平间距3.0m、竖向间距4.0m设置。

施工竣工图如图1-17所示。

1.2.2.6　锚杆抗拔力验收试验

试验锚杆为距坡顶7.5m的3根12m长锚杆和距坡顶9.5m的2根12m长锚杆。

（1）锚杆抗拉试验要求

锚杆锚固段浆体强度达到15MPa或达到设计强度的75％时可进行锚杆试验。

加载装置（千斤顶、油泵）试验前应进行标定。

加荷反力装置的承载力和刚度应满足最大试验荷载要求。

计量仪表（测力计、位移计等）应满足测试要求的精度。

验收试验锚杆的数量应取锚杆总数的5％，且不得少于3根。

（2）验收试验细则

最大试验荷载应取锚杆轴向受拉承载力设计值N_u。锚杆验收试验加荷等级及锚头位移测读间隔时间应符合下列规定：一般初始荷载宜取锚杆轴向拉力

图 1-17　施工竣工图

设计值的 1/10 或 50kN 以内;加荷等级与观测时间宜按表 1-9 的规定进行;在每级加荷等级观测时间内,测读锚头位移不应少于 3 次;达到最大试验荷载后观测 15min。记录表见表 1-9。

表 1-9　验收试验锚杆加荷等级、观测时间及位移记录表($N_u=120$kN)

<table>
<tr><td>加荷等级(kN)</td><td colspan="2">48</td><td colspan="2">72</td><td colspan="2">96</td><td colspan="2">120</td></tr>
<tr><td>观测时间(min)</td><td colspan="2">5</td><td colspan="2">5</td><td colspan="2">10</td><td colspan="2">15</td></tr>
<tr><td rowspan="3">锚头位移增量(mm)</td><td></td><td rowspan="3"></td><td></td><td rowspan="3"></td><td></td><td rowspan="3"></td><td></td><td rowspan="3"></td></tr>
<tr><td></td><td></td><td></td><td></td></tr>
<tr><td></td><td></td><td></td><td></td></tr>
</table>

(3) 锚杆验收标准

① 在最大试验荷载作用下,锚头位移相对稳定;

② 在每级加荷等级观测时间内,锚头位移小于 0.1mm 时,可施加下一级荷载,否则应延长观测时间。

(4) 锚杆破坏标准

① 后一级荷载产生的锚头位移增量达到或超过前一级荷载产生位移增量的 2 倍时;

② 锚头位移不稳定;

③ 锚杆杆体拉断。

（5）锚杆抗拉试验步骤

① 在锚杆头上焊接螺杆，将带孔的钢垫板穿过锚杆头紧靠在边坡喷层；

② 将专用拉杆通过专门加工的螺母固定到螺杆上；

③ 将液压空心千斤顶通过专用拉杆安装到锚杆头上，千斤顶的一端顶住钢垫板，另一端采用螺母固定；

④ 将装有标准油压表的油泵通过高压油管与千斤顶相连；

⑤ 通过油泵按加荷等级要求进行加压；

⑥ 每到加荷等级，采用钢尺测量锚杆头位移，并观察锚杆头位移和压力表的稳定情况。如果锚杆抗拉力满足设计要求，则在每级加荷后，锚杆头位移不应发生变化，在不加油、不卸油的情况下压力表的指针应该稳定；

⑦ 记录锚杆头位移情况；

⑧ 整理试验数据并判断锚杆的抗拉性能。

根据上述试验步骤，对所确定的 5 根锚杆进行张拉试验。

（6）检测结论

按上述步骤及要求对锚杆进行张拉，张拉试验表明，所张拉的锚杆均达到设计抗拉力 120kN 的要求。

1.2.3　邻近楼房地下街基坑微型钢管桩复合土钉墙支护设计与施工

1.2.3.1　工程概况及周边环境

洛阳市青岛北路（景华路至中州西路之间）下面建设人防地下商业街工程，无梁楼盖结构，筏板基础，拟采用有支护的明挖方式施工。基坑长 391m，宽为 18m，但出入口位置宽度达到 23.4～29.8m。地下室顶板距地面约 2.5m，结构高度 6.0m，垫层 0.1m，因此基坑挖深约为 8.70m。

基坑周边距离楼房比较近，环境比较复杂。基坑东侧周边环境关键建（构）筑物如下：沿基坑边为地下热力、蒸汽管道沟，钢筋混凝土箱型结构，尺寸为高×宽＝3m×4m，顶部埋深约 1.5m，管道沟外楼房距坑边 8.5m 以上。基坑西侧自北往南周边环境关键建（构）筑物如下（图 1-18）：9-3＃楼南侧距外墙约 1.7m，东侧约 3m，该楼为三层老楼条型基础；一拖九号社区楼房 9-（13-16、23＃）5 栋楼房为新建 7 层楼房，灰土桩基础，距基坑边约 7m；一拖九号社区楼房 9-20＃楼为新建 5 层楼房，桩基，距基坑边约 2.9m；一拖九号社区楼房 9-(31-33＃)3 栋楼为新建 6 层楼房(图 1-19)，灰土桩基础，距基坑边约 1.5m；南端为银座商场，距离基坑边约 23m，影响不大。在 9-13＃楼北面，可能有一个早期人防防空洞横贯青岛路，早期防空洞断面尺寸一般为高 2.3m 左右，宽 1.3m 左右，直墙拱型砖砌结构，要求基坑开挖前应予探明准确位置和尺寸。

图 1-18　基坑西侧 9-3＃楼房立面

图 1-19　基坑西侧 9-(31-33＃)楼房图

在基坑内影响基坑土方开挖的地下管线主要有马路中间的直径 700mm、埋深 4m 的混凝土雨水管线，沿西侧直径 800mm、埋深 2.9m 的铸铁给水管道，沿东侧直径 400mm、埋深 2.2m 的铸铁给水管道，沿西侧直径 400mm 的电信管线，沿东侧直径300～600mm、埋深1.5m的混凝土污水管道等，这些在基坑土方挖运时，必须特别注意，应提前迁移到安全地方。

靠近青岛路北段，沿中州西路分布有各种地下管线，但基本上都在基坑开挖线以外，最近的为地下热力、蒸汽管道沟，钢筋混凝土箱型结构，尺寸为高×宽＝2m×1.6m，顶部埋深约1.5m，其他管线均在管道沟外侧。锚杆施工时应采取有效措施，保护好地下管线。

1.2.3.2　工程地质及水文地质条件

拟建场地地面高程在161.7～162.2m之间，相对高差0.5m。场地位于洛阳盆地，洛阳盆地系于中生代末期形成的北东向断陷盆地，控制其发育的构造主要有东西向、北东向、北西向三组断裂构造。断裂构造呈深部隐伏状态，在地表不明显，中更新世以来处于稳定状态，不存在全新活动断裂。拟建场地所处地貌单元为洛河二级阶地。

由勘探揭露，场地表层为杂填土，其下为第四纪冲、洪积形成的黄土状粉质黏土、卵石。根据各土层的形成时代、成因及岩土工程特征，自上而下共分为6层，分述如下。

(1) 第1层杂填土(Q_4^{2ml})

杂色；上部为水泥路面及行道砖，下部以粉质黏土为主，含建筑垃圾、水泥块、卵石、砖块、炭屑、植物根等。该层未经压实，松散。厚度3.5～3.6m，层底158.1～158.7m。

(2) 第2层黄土状粉质黏土(Q_4^{2al+pl})

黄褐色、褐黄色；可塑-硬塑，局部坚硬状；具针、虫孔，含蜗牛壳碎片、炭屑、陶片、植物根系，含姜石。摇振无反应，稍有光泽，干强度中等，韧性中等，压缩系数平均值$\alpha_{1\text{-}2}=0.26\text{MPa}^{-1}$，最大值$0.39\text{MPa}^{-1}$，压缩性中等。该土层属新近堆积土。层厚2.9～4.1m，层底标高154.6～155.6m。湿陷系数小于0.015，不具湿陷性。

(3) 第3层黄土状粉质黏土(Q_4^{1al+pl})

褐黄色、棕黄色；可塑-硬塑，局部坚硬状；针、虫孔较发育，虫孔直径0.5cm，含姜石，棱角状，直径1～2cm，具白色钙盐脉状析出，含蜗牛壳碎片，具少量不同颜色土块。稍有光泽，干强度中等，韧性中等，压缩系数平均值$\alpha_{1\text{-}2}=0.23\text{MPa}^{-1}$，最大值$0.37\text{MPa}^{-1}$，压缩性中等。层厚7.6～8.3m，层底标高146.60～148.0m。湿陷系数小于0.015，不具湿陷性。

(4) 第4层黄土状粉质黏土(Q_4^{al+pl})

棕黄色;可塑-硬塑,局部坚硬状;具针、虫孔,孔壁具黑褐色浸染,含姜石,棱角状,直径2~5cm,具白色钙盐脉状析出,具黑褐色、锈黄色薄膜状浸染,具少量不同颜色土块。稍有光泽,干强度中等,韧性中等,压缩系数平均值 α_{1-2} = 0.21MPa^{-1},最大值0.35MPa^{-1},压缩性中等。层厚3.2~4.0m,层底标高143.1~144.3m,湿陷系数小于0.015,不具湿陷性。

(5) 第5层黄土状粉土及粉质黏土(Q_3^{al+pl})

浅棕红色;硬塑-坚硬,局部可塑状;具锈黄色及黑褐色浸染,含姜石,直径2~4cm。干强度中等,韧性中等,压缩系数4.7~6.2m,层底137.0~139.6m。湿陷系数小于0.015,不具湿陷性。

(6) 第6层卵石(Q_3^{al+pl})

杂色;成分为石英岩、石英砂岩、斜长斑岩、安山岩,磨圆度较好,卵石多呈圆形及亚圆形,粒径一般为2~5cm,最大粒径20cm,卵石含量53.4%~75.8%,充填物为圆砾、中粗砂等。不均匀系数13.33~166.67,曲率系数0.64~20.07,级配大多不良。N_{120}动力触探修正后平均锤击数为11.2击,密实状。未揭穿,最大揭露厚度7.5m。

基坑挖深8.7m,坑底座在第3层黄土状粉质黏土中,影响基坑边坡稳定的主要为4层以上的土体。

由于土体湿陷系数均小于0.015,所以本场地可按非湿陷性黄土进行设计。基坑支护设计土层物理力学参数见表1-10。

表1-10 基坑支护设计土层物理力学参数表

层号	土层名称	厚度(m)	重度 γ(kN/m^3)	黏聚力 c(kPa)	内摩擦角 φ(°)	承载力 F_{ak}(kPa)	压缩模量 E_{s1-2}(MPa)
①	杂填土	3.5	18.0	5	15		
②	黄土状粉质黏土	3.5	19.3	33.4	21.0	125	7.16
③	黄土状粉质黏土	8.0	19.1	35.1	21.4	140	8.07
④	黄土状粉质黏土	3.6	19.2	36.0	22.0	150	9.29

勘察期间,钻孔内均见地下水,初见地下水位埋深与稳定水位埋深一致,为7.70~18.20m(标高144.00m)。地下水流向为由西向东,地下水根据埋藏条件及水理性质属孔隙潜水,补给来源主要为大气降水、洛河水、山前孔隙裂隙水,水量丰沛,排泄主要为人工开采,其次靠地下径流向洛河排泄。基坑开挖基

本上不受地下水影响，但周边有居民楼房，必然有上下水管道，而城市下水管道往往都漏水，因此变形充分考虑了生活用水、雨水等地表水对基坑坡脚、边坡土体的影响。

该基坑边坡土层主要为黄土状粉质黏土，工程地质条件较好且不受地下水影响。根据上述分析，结合本边坡开挖深度(8.7m)和该工程的具体环境情况，本着安全、经济和节省工期的原则，该基坑支护拟采用钢花管桩＋喷锚支护方案，对于边坡变形要求比较高的部位，将通过设置预应力锚杆来减小基坑变形，减小基坑开挖对环境的影响。本边坡支护工程安全等级定为二级。

1.2.3.3　支护方案选择

当场地有放坡条件且基坑深度6m左右时，可采用放坡开挖施工，根据洛阳市区工程基坑开挖的经验，建议基坑边坡上部的杂填土按45°的坡角开挖，下部土层按65°～70°的坡角开挖，同时严禁施工用水或雨水浸泡基坑边坡，考虑各种不利因素影响，为增加边坡的安全性，边坡坡面采用素混凝土进行护面。如果无放坡条件，则需要采取可靠的支护结构。该工程现场环境不满足自然放坡条件，而且楼房和管线紧邻基坑边，因此基坑开挖时必须采取有效的支护措施。

该基坑边坡土层主要为黄土状粉质黏土，工程地质较好且不受地下水影响。结合本边坡开挖深度(8.7m)和该工程的具体环境情况，本着安全、经济和节省工期的原则，该基坑支护拟采用微型钢管桩＋土钉墙形成的复合支护方案，对于边坡变形要求比较高的部位，将通过设置预应力锚杆来减小基坑变形，减小基坑开挖对环境的影响。根据地面建筑物和地下管线等情况，基坑支护结构分7种情况进行设计。

1.2.3.4　基坑支护结构设计

由于土层分布比较均匀，基坑深度均为8.7m，因此基坑边坡支护参数主要根据周边环境情况进行设计，以确保周边环境的安全。为了节省篇幅，下面主要介绍比较复杂的3段支护设计情况。

(1) 东侧边坡支护

基坑东侧主要为地下管线建(构)筑物，即东侧沿基坑边为地下热力、蒸汽管道沟，钢筋混凝土箱型结构，尺寸为高×宽＝3m×4m，顶部埋深约1.5m，管道沟外3～4层楼房距坑边8.5m以上，基坑深度8.7m。从该深基坑工程地质、环境、安全性、经济性、可行性方面考虑，开挖时没有放坡条件，必须沿热力、蒸汽管道沟直壁开挖。管道沟上部采用网喷支护,管道沟下部采用锚杆＋网喷＋钢管桩支护,计算时,基坑边地面附加按 15kPa 荷载考虑,楼房按 4 层荷载计算。根据工程类比及计算,按表 1-11 设置锚杆可以满足基坑边坡安全要求。钢管桩参数为 ϕ60×4@500L＝6m。

表 1-11　锚杆参数表一(位置 0.0 点在地面)

位置(m)	锚杆长度(m)	水平间距(m)	倾角(°)	锚杆材料
4.7	12	1.5	15	1Φ22 钢筋
6.2	12	1.5	15	1Φ22 钢筋
7.7	9	1.5	15	1Φ22 钢筋

锚杆注浆采用 P·O32.5 级硅酸盐水泥,水灰比为 0.45,外加早强剂及止水剂,注浆压力 0.5MPa,注浆体强度为 M15。

土方开挖后应及时喷射混凝土以保护土体,喷射混凝土厚度为 80～100mm,强度为 C20,水泥采用 P·O32.5 硅酸盐水泥,混凝土配合比约为水泥∶砂∶石＝1∶2∶2,外加速凝剂。编网钢筋采用ϕ6.5 圆钢,间距 200mm×200mm,以使整个喷锚网受力更加均匀。锚杆头部采用ϕ16 螺纹钢筋作为加强筋,挂网土钉采用ϕ22 螺纹钢,长度为 1000mm,间距 1500mm×1500mm。锚杆注浆及网喷,以下均同此。

(2) 9-3＃楼加固支护(图 1-20)

9-3＃楼南侧距地下室结构外墙约 1.7m,东侧距地下室结构外墙约 3m,该楼为条型基础的三层老楼。从该深基坑工程地质、环境、安全性、经济性、可行性方面考虑,开挖时没有放坡条件,必须沿直壁开挖,并将支护面作为地下室结构外墙模板。采用微型钢管桩超前加固楼房,保护楼房基础下土体,然后采用锚杆＋网喷支护。计算时,基坑边地面附加荷载按 3 层楼荷载,即按 45kPa 荷载考虑。根据工程类比及计算,按表 1-12 设置锚杆可以满足基坑边坡安全要求。钢管桩参数为 ϕ60×4@500L＝8m,钢管桩成孔直径为 150mm。

表 1-12　锚杆参数表二(位置 0.0 点在地面)

位置(m)	锚杆长度(m)	水平间距(m)	倾角(°)	锚杆材料
2.0	9	1.5	15	1Φ22 钢筋
4.0	12(预应力)	1.5	15	1Φ25 钢筋
6.0	12	1.5	15	1Φ25 钢筋
8.0	9	1.5	15	1Φ22 钢筋

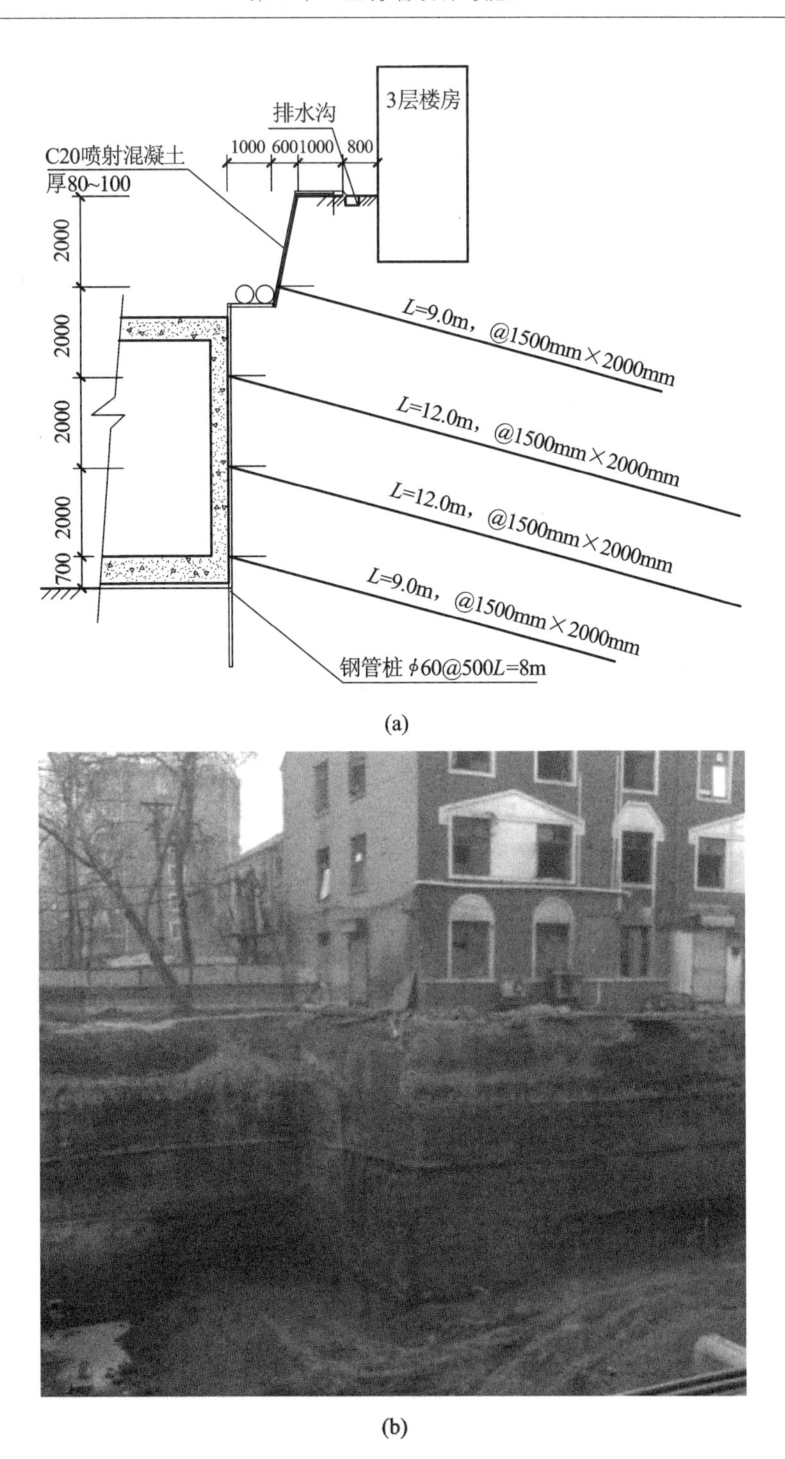

图 1-20　三层楼房处边坡支护图

(a)支护设计施工图；(b)9-3＃楼房处支护效果图

(3) 西侧中 31-33#楼 3 栋 6 层楼处边坡支护(图 1-21)

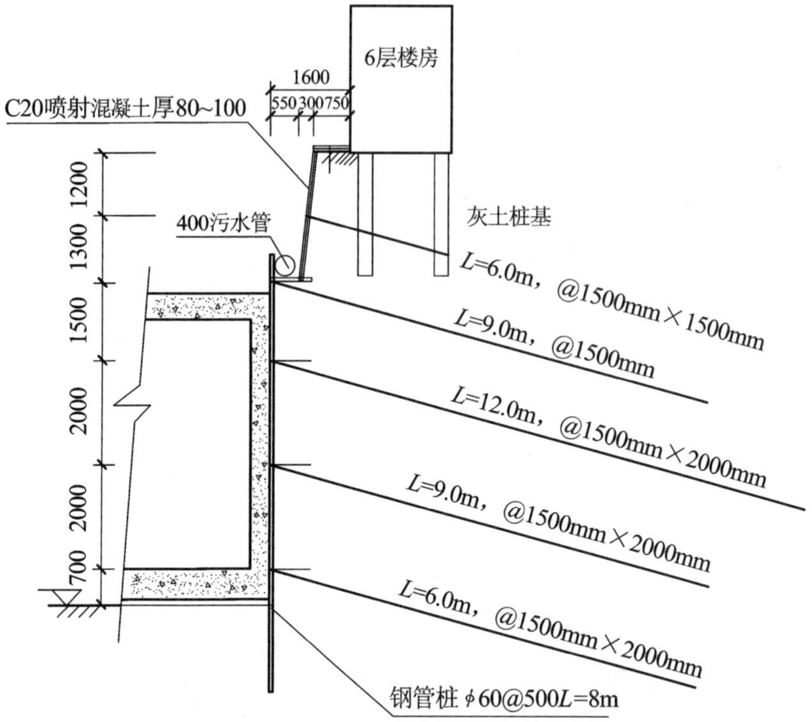

图 1-21　31-33#楼 3 栋 6 层楼处边坡支护图

该位置为 31-33#楼,为新建 6 层楼房,灰土桩基,距基坑边约 1.5m。该处环境比较紧张,特别是顺楼房东侧有污水管,而通信电缆则从坑中通过。从该深基坑工程地质、环境、安全性、经济性、可行性方面考虑,开挖时必须直壁开挖。采用钢管桩超前加固楼房,保护边坡土体,然后采用锚杆+网喷支护。计算时,基坑边地面附加荷载按 15kPa 考虑。据工程类比及计算,按表 1-13 设置锚杆可以满足基坑边坡安全要求。钢管桩参数为 ϕ60×4@500L=8m,钢管桩成孔直径为 150mm。

表 1-13　锚杆参数表三(位置 0.0 点在地面)

位置(m)	锚杆长度(m)	水平间距(m)	倾角(°)	锚杆材料
2.0	9	1.5	15	1Φ22 钢筋
4.0	12(预应力)	1.5	15	1Φ25 钢筋
6.0	9	1.5	15	1Φ22 钢筋
8.0	6	1.5	15	1Φ22 钢筋

1.2.3.5　地下管线保护措施

在基坑内影响基坑土方开挖的地下管线主要有马路中间的直径700mm、埋深4m的混凝土雨水管线，沿西侧直径800mm、埋深2.9m的铸铁给水管道，沿东侧直径400mm、埋深2.2m的铸铁给水管道，沿西侧直径300mm的电信管线，沿东侧直径300～600mm埋深1.5m的混凝土污水管道等，这些在基坑土方挖运时，必须特别注意，应提前迁移到安全地方。混凝土污水管道或下水管道接头简易，极易漏水，因此在迁移该种类型管道时应采用PVC管代替混凝土管，如果该混凝土管道在基坑边，则也应采用PVC管代替混凝土管，否则一旦混凝土管漏水，则必将危及基坑边坡安全，而且混凝土管道也将不保。

基坑东侧沿坑边为一400mm×300mm的地下热力、蒸汽管道沟，钢筋混凝土结构，顶部埋深1.5m左右。基坑开挖时，应将管沟边土体挖尽，当挖至管沟底时，必须及时施工一排竖向钢管桩，钢管桩参数为$\phi 60\times 4@500 L=7$m，以保护管沟基础，然后进行锚杆施工，在锚杆头上采用[14槽钢作为腰梁，通过[14槽钢将锚杆头和钢管桩连成一体。靠近青岛路北段，沿中州西路分布有各种地下管线，但基本上都在基坑开挖线以外，最近的为地下热力、蒸汽管道沟，钢筋混凝土箱型结构，尺寸为高×宽=2m×1.6m，顶部埋深1.5m，其他管线均在管道沟外侧。该处处理措施同上。

1.2.3.6　地下水控制设计

场区内地下水主要为杂填土中的上层滞水，水量受季节和生活用水影响，水量可能比较丰富。由于基坑及地下室施工时间在秋冬季节，雨水较少，暴露部分土质干燥坚硬，因此在施工喷锚支护结构后，可通过支护结构将一部分水阻挡在土体内，将另一部分水经设置于混凝土喷层面上的排水管引出，经坡脚的排水沟流入降水井，用浅水泵抽出。具体方案为：在距坡顶1.0m和坡底0.5m位置各施工一道截排水沟，排水沟尺寸为宽×深=0.3m×0.20m。并与主下水道连接。

支护坡面应规定设置排水管，排水管采用长300mm、直径100mm的PVC管，排水孔外斜坡度大于5%，按水平间距3.0m、竖向间距4.0m设置。

1.2.3.7　特殊情况的处理

该基坑工程基本上按设计图进行施工，在最复杂的三层楼处也没有出现任何险情，基坑变形也在允许范围之内。但是，在28～30轴线西侧即31#楼处基坑边的地下污水管渗漏水未引起施工人员的足够重视，导致该段边坡土体遇水软化，在基坑挖至坑底时出现约 15m 长的边坡整体滑塌现象，土体滑塌厚度约 1.0～1.5m。好在边坡滑塌对楼房安全没有造成明显危害，但对居住的居民影响较大。洛阳黄土状粉质黏土均存在湿陷性，虽然地质报告认为其湿陷系数小于 0.015，不具湿陷性，但是黄土状粉质黏土遇水浸泡时土体的强度将急剧降低，这是一个普遍现象，施工时必须防止水对土体的危害，否则很容易导致工程事故。31＃楼处出现约 15m 长的边坡整体滑塌事故，这与地下污水管渗漏水导致该段边坡土体遇水软化却未引起足够重视、未采取有效加强措施有一定的关系。

塌方出现后，施工人员立即组织反铲对塌方部位进行了土方回填，及时控制了边坡塌方对楼房的危害。控制了险情后施工方根据现场情况提出了加固处理方案。从提高楼房安全性角度出发，为了减少土方开挖对楼房的影响，塌方部位地下室结构施工可以采取局部盖挖法。由于地下室顶板距地面约 2.5m，顶板厚度 0.5m，考虑到侧墙下伸 0.5m，因此在已回填－2.0m 的土方处，在重新补打 ϕ108(壁厚≥4mm)微型钢管桩后，须先挖除 1.5m 高的土层至－3.5m 处，然后进行喷锚支护；该支护完成后，再进行地下室顶板钢筋混凝土施工；然后按逆筑法进行后续施工。在逆筑法施工时，必须按上述要求对边坡进行支护，以确保逆筑法施工的顺利进行。顶板以下塌方土体比较松散，按逆筑法(盖挖法)进行施工时，应尽量减少对土体的扰动，采取少开挖、强支护方式并按以下要求进行：土方每层开挖高度不超过 1.5m，分段长度控制在 10m 以内，应跳挖；土方开挖后必须在 6h 内完成开挖面的支护作业。加固处理施工见图 1-22 及图 1-23。

针对所出现的塌方情况，对其余已施工完成的锚杆和土钉墙墙面干湿性也就是墙壁渗漏水情况进行了详细排查，对锚杆与槽钢连接部位进行加强，确保锚杆与喷锚面板形成一体，增加面板刚度。最后顺利完成了该基坑的支护和人防工程主体施工。

1.2.3.8　工程点评

工程实践表明，对于紧邻楼房、地层为湿陷性黄土、深达 8.7m 的基坑边坡支护，采用复合土钉墙技术是可行的，即使边壁垂直开挖，采取竖向微型钢管桩超前加固结合锚索复合土钉墙，也能满足安全要求(图 1-24)。这样的支护方案与桩锚相比，节省了施工时间，降低了工程造价。采用土钉墙作为外墙模板，省去了施工占有的空间，提高了场地使用率。为相关工程提供了可行的工程实例。

(a)

(b)

图 1-22　基坑西侧 31＃楼房开挖前后图

(a)开挖前;(b)开挖后塌方处

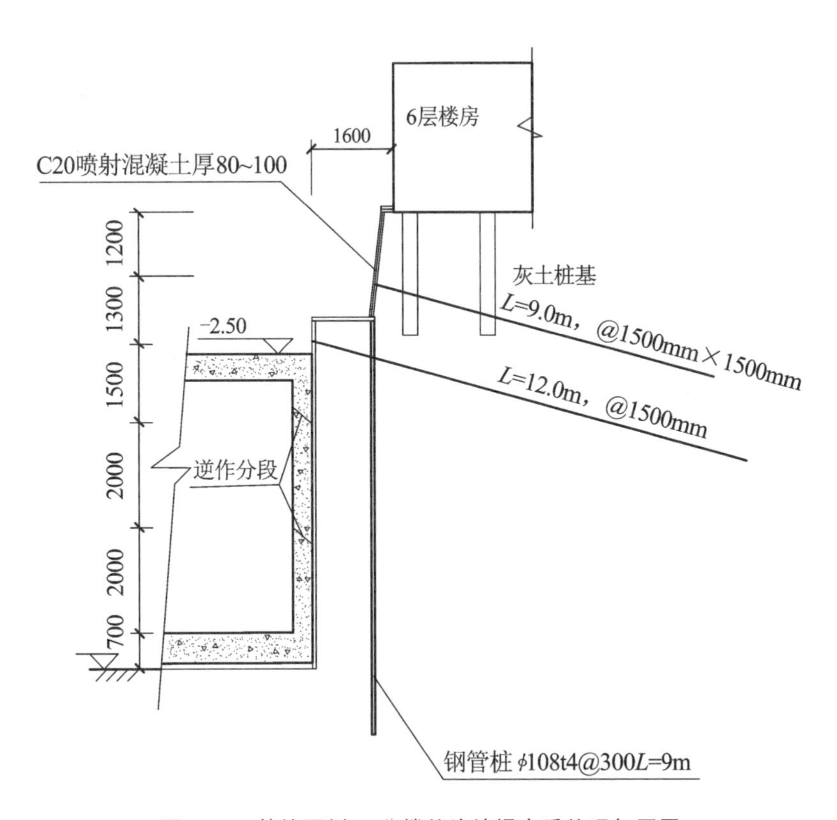

图 1-23　基坑西侧 31＃楼处边坡塌方后处理加固图

需要特别指出的是，湿陷性黄土遇水后，土体强度将大大降低，地表水或邻近基坑地下管道漏水都将给基坑支护造成安全危害，施工过程中必须确保地下水不会对基坑侧壁土体产生浸湿，一旦发现基坑侧壁出现水渍，则应及早进行排查堵漏，并提高边坡支护强度。

(a)

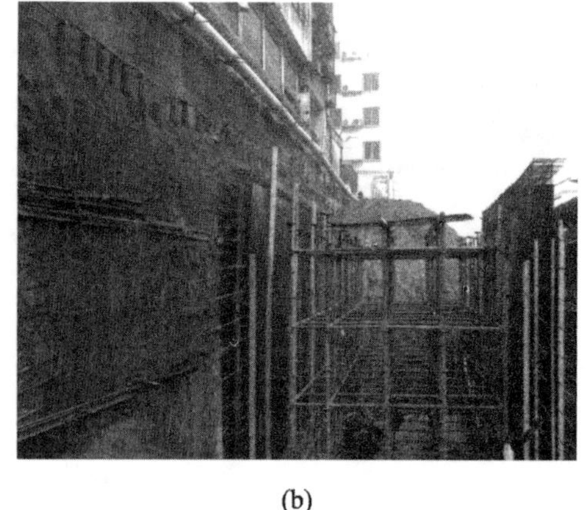

(b)

图 1-24　施工效果图

(a)已完成支护两侧实景图;(b)垂直支护壁作外墙模板

1.3　论文——信息施工法在深基坑支护设计和施工中的应用

李欢秋,吴祥云,陈德兴,等.信息施工法在深基坑支护设计和施工中的应用[J].防护工程,2005,27(4).

摘要:在岩土工程勘察难以详细准确地提供地层地质参数的情况下,可以认为岩土工程是在一灰色系统中修建,作为处于灰色系统中修建的深基坑工程,依据信息施工法往往是保证工程施工顺利进行,确保工程安全的不可忽视的重要方法。本文通过拥有二层地下室的滨江国际大厦基坑工程实例给出了信息施工法在深基坑设计与施工中的应用,解决了在复杂地质条件下二层地下室基坑支护采用湿喷桩+喷锚支护止水复合支护技术遇到的难题,为同类基坑工程设计和施工提供了可供实际应用的技术和方法。

关键字:基坑;信息施工;湿喷桩;喷锚支护

1.3.1　前言

基坑工程往往在周边环境和地质条件比较复杂的场地中修建,特别是在岩土工程勘察不能详细准确地提供地层地质参数的情况下,可以认为基坑工程是在一灰色系统中修建,基坑开挖支护过程中存在着许多不确定的因素,因此,支护施工也就不可能严格按依据不太详细、准确的地质参数所设计的开挖支护方案进行，这些不确定的因素随着土层的揭露而不断地被认识，设计和施工人员则必须根据开挖过程中所揭示的新的地质条件和变形监测结果并比较原设计后给出比较符合实际的支护设计变更，这样才能进行比较符合实际条件的支护施工，这一过程实际上是新奥信息施工法在深基坑支护设计和施工中的一种体现。实践表明，作为处于灰色系统中修建的岩土工程如深基坑工程，信息施工法往往是保证工程施工顺利进行，确保工程安全的不可忽视的重要方法。滨江国际大厦基坑工程便是成功应用信息施工法的一个实例。该楼由两栋32层塔楼及2层群楼组成，并设两层满铺地下室，地下室为长方形，基坑面积为50.9m×86.6m＝4407.9m^2。±0.00比现地面平均高程(约23.0m)高出约1.0m，基坑周边开挖深度按底板底考虑为7.0m，按地梁底考虑则为7.5m，中央电梯井承台挖深达10.5m。该工程位于武昌徐东路与宏盛路交汇处，基坑边东距宏盛路约6m，宏盛路为小区通道，西边紧邻3层混凝土建筑物约7m，南距鹏凌小区6层楼房约10m，北侧为徐东大街，距人行道边线约10m远，但距地下电缆沟只有3m左右，因此基坑周边环境比较紧张。本着安全、经济、省时的原则，经过工程类比及计算[1]，决定该基坑支护采用复合支护方案，即采用上部(1.5m高)放坡卸载，下部1～2排湿喷桩并加两排湿喷桩坑底扶壁＋喷锚支护止水复合支护方案。设置4口降水井进行减压降低地下承压水水位，并设一口观察井兼备用降水井。在施工过程中，由于边坡超载、地面排水管道漏水、原有勘察孔涌水翻砂较严重并造成泥砂的大量流失，及坡脚位置土质条件较差等因素的影响，基坑围护结构曾经出现变形不收敛，坡脚分层开挖位移也过大等问题，技术人员根据基坑变形监测结果，分析造成问题的原因，运用信息法施工和反馈计算，及时调整了支护设计和施工方案，使基坑工程施工得以顺利进行。由此解决了在复杂地质条件下二层地下室基坑支护采用湿喷桩＋喷锚支护止水复合支护技术遇到的难题，为同类基坑工程设计和施工提供了可供实际应用的技术和方法。

1.3.2　工程地质水文情况

场区地貌单元属长江一级阶地，除表层填土层外，其下主要为第四系全新统湖积的黏性土层、冲洪积的砂层等。与深基坑施工有关的土层自上而下主要有[2]：

(1) 杂填土，Q^{ml}，自然地面以下，黄褐，松散，湿，分布不均，主要由砖渣、石块及黏性土组成，上部以建筑垃圾为主，下部以黏性土为主，结构不均，分布整个场区。

(2-1) 粉质黏土，Q^{4al+1}，层面埋深 0.6～2.4m，层厚 1.1～3.7m，黄褐，可塑，饱和，中高压缩性，有暗灰色条纹，局部含有黑色有机物，土质相对均匀，切面平整。

(2-2) 淤泥质粉质黏土，层面埋深 2.2～4.3m，层厚 3.5～6.3m，灰褐色，软流塑，饱和，高压缩性，有清楚的层理面，层理面处充填有极薄层粉土，土质较均匀。

(2-3) 淤泥质粉质黏土夹粉土，埋深 7.0～9.4m，层厚 1.2～3.5m，灰褐色，软流塑，饱和，高，含少量白云母片，土样摇振时有水淅出，局部夹有薄层粉砂。

(3-1) 粉细砂，Q^{4al+pl}，层面埋深 9.5～11.8m，层厚 3.2～9.8m，青灰色，稍密，饱和，中压缩性，含石英、云母、长石、砂砾较均匀。

场区地下水主要为上层滞水及承压水，上层滞水主要赋存于上部的填土中，主要受大气降水和人工排水的影响，其水位、水量与季节关系密切；承压水主要存在于 3 层及以下的砂砾石类土中，与长江水具有一定的水力联系，水量较大。元月份(枯水季节)测得的地下水综合静止水位在孔口以下 1.4～1.7m 之间，承压水位绝对标高在 19.2m 左右。土层物理力学参数见表 1-14。

表 1-14　土层物理力学参数

层号	土层名称	埋深(m)	重度 γ (kN/m^3)	压缩模量 E_s(MPa)	f_k(kPa)	c(kPa)	φ(°)
(1)	杂填土		20.0			5	18
(2-1)	粉质黏土	0.6～2.4	19.3	5.6	120	16	12
(2-2)	淤泥质粉质黏土	2.2～4.3	18.1	3.5	65	12	9
(2-3)	淤泥质粉质黏土夹粉土	7.0～9.4	18.2	4.2	75	16	12
(3-1)	粉细砂	9.5～11.8	18.5	15.4	165	0	28

1.3.3　支护设计及计算

(1) 上部放坡卸载喷锚支护设计

为减小上部荷载，在基坑四周普遍下挖至自然地面下 1.5m。采用喷锚网对边坡进行止水护面，边坡按 1∶0.8 进行放坡。设一排锚杆，锚杆均在自然地面下 1.7m 处，采用 ϕ48 钢管锚杆[《基坑工程技术规程》(DB 42/159—2012)]。

(2) 湿喷桩设计

该场地地质条件比较差，虽然淤泥质土层厚只有 6m 左右，但该层土基本上构成了基坑边壁和坑底。因此，为了增强坡脚土体抗深层滑移的能力，在基坑周边增加深层搅拌桩即湿喷桩，以对边坡及坡脚土体进行加固，一方面可保证基坑开挖时坑底不会隆起，另一方面还使工程桩桩端得到永久保护。湿喷桩直径为 0.5m，两桩之间搭接 0.15m。水泥掺入量为 50kg/m，水泥为 P·O32.5 级矿碴水泥。桩长以穿过淤泥质土层进入粉细砂 0.5～1.0m 为宜。

(3) 喷锚支护设计

基坑设计挖深 7.0m，由于场地内大量堆载及行走车辆的可能性小，因此计算时，ab\bc\cd 段基坑边地面附加荷载按 10kPa 考虑，而 da 段距离一栋三层建筑物(天然基础)比较近，计算时基坑边地面附加荷载按 3×15kPa＝45kPa 考虑，根据表 1-14 中的物理力学参数，采用"天汉"软件[3]进行设计计算，得到锚杆参数见表 1-15 和表 1-16。

表 1-15　锚杆参数表四(位置 0.0 点在地面)

位置(m)	锚杆长度(m)	水平间距(m)	倾角(°)	锚杆材料
1.7	11	1.5	10	1Φ48
3.0	9	1.5	3	1Φ48
4.5	12	1.2	30	1Φ48
6.2	9	1.2	30	1Φ48

表 1-16　锚杆参数表五(位置 0.0 点在地面)

位置(m)	锚杆长度(m)	水平间距(m)	倾角(°)	锚杆材料
1.7	12	1.5	7	1Φ48
3.0	10	1.5	3	1Φ48
4.5	12	1.2	30	1Φ48
6.2	9	1.2	30	1Φ48

锚杆注浆采用 P·O32.5 级普通硅酸盐水泥，水灰比为 0.45，外加早强剂及止水剂，注浆压力 0.4～0.6MPa，注浆体强度为 M20。喷射混凝土采用 C20 级混凝土，设计厚度为(100＋10)mm，配合比为水泥：砂：石＝1：2：2，编网钢筋采用 ϕ6.5@200×200，锚杆头采用 2Φ16 螺纹钢筋加强连接。

(4) 地下水控制设计

① 上层滞水治理

场区内上层滞水主要赋存于杂填土中，含水量较大，对基坑周围环境稳定性影响较大。基坑外上层滞水在施工喷锚支护结构后，可以将水阻挡在土体内。在水量集中部位用排水管将水引入基坑内排出，坑内土体中的水及雨水由坑底排水沟排出。

② 承压水治理

承压水赋存于3层的砂类土中，水量较大，地下室底板挖深7m，位于(2-2)层淤泥质粉质黏土中，距透水层粉细砂层为2.50～4.60m，由抗承压水突涌稳定性验算公式：

$$k_{ty} H_w \gamma_w < D\gamma$$

在枯水季节基坑普遍挖深7m时坑底不会突涌，但处于临界状态，当基坑挖深9.5m(两个电梯井承台位置)时，坑底将发生突涌现象，必须采取降水措施。另外由于基坑开挖可能在丰水季节进行，而场地距长江江堤约1000m，因此须考虑降水措施。

降水设计主要考虑因素如下：基坑底板穿过过渡含水层顶板，降水设计按减压法进行；利用含水层渗透性能由浅至深逐渐增大的特性，采用非完整井，以减小涌水量，保证降深；由于基坑开挖可能在丰水季节进行，因此水位按丰水季节水位考虑。

降水井计算设计参数如下：降水井深度为33m，井口数为4口，其中2口降水井单井抽水量设计为$80m^3/h$，另两口降水井的单井设计抽水量为$50m^3/h$，在两个电梯井承台之间设一口观测井并兼作备用降水井。经计算由降水引起的基坑周边地面沉降最大值为36mm，对基坑周边环境不会造成不利影响。

1.3.4 施工过程及信息反馈设计

从基坑变形变化情况，该基坑支护施工可分为三个阶段，严格按设计的正常施工阶段，根据变形监测数据进行修改设计阶段，基坑支护施工后运行阶段。下面给出ad段的施工过程、信息反馈设计和信息施工方法。

第一阶段，基坑1～3层的施工阶段。

基坑开挖前，按设计完成了基坑周边湿喷桩和降水井及观测井施工，在湿喷桩最短养护期只有10天的情况下开始进行基坑土方开挖及喷锚支护施工，并同时开始对基坑边坡位移及地面沉降进行监测。至8月23日，经过12天的施工，完成了ad段第二层土方开挖及支护施工(图1-25、图1-26)，总变形量仅为2.76mm。8月26日完成该侧中部第三层土方开挖及支护施工，边坡位移及沉降增加不明显，沉降量增加0.51mm，见图1-27的D14和D15曲线。8月28

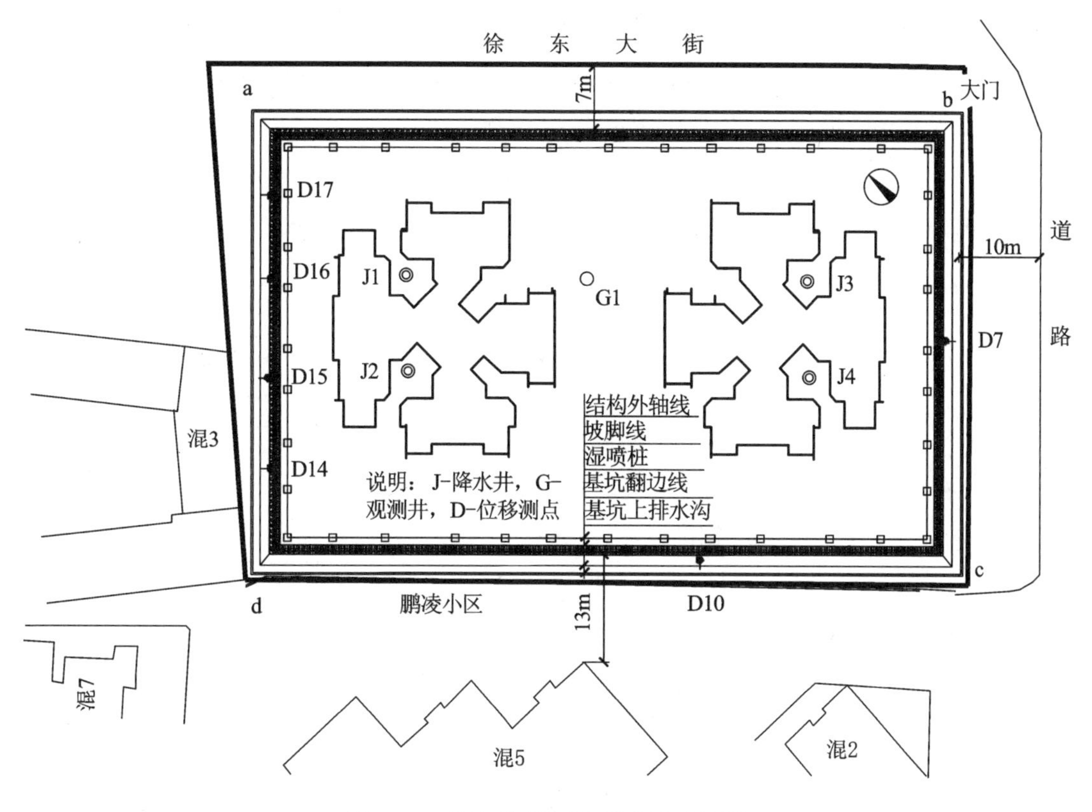

图 1-25　基坑平面及主要监测点布置图

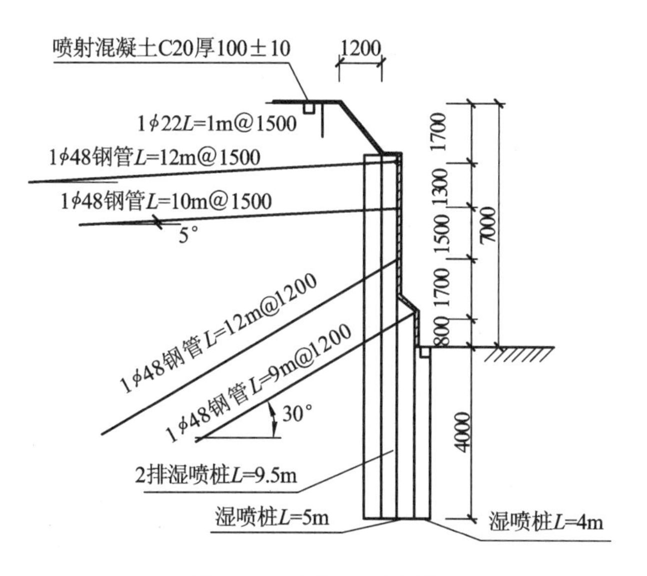

图 1-26　典型支护剖面图

日完成该侧 d 角点部位的第三层施工，由于中部土体开挖后时间较长且锚杆和钢筋网需要有一定变形后才能完全起作用，所以 D15 点沉降量有较明显的增加，两天内增加 4.54mm，而 D14 由于土体没有卸载，沉降量增加较小，为

1.01mm。8 月 30 日,完成了该侧第三层土方开挖及喷锚支护的施工,两天内 D14 点位移增加了 4.09mm,而 D15 点已经基本完成卸载,沉降量增加较小,增加量为 1.73mm,相应的累计沉降量曲线较缓。

由此可见,自基坑开挖至 8 月 30 日基坑挖深及支护达到 5.6m 时,da 段累计变形很小,D15 点位移量为 8.85mm,从图 1-27 可见其他位置变形也很小。

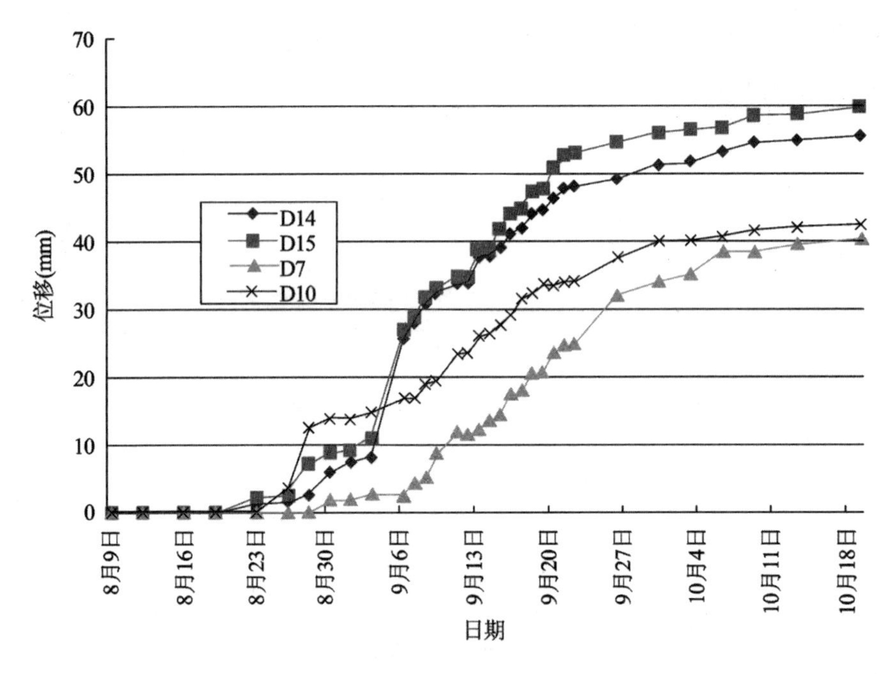

图 1-27 基坑边坡位移曲线

第二阶段,基坑第四层施工阶段。

9 月 1 日~9 月 6 日,完成了 ad 边跳槽式三段的第四层即到底板底的土方开挖及支护施工。该时间段累计沉降量曲线曲率较大,沉降量有了很大的增加,累计位移量达 26.93mm。引起位移增大的主要原因有以下三点:一是基坑深度达到约 7m,根据挖出的土来看,土质为淤泥质粉质黏土,地质条件比设计中预想的要差。相对于粉质黏土而言,其压缩模量 E_s、内摩擦角 φ 和黏聚力 c 均很小,因而土体的沉降量将会有较大增加,抗剪切能力减小,土体容易处于不稳定状态。二是该侧属于重荷载区,ad 侧 d 角点有总配电柜,南部有在建的厕所和备用电源,在距基坑约 6m 处 5 个仓库库房里新存 2.5m 高的大米。三是 J1、J2 降水井开始启用,地下水的抽取也会加大该侧基坑的沉降量。虽然此时累计位移量仍然在允许范围内,但考虑到该位移是分三段跳槽式开挖引起的,即只局部卸去了 1.4m 高的土体,位移就增加了 18mm,从经验上来看位移增加过大，这说明实际地质条件及环境情况与原设计所依据的可能不同。此外还有三段土方（土墩）未挖除，如挖除三段土墩，则变形可能远远超过允许值，有可能出现边坡失稳险情。根据以上分析并将（2-2）层土体力学参数适当降低（c 值由12kPa改为10kPa），地面荷载增加（坡边线距楼房由5m改为4m）后，用“天汉”软件重新进行了计算，结果表明需增加锚固力和坡脚抗滑力。根据计算做出如下设计变更，在ad边2—3排锚杆之间增加一排15m长锚杆，拉筋采用2Φ22螺纹钢筋，间距1.7m，并在坡脚增加一排3m长竖向注浆花管，间距1.2m，竖向注浆花管与第四排锚杆焊牢。

通过上述加强后，从图1-27可见基坑的变形曲线由陡变缓，变形呈现收敛状态，9月11日～9月12日曲线的斜率仅有0.235mm/d，D15最大累计沉降量只有34.6mm，也就是说，新增的加固起到了明显的作用。

第三阶段，基坑支护施工后运行阶段。

从图1-27中可见，9月14日～9月16日，该侧基坑变形曲线变陡，但比开挖第四层土体时引起的变形速率要小，其主要原因是：①13日下午及晚上在靠近基坑ad侧有两处地方在进行承台土方挖除施工时出现勘察孔翻砂涌水现象。由于设计降水属于减压降水而不是疏干降水，因此当勘察孔封堵不严时，若长江水位高，可能造成承压水从勘察孔中涌出，而当时正是长江一个洪峰经过武汉期间，长江水位达24m多。采用在勘察孔中设置长6m的竖向花管并注入水泥水玻璃砂浆的方法进行了封堵，该问题从而得到有效处理。后来又有个别地方出现勘察孔翻砂涌水现象，虽然都得到了及时处理，但是勘察孔翻砂涌水将不可避免地导致水土流失，此外存在勘察孔涌水翻砂的隐患。基坑运行期间增加了降水力度，并将观测井作为降水井使用，这样必然导致地下水抽水量超过原设计减压降水的抽水量，水位比原设计的要低，以上原因不可避免地使该侧基坑边坡及地面变形增大，在图1-27中也就表现为变形曲线的变陡。工程经验表明，深井降水对基坑周围地面将产生沉降，其沉降量根据新修订的《基坑工程技术规程》计算，可以达到80mm左右，但由于该沉降量影响范围大，且是均匀的，因此对基坑附近地面建筑物影响比较小，而勘察孔涌水翻砂则将使基坑附近地面建筑物产生严重的不均匀沉降，其对附近地面和地下建（构）筑物影响最为明显，这种影响严重时可能立即表现出来，也可能滞后几天波及地面。由于勘察孔涌水翻砂均得到及时治理，故对基坑及环境未造成大的危害，最后基坑变形逐渐收敛。

1.3.5 结论

城市深基坑工程虽然往往是一临时性的辅助项目，但却是一项复杂而且重要的岩土工程。基坑工程处理好坏不仅关系到主体建筑工程能否顺利建设，而且对周边环境如房屋、地下管网线等建（构）筑物的安全具有重要的影响。由于它的复杂性，以及在基坑开挖支护过程中存在着许多不确定的因素，因此支护施工往往不可能一成不变地按已有的设计开挖支护方案进行，这就要求施工过程中必须根据监测信息和揭露的土层实际情况，及时进行反馈设计，采取加固等措施。本文通过信息施工法在深基坑设计与施工中的应用实例，为同类基坑工程设计和施工提供了可供实际应用的有效技术和方法。

1.3.6 参考文献

[1] 武汉华中岩土工程有限责任公司. 汉飞·滨江国际大厦岩土工程勘察报告[R]. 武汉，2004-03.

[2] 何新，谭先康，李欢秋，等. 预应力钢管锚杆在武汉国际会展中心深基坑围护中的应用[M]//黄熙龄. 地基基础按变形控制设计的理论与实践. 武汉：武汉理工大学出版社，2001：153～157.

[3] 李欢秋，张福明，明治清. 淤泥质土中锚杆锚固力现场试验及其应用[J]. 岩石力学与工程学报，2000(19).

1.4 论文——中国武汉劳动力市场大楼深基坑边坡支护设计与施工

高旗，李欢秋，袁培中，等. 中国武汉劳动力市场大楼深基坑边坡支护设计与施工[J]. 岩石力学与工程学报，2002，21(6)：919-922.

1.4.1 工程概况

中国武汉劳动力市场大楼占地面积 1750m²，地上 17 层，地下 1 层，结构形式为框剪结构，基础形式采用多支盘挤扩灌注桩。建筑场地位于新华路西侧，与中山公园相邻，东侧为新华路，南北两侧均有多层住宅楼，西侧为公园绿地，西南角紧邻中山公园的湖泊。地下室基坑开挖垂直深度达 8.1m。从安全、经济、快速的方面出发，建设单位和武汉市专家组选择了具有施工速度快、工期短、造价低、安全可靠等特点的基坑边坡支护新技术——喷锚网支护，作为该基坑边坡的支护方法。

本基坑支护工程具有以下4个特点：

(1) 基坑深、难度大。该基坑原基础设计只需挖深约5.5m，施工过程中，因基础设计变更，最后要求基坑挖深达8.1m。8.1m深的基坑边坡采用喷锚网支护，在武汉特别是汉口地区施工难度较大。

(2) 水文地质条件复杂。开挖深度范围内的表层土为结构松散、透水性好、富含地表水的杂填土，其下为粉质黏土、黏土、粉质黏土夹粉土、粉土层，坡脚恰好坐落于粉质黏土夹粉土和粉土层，局部承台开挖已暴露出粉砂层。由于周边水源补给充足，且基坑开挖正值洪水季节(水位28m的长江水面高于基坑底14.8m)，防止湖水及市政管道水由杂填土渗入基坑及防止坡脚涌水、涌砂和锚杆施工中的涌水、涌砂现象是本基坑支护施工的难点。

(3) 周围环境复杂。该基坑西侧为中山公园围墙，距围墙约7m为公园湖泊；北侧为中山公园2号门，邻近有多幢多层住宅楼；西南角0.5m处有一使用中的1层旧民房；基坑东侧的新华路是汉口市区交通干道，距坑边3～4m沿马路边有上下水与电缆沟等地下管线。基坑东侧北端的配电房，距基坑边仅0.40m，配电房整体性差，设备荷载大。因此基坑周围环境对基坑变形较为敏感，均不允许基坑有较大变形，控制基坑边坡变形是基坑支护的关键。

(4) 工期紧，任务重。该工程是武汉市1999年重点工程之一，土方挖运及基坑边坡支护施工工期只有1个月。

经过严密组织、科学施工，工程方在25d的有效施工时间内完成了基坑边坡支护施工，取得了很好的支护效果。基坑开挖到设计标高后监测表明：支护后的边坡是稳定的，变形很小，水平位移最大值只有28mm，最大沉降累计值为10.9mm，均满足规范规定的变形(40mm)要求，对周围建筑物和地下设施均无任何不良影响。

1.4.2　场地工程地质条件

根据机械工业部第三勘察研究院提供的岩土工程勘察报告，拟建场地地面高程为20.44～22.03m，地貌单元属长江一级阶地。与基坑开挖有关的地层分布及主要特征见表1-17，具体描述如下：

(1) 杂填土，厚1.0～3.3m，杂色、松散、湿，主要由碎石、砖块、混凝土块等建筑垃圾和生活垃圾混杂黏性土组成，下部以黏性土为主，局部混有少量淤泥质土，整个场区均有分布，东南边厚，西北边薄。

(2) 粉质黏土，厚1.4～3.4m，褐灰色、软塑、湿，含少量铁锰质氧化物及其结核，夹少量白色小螺壳，局部黏性较强，整个场区均有分布。

(3) 黏土，厚1.1～2.1m，黄灰色、可塑、湿，含有铁锰质氧化物及其结核，夹有灰白色高岭土网纹，整个场区均有分布。

(4) 粉质黏土夹粉土，厚2.2～5.5m，灰黄色、稍密、饱和，含有少量铁锰质结核和白云母片，夹有薄层粉土，主要分布在场区南部。

(5) 粉土，厚1.1～2.1m，黄褐色、可塑、湿，夹有薄层粉砂或粉质黏土，主要分布在场区北部。

(6) 粉砂，厚8.3～10.5m，灰黄、松散、饱和，夹有微薄层粉土，整个场区均有分布。

场地地下水丰富，按埋藏条件分为上层滞水和承压水。上层滞水主要赋存于结构松散、孔隙连通性好的(1)层杂填土中，主要受大气降水及地表水体(特别是场地西南角湖水)的补给。孔隙承压水赋存于砂性土中，它与长江水有密切的水力联系，呈互补关系，勘察期间(4月份)，测得地下水混合水位埋深为0.40～2.10m。虽然砂性土上的黏土层可起隔水作用，但由于粉土埋深较浅，当基坑挖深达5.5m时，坑底有可能发生管涌现象。因此基坑开挖时必须采取可靠的治水措施，防止管涌现象发生。

表1-17　土层主要参数一览表

土层编号	土层名称	平均厚度(m)	重度(kN·m)	黏聚力 c (kPa)	内摩擦角 φ (°)	渗透系数 K_v (cm·s)
(2)	粉质黏土	2.5	19.0	15	7	6.2×10^{-6}
(3)	黏土	1.5	19.1	20	8	6.5×10^{-7}
(4)	粉质黏土夹粉土	2.7	19.1	10	10	1.4×10^{-5}
(5)	粉土	1.8	19.0	0	20	1.2×10^{-3}
(6)	粉砂	9.6	19.0	0	30	2.4×10^{-2}

1.4.3　支护治水设计方案

1.4.3.1　支护治水方案选取

武汉汉口地区6～7m深的基坑边坡支护，一般有悬臂桩、水泥土墙、喷锚网支护等方案。从支护效果来看，悬臂桩支护由于桩顶变形，故常导致地面开裂。水泥土墙实际上属重力式挡土墙，其抗水平推力即抗剪性能方面比较差，为了达到抗剪要求往往须建筑较厚的墙。喷锚网支护是一种利用加固的土体抵抗主动土压力的支护方法，一方面锚杆抵抗主动土压力充分发挥了钢筋受拉的特点，另一方面锚杆注浆使边坡周边土体得到固结，提高了土体的c、ϕ值。此外喷射混凝土除了起面板作用外，还能封闭边坡土体，起止水作用。从经济方面来看，根据成本核算，喷锚网支护造价比桩或桩锚支护造价节约30%～40%，比水泥土墙节约10%。从工期来看，喷锚网支护施工是紧跟基坑土方开挖进行的，它不单独占用工期，而桩支护、水泥土墙等均需要单独的施工及养护时间。因此从支护止水效果、经济性和工期等方面综合考虑，笔者认为喷锚网支护方案为该深基坑边坡支护优选方案。

实践表明：深基坑工程出现事故除了与支护设计有关外，与地下水处理不当也有密切的关系，特别是在土质较差、地下水位较高且受地下承压水影响的地区。统计表明，约60%的事故基坑均由地下水治理不当引起，因此该基坑工程除了优选支护方案外，对地下水的治理也进行了充分的考虑。地下水治理包括上部滞水和下部承压水的治理。对于杂填土中的上层滞水采用喷网方法可以解决，但由于下部砂性土中赋存的孔隙承压水埋深仅为5.20～7.00m，承压水混合水位平均埋深为1.24m，则承压水位高于隔水顶板高度约4.0m。基坑开挖5.5m时，基坑底部已可见透水层；挖深到8m时，将不可避免地发生管涌现象。承压水治理措施可以有以下3方面选择：①深井减压降水，采用深井降水可以使地下水的承压水头降低到设计要求的地下水位；②全封闭隔水防渗，基坑隔水防渗处理包括落底式竖向帷幕和悬挂式竖向帷幕加一定厚度的水平隔水底板；③上述两者结合。经过治水效果的比较特别是经济性比较，该基坑采用了深井降水方法治理承压水。

1.4.3.2　支护设计计算

根据土层力学参数，基坑深度$h=8$m，这里取具有代表性的新华路侧边坡进行计算，其地面附加荷载取$q=10$kPa，采用朗肯土压力理论分层计算主动土压力：

$$E_a = \sum (q+\gamma \times h)K_a - 2c\sqrt{K_a}$$

$$K_a = \tan^2(45^\circ - \varphi/2)$$

根据基坑深度和施工要求，设 5 排锚杆，距地表距离 $h=1.7$m、3.3m、4.8m、6.1m、7.3m，水平间距均为 1.3m，倾角均为 $\theta=15^\circ$，采用 1/2 承担法并考虑挖土的影响，经计算，锚杆受力为：$T_1=62$kN，$T_2=92$kN，$T_3=101$kN，$T_4=98$kN，$T_5=79$kN。

锚固段长度 $$L_m = T_i / \sum(\pi D \tau_j)$$

自由段长度 $$L_z = (H-h)\sin(45^\circ - \varphi/2)/\cos(45^\circ - \varphi/2 - \theta)$$

锚杆长度 $$L = L_m + L_z$$

经计算，该侧边壁锚杆长度分别为：$L_1=9$m，$L_2=12$m，$L_3=9$m，$L_4=9$m，$L_5=6$m。

锚杆拉杆选用 1 Φ 22 螺纹钢筋作拉杆，其承载力最小为 110kN，满足要求。

经计算抗滑安全系数 $K_{滑}$=抗滑力/下滑力=1.52(安全)。

1.4.3.3 本工程支护治水方案

锚杆参数为：新华路侧及西侧设 5 排锚杆，锚杆长自上而下分别为 9m、12m、9m、9m、6m，在开挖第一层土体后对新华路侧电缆沟底土体进行花管注浆托换，参数为 ϕ48×3@1000$L=5$m；配电房处第三排锚杆加长到 12m 并施加 50kN 的预应力，而且在开挖前沿其基础施工一排长 6m 的竖向注浆花管以预先加固基础土体；北侧及南侧除了按西侧设置锚杆外，在距坑底 2m 处，施工两排 3m 长注浆花管，分别按 45°、90°设置以加固坡脚土体。锚杆水平间距均为 1.3m，倾角约为 15°，锚杆材料采用 1 Φ 22 螺纹钢筋，若锚杆成孔时有流砂现象，则应改用一次性锚管，锚管采用 1ϕ48×3.5 的焊管.

钢筋网采用Φ 6.5@200×200；喷射混凝土采用 C20 级混凝土，配合比为砂∶石∶水泥=2∶2∶1，掺水泥重量 3%～5%的速凝剂外加剂，喷射混凝土厚(100±20)mm；锚杆注浆采用纯水泥浆+早强剂，水灰比 0.45，水泥用 425＃普通硅酸盐水泥。代表性的剖面图见图 1-28。

由于场地西南角有湖水补给，为了防止湖水渗入基坑，基坑开挖前，在西南角沿基坑边线，采用花管注浆形成隔渗帷幕，花管参数为：间距 1.0m，梅花形布置，两排间距 0.3m，花管长 6.0m。

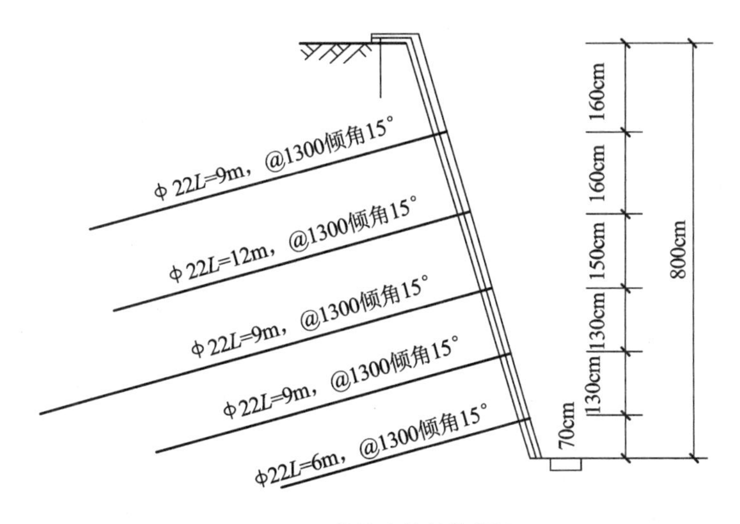

图1-28　基坑支护结构剖面

承压水采用深井降水，布设6口降水井，降水井孔径为ϕ600，管径ϕ325，井深38m。因下雨施工等造成的基坑内积水采用明沟集水井用泵抽排出。

1.4.4　施工中技术要点.

(1) 基坑深、难度大：8m深的基坑边坡采用喷锚网支护在武汉特别是汉口地区是极少见的，基坑深度大，土体开挖时地面影响范围大，坡脚部位应力集中明显，易出现坡脚失稳导致基坑边坡滑坡或地面沉陷。施工中除了根据所挖土层情况及基坑变形监测数据，及时修改基坑支护设计外，还在挖6m以下土体时，严格控制每层挖土高度在1.2m以下，挖土修边后及时挂网喷混凝土，防止边坡土体因局部剥落而造成大面积的坍塌。为了尽量减小地面变形，第二排锚杆均施加预应力。

(2) 工程地质条件复杂：开挖深度范围内的表层土为结构松散、透水性好、富含地表水的杂填土，其下为粉质黏土、黏土、粉质黏土夹粉土、粉土层，坡脚恰好坐落于强度不高的粉质黏土夹粉土层，局部承台开挖已暴露出粉砂层，由于基坑开挖正值洪水季节，地表水丰富，长江水位高出基坑底15m，因此防止湖水、市政管道水由杂填土渗入基坑及防止坡脚涌水、涌砂和锚杆施工中的涌水、涌砂现象是本基坑支护难点之一。在开挖支护施工中，一方面加强降水减压，每天观测降水深度，确保承压水水位在坑底下0.5m；一方面抢时间、赶速度，钻孔、送锚、注浆、挂网、喷混凝土交叉流水作业，所有工作面均在开挖当天完成，做到开挖一片，支护一片，随开挖随支护，并通过增大注浆量、掺加水玻璃、速喷或增喷混凝土、增加速凝剂掺量、预先花管注浆提高土体承载力等技术手段，较好地解决了边坡表面渗水流砂及土层强度低等难题，并省去了设计方案提出的西南角靠湖侧地面花管注浆隔渗帷幕施工。

(3) 周围环境复杂：该工程地质条件差，开挖深度深，周边环境也比较复杂，如基坑开挖时边坡变形较大，将严重影响周围建（构）筑物的正常使用及安全，因此不允许基坑有较大变形。施工时对于东侧电缆沟，根据原设计方案论证要求，先施工了一排 $L=5$m@500 斜向注浆花管进行了托换，基坑开挖到位后，根据坡脚土质差、沟中积水较多且破裂渗水严重的实际情况，通过在坡脚施工斜向竖向高压注浆花管和局部施加长预应力锚杆的措施，有效地控制了边坡变形和地面沉降。对于配电房坡段考虑到配电房荷载作用、市政管道渗水影响，并注意到配电房整体性差，对基坑变形极为敏感，在开挖前采用了花管注浆对基础进行预先加固，并对锚杆施加预应力控制变形的综合治理措施，即先施工一排 6m 长竖向注浆花管固结坑壁土体，对配电房基础进行托换，增加坡面刚度，第一、二排长锚杆施加预应力，开挖第三层前施工一排竖向木桩，以下每 50cm 施工一排 3m 长斜向花管并压浆形成管棚式支护体系，使配电房下部形成一实体基础从而实现了对配电房的有效托换。由于措施得力，支护施工保证了配电房的安全。北侧及西侧的无法实施放坡且渗水严重坡段，在施工中采用了增加锚杆长度、施加预应力、施工竖向注浆花管和杉木桩超前加固，及花管注浆固化坡脚等工程措施，取得了较好的支护效果。

从新华路侧边坡中间地面水平位移及地面沉降变形时程曲线（图 1-29）可以看出，每层土体开挖后，边坡均有几个毫米的变形，支护施工时间越短，变形越小；支护后变形未稳定便开挖下一层土体，则边坡位移增量较大。由于支护及时，因此该测点最大位移仅 22mm，地面最终沉降为 6.5mm。

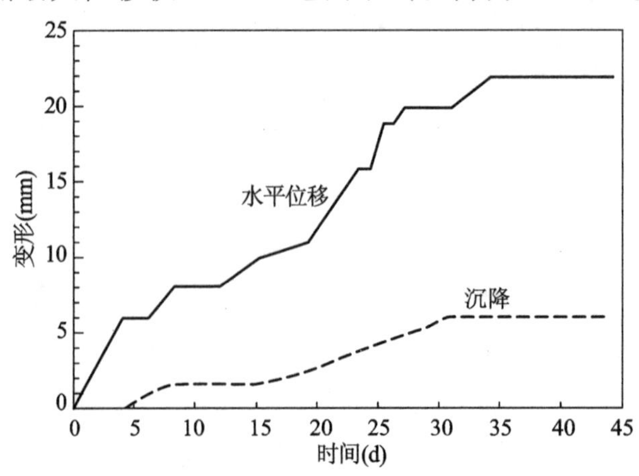

图 1-29　基坑边地面变形-时间曲线

1.4.5　结束语

深基坑工程是一项技术含量高，成败关系到整个工程能否顺利进行、周边建(构)筑物能否正常使用和人民生命财产是否安全的高风险性工程。中国武汉劳动力市场综合楼场地位于深基坑工程事故率较高的新华路区域，更表明了该基坑工程的难度和风险性，基坑支护采用喷锚网技术，除了需要对支护方案进行精心设计外，施工过程中必须根据土方开挖所揭示的土质情况、基坑变形监测数据以及周围地面、地下环境的变化而进行与此相适宜的变更设计及采取有力的施工措施，科学组织，精心施工。该基坑工程的成功经验对汉口及其他地区深基坑喷锚网支护设计与施工具有较高的参考价值。中国科学院武汉岩土所对基坑变形进行了监测，提供了可靠的数据，在此表示谢意。

1.4.6　参考文献

[1]　黄强.深基坑支护工程和设计技术[M].北京：中国建筑工业出版社，1995.

[2]　李欢秋，张福明，赵玉祥.淤泥质土中锚杆锚固力现场试验及其应用[J].岩石力学与工程学报，2000，19：922-925.

1.5　论文——百步亭花园人防地下室深基坑工程综合治理技术

李欢秋，张福明.百步亭花园人防地下室深基坑工程综合治理技术[C]//杨晓东."全国地基基础工程与锚固注浆技术研讨会"论文集.北京：中国水利水电出版社，2009.

1.5.1　工程简介及特点

(1) 工程简介

拟建的百步亭花园人防地下室位于汉口百步亭花园路以北，为附建式工程，上面有3栋18层的楼房，占地面积约为60m×200m＝12000m^2，基坑形状大致呈长方形。＋0.00标高相对于绝对高程为21.75m，地面整平后平均高程为21.00m，即＋0.00高出目前地面约0.75m。底板底考虑100mm厚垫层，基坑挖深虽然只有5～7m，但由于基坑西侧边坡距三栋6层楼房及材料进出道路较近，而组成坑壁及坑底的土层主要为人工填土和淤泥质粉质黏土以及易流失的粉砂夹粉土层，且承压水位高。因此该基坑工程除了必须采取有效的边坡支护措施，还必须对上表滞水和承压水进行治理，否则将会发生侧壁粉土粉砂的流失及坑底突涌现象。

（2）工程特点

① 该基坑开挖深度范围内的表层人工填土为结构松散、透水性好、富含地表水的杂填土，场区内上层滞水主要赋存于人工填土中，含水量较大，对基坑周围环境稳定性影响较大。

② 坑底地层为黏土和淤泥质粉质黏土，属于软土，而坑中工程桩为小直径的预应力混凝土预制管桩，因此必须防止因土方挖出卸载而造成基坑坑底隆起、土体推弯甚至推断工程桩现象。

③ 由于拟建建筑物地下室埋深 5～7m，而第(3)层粉砂夹粉土层顶最浅处只有 5m 左右，一般在 7m，其下部为砂性土的透水层，承压水赋存于(3)层以下，水量较大，故须进行降水处理。

④ 基坑开挖处于梅雨季节，地表水非常丰富，因此确保基坑土方开挖及锚杆施工不会出现砂土流失是本基坑支护的重点.

1.5.2 工程地质水文条件及分析

场区内原有建筑物均已拆除完毕。拟建场地西北角原为池塘，现已推填整平。基坑东端有一宽 2.0m 的浅沟，据介绍原为挖掘钢材所造成，现已推填整平。现地势较为平坦，场地地貌单元属长江冲积一级阶地。根据该工程岩土工程勘察报告提供的资料，本场地与基坑支护有关的各地层的分布及主要特征详见表 1-18，基坑设计时所采用的各地层的物理力学参数详见表 1-19。

表 1-18　深基坑各地层主要特征表

地层编号及岩土名称	年代成因	层顶埋深(m)	层厚(m)	状态	湿度	包含物及特征
(1)杂填土	Q^{ml}	0	0.4～6.7	松散	饱和	由碎石、块石、灰渣和一般黏性土等混合构成，结构松散杂乱
(2-1)黏土	Q_4^{al}	0.4～4.6	0.5～4.1	可塑	饱和	含铁锰质氧化物夹螺壳。分布于整个场地
(2-1a)黏土	Q_4^{al}	1.3～4.8	0.4～3.1	软塑	饱和	含铁锰质氧化物，呈透镜体形式埋藏分布

续表 1-18

地层编号及岩土名称	年代成因	层顶埋深(m)	层厚(m)	状态	湿度	包含物及特征
(2-2)淤泥质粉质黏土	Q_4^{al}	1.1～8.3	0.8～8.2	流塑	饱和	含铁锰质氧化物及粉粒，底部夹粉砂。分布于整个场地
(2-2a)黏土	Q_4^{al}	3.5～7.2	0.7～3.2	可塑	饱和	含铁锰质氧化物，呈透镜体分布于(2-2)层之中
(3)粉质黏土、粉土、粉砂互层	Q_4^{al}	5.4～14.9	0.8～5	软塑/松散	饱和	含云母，层厚度变化大，层位不稳定
(4-1)粉砂	Q_4^{al}	5.4～13.4	0.6～6.7	稍密	饱和	砂粒矿物成分主要为石英、长石，含白云母。夹粉土薄层

表 1-19　基坑支护设计土层物理力学参数表

层号	土层名称	重度 γ(kN/m³)	黏聚力 c(kPa)	内摩擦角 φ(°)	f_k(kPa)
(1)	杂填土	18.0	8	18	
(2-1)	黏土	18.45	20	12	120
(2-1a)	黏土	17.93	14	17	85
(2-2)	淤泥质粉质黏土	17.52	13	6	70
(2-2a)	黏土	17.26	16	10	110
(3)	粉质黏土、粉土、粉砂互层	17.38	9	17	100
(4-1)	粉砂		0	27	130

本场地地下水有“上层滞水”和“孔隙承压水”两种类型：“上层滞水”赋存于地表(1)层杂填土中，主要接受大气降水和地表散水垂直下渗的补给，无统一自由水面，水位及水量随季节性大气降水及周边生活用水排放的影响而波动；“孔隙承压水”赋存于场地(3)单元粉质黏土、粉土与粉砂互层，(4)单元粉细砂层中，水量丰富，因与所在地质区域内的地下水体及长江等地表水体有着密切的水力联系，勘察期间实测承压水头高程18.5m，即水头位于地面下2.5m左右；(3)单元粉质黏土、粉土与粉砂互层为含水层和基坑底板底。

由坑底抗突涌稳定性分析公式验算，

$$K_{ty} \cdot H_w \cdot \gamma_w \leqslant D \cdot \gamma$$

当基坑挖深至底板底－5.7m(16.05m)时：其中 K_{ty} 取 1.2，$H_w=18.5-12.18=6.32$m，$\gamma_\omega=10$kN/m²，$D=16.05-12.18=3.87$m，计算得 $\gamma=$

$17.7kN/m^2$，由此得 $1.2\times6.32\times10=75.84>3.87\times17.7=68.5$，坑底会发生突涌。因此，根据地层条件，当基坑挖至底板底时可能会出现坑底突涌现象，需要采取降水措施，以免坑底发生突涌。

由于(3)单元粉质黏土、粉土与粉砂互层厚度在3m左右，该土层属于过渡性土层，水平渗透性($K=10^{-2}$ cm/s)大于垂直渗透性($K=10^{-5}$ cm/s)，当土方挖到底板底(高程16.05m)和一般承台底(高程15.15m)时，由于采取了降水措施，不会发生垂直方向的突涌。但上表滞水处理不好，易发生水平方向的流水流砂现象。因此在对基坑进行减压降水时，应根据基坑土方开挖情况在坑中适当布置用滤水铁桶做的超前集水浅井，以解决该土层的水平渗水问题。

1.5.3 基坑支护方案与地下水治理设计

(1) 基坑支护方案选择

目前，基坑支护方案较多，一般可采用桩排(钻孔灌注桩或人工挖孔桩和静压桩)、地下连续墙加锚杆或加钢撑，水泥土墙加锚杆，加筋水泥土墙等方案。在同一个基坑中，这些方法可以单独采用，也可以根据地质、周边环境、基坑深度和经济性等条件统一考虑，同时采用几种方法进行综合治理。

当受场地周边环境限制，使用外部支护结构受限制时，可考虑选用悬臂桩与内支撑组合方式，基坑面积较小或形状狭长时尤为适用。但该方法对基坑开挖及地下室施工影响大，施工进度慢，且造价高。

喷锚网支护是以尽可能保持最大限度地利用基坑边壁土体固有力学性质，变土体荷载为支护结构体系的一部分为基本原理的，具有施工简便、快速、机动灵活、适用性强、安全和经济等特点，但其支护深度受限，在一般黏性土层特别是软土中不宜超过6m，且锚杆不能超过红线范围。

地下连续墙既可以作为基坑支护结构也可以作为防渗结构，但其造价昂贵，一般多用于软土支护中，或基坑周围环境要求很严的位置。如果在地下室结构外墙设计中考虑地下连续墙的作用，则可以适当降低工程造价，但施工比较复杂。

桩锚支护方法为改良方法，其适用范围广，在武汉地区已普遍应用于比较复杂的深基坑支护工程中，该方法具有安全可靠、费用适中等特点，但其受施工场地周边空间限制，锚杆不能超过红线范围。过去排桩一般采用人工挖孔桩、钻孔灌注桩和静压混凝土方桩等，目前预制预应力混凝土管桩由于其经济性、施工速度快、对环境污染小等优点已在建筑物基础中广为应用。但是预应力混凝土管桩抗压性能优异，而抗弯能力较弱。一般来说，PHC500-100AB 型管桩最大弯矩为 200kN·m，设计只能采用 133kN·m，因此采用预应力混凝土管桩作为支护桩，关键是在设计和使用中必须确保预应力混凝土管桩在允许的弯矩内。

该基坑开挖后组成边壁的土层主要为杂填土、素填土和黏土，坑底地层为黏土和粉质黏土夹粉土，工程地质、水文地质条件较差，但基坑周边除西侧外均较为空旷，锚杆施工基本不受限制。因此该基坑支护方案采用：卸载＋预应力管桩＋桩锚＋喷锚网这一综合支护措施，基坑支护平面图见图 1-30。

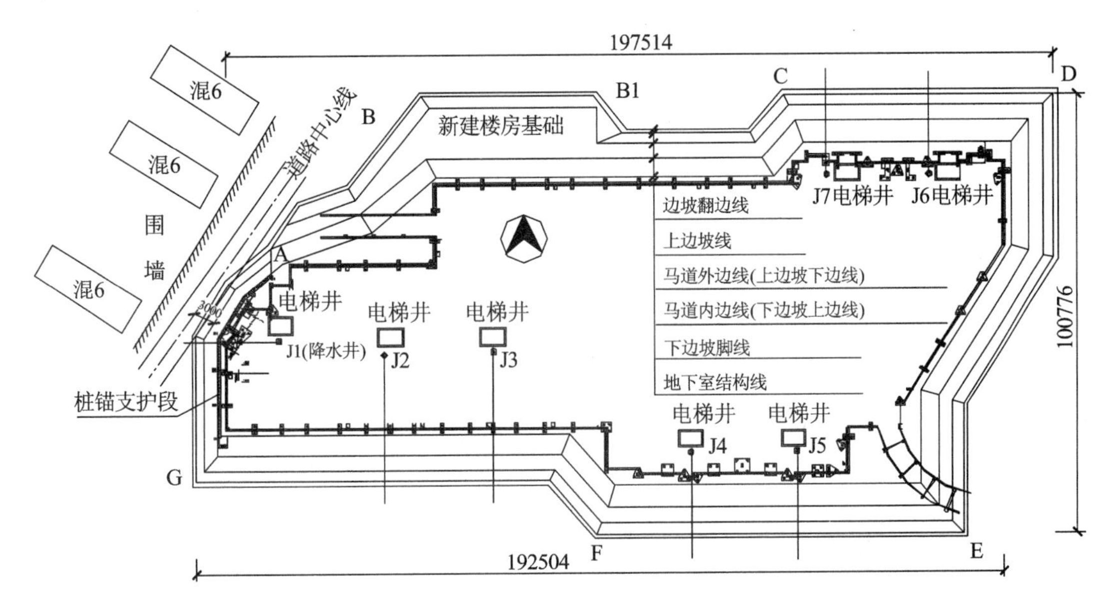

图 1-30　基坑支护平面图

（2）支护方案

根据现场场地状况、地下室形状、地层条件和开挖深度，本着安全、经济和节省工期的原则，该基坑按 5 个段面进行支护设计，这里介绍其中的三个典型段面设计如下：

① 西侧(GA 段)支护(图 1-31、图 1-32)

该段距 3 栋 6 层民房较近，且有一条材料运输道路平行于基坑边，属于重点部位。由于承台较小，基坑计算深度按地梁底考虑，垂直开挖深度为 5.3m，采用放坡卸载＋预应力管桩＋锚杆＋网喷支护方案。开挖时按一级放坡，中间设置马道，马道宽度 2.0m，在马道内侧施工一排管桩，桩顶位于自然地面下 2.5m。第一级坡按 1∶1 放坡，坡高 2.5m，采用土钉加网喷护面，土钉长度为

3.0m，间距为1.5m；2.5m以下采用9m长预应力管桩(PHC500-100AB型，间距0.8m)加一排9m长锚杆，锚杆间距1.2m，即3根桩施工2根锚杆。计算时按15kPa考虑地面附加荷载。采用“天汉”软件计算，满足桩的抗弯(110kN·m)、深层滑移、桩顶变形(27mm)及抗隆起安全要求。锚杆参数见表1-20。

表1-20　锚杆参数表六

位置(地面下)	锚杆长度(m)	水平间距(m)	倾角(°)	杆芯材料
−2.0m	3	1.5	15	1ϕ48t3.5锚管
−3.2m	9	隔一桩两锚杆	5	1ϕ48t3.5锚管

采用一次性钢管锚杆，锚杆注浆采用P·O32.5级普通硅酸盐水泥，水灰比为0.45，外加早强剂及止水剂，注浆压力0.5MPa，注浆体强度为M15。支护桩冠梁尺寸为500mm×700mm，主筋为2×5Φ20螺纹筋，拉筋为2Φ20螺纹筋，箍筋均为Φ8圆钢，每个桩间放置3个箍筋，采用C25混凝土。

土方开挖后应及时喷射混凝土以保护土体，喷射混凝土厚度为60±10mm，强度为C20，水泥采用P·O32.5普通硅酸盐水泥，混凝土配合比约为水泥：砂：石＝1：2：2，外加速凝剂。马道以上坡面和围护桩桩间钢筋网采用预制菱形50mm×100mm的钢板网。挂网土钉采用Φ20螺纹钢，长度为1000mm，间距1500mm×1500mm。上边坡加强筋采用Φ16螺纹钢筋，桩间锚杆采用2⊏16槽钢连接，通长布置。

② 西北侧(AB段)支护

由于该段承台为1-2桩承台，承台尺寸很小，且承台间距在6m以上，因此基坑计算深度按地梁底考虑，垂直开挖深度为5.3m。该部位原为池塘，现已推填整平，因此填土下便是淤泥质土，且土层比较厚，但该部位场地开阔，有卸载放坡条件，因此采用放坡＋土钉＋网喷支护方案。开挖时按二级放坡，中间设置马道，马道宽度2.0m，第一级坡按1：1.2放坡，坡高2.5m，采用土钉＋钢板网喷护面，土钉长度为1.0m，间距为1.5m；2.5m以下第二级坡按1：1.75放坡，在坡脚采用一排3m长短锚杆，距离坡顶的深度为5.0m，锚杆间距1.5m。杆体材料均为ϕ48的钢管，下倾角度均为15°。计算时，地面附加荷载按10kPa荷载考虑，经过计算，边坡深层滑移、变形及抗隆起满足稳定、安全要求。根据经验，为了增强坡脚土体抗滑能力，在坡脚部位增加2排沙木桩，2Φ80L＝3000@750，排距1.5m，该增强措施不参加验算(以下同)。锚杆参数见表1-21。

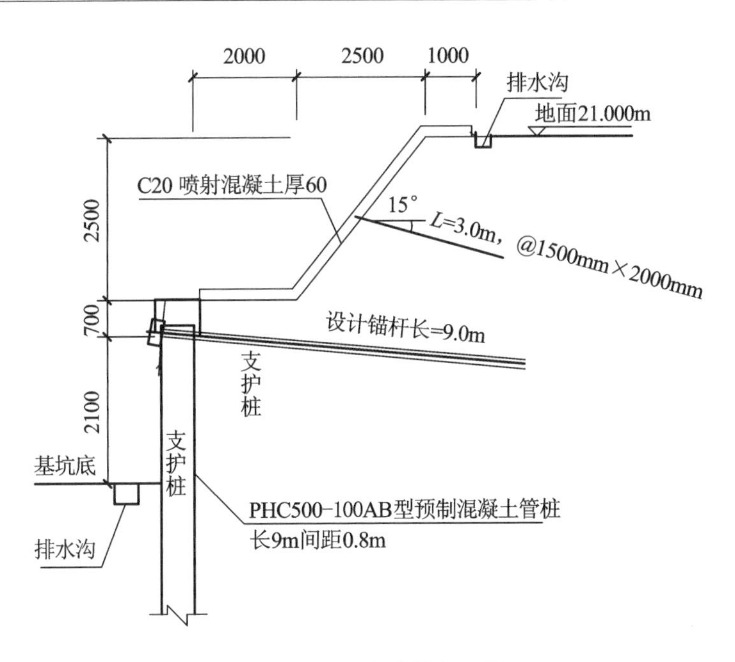

图 1-31　GA 段支护剖面图

图 1-32　GA 段支护实景图

表 1-21　锚杆参数表七

位置(m)	锚杆长度(m)	水平间距(m)	倾角(°)	锚杆材料
−5.0	3	1.5	15	1ϕ48t3.5 锚管

③ 北侧(CD 段)、南侧(EF 段)支护(图 1-33、图 1-34)

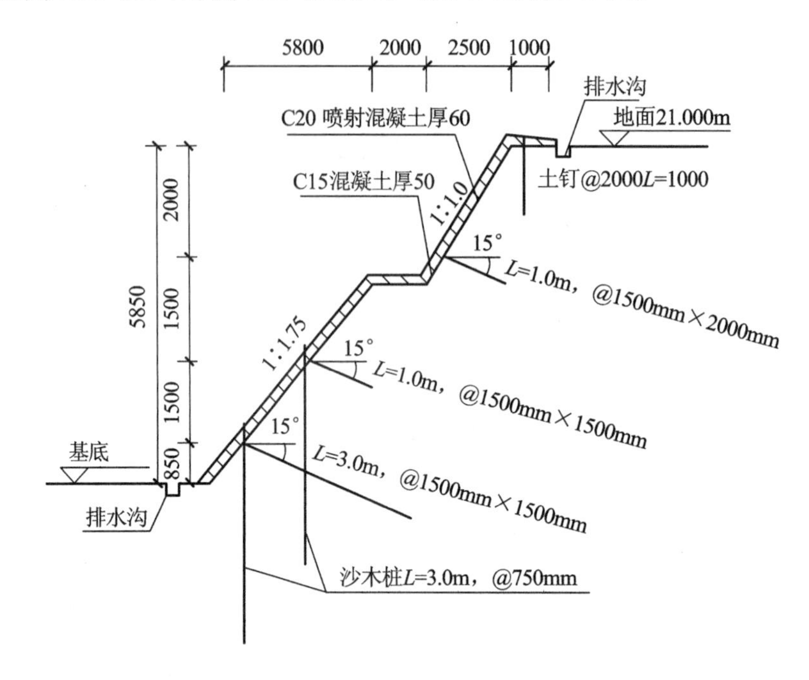

图 1-33　CD、EF 段支护剖面图

图 1-34　CD、EF 段支护及降水井实景图

基坑北侧 CD 段、南侧 EF 段这两侧承台较密且大，因此基坑深度按承台底考虑，垂直开挖深度为 5.85m，该部位场地开阔，有卸载放坡条件，该段土质相对较好，因此采用放坡＋土钉＋网喷支护方案。开挖时按二级放坡，中间设置马道，马道宽度2.0m，第一级坡按1∶1.0放坡，坡高2.5m，采用土钉加网喷护面，土钉长度为1.0m，间距为1.5m；2.5m以下第二级坡按1∶1.75放坡，采用一排3m长锚杆，距离坡顶的深度为5.0m，锚杆间距1.5m。杆体材料均为ϕ48的钢管，下倾角度均为15°。计算时，地面附加荷载按10kPa荷载考虑。同样为了加强坡脚土体抗滑能力，在坡脚部位增加2排沙木桩，2Φ80L=3000@750，排距1.5m。锚杆参数见表1-22。

表1-22　锚杆参数表八

位置(m)	锚杆长度(m)	水平间距(m)	倾角(°)	锚杆材料
−5.0	3	1.5	15	1ϕ48t3.5锚管

(3) 治水设计

利用含水层渗透性能由浅至深逐渐增大的特性，并按电梯井基底疏干法，其他位置以减压降水法进行降水以减小涌水量，保证降深。按稳定流承压环形完整井考虑，并按(3)层粉质黏土、粉土、粉砂互层土体为承压水含水层这一最不利情况考虑。基坑涌水量由以下公式计算：

$$Q=2\pi k_0 S R_0$$

$$k_0=\frac{(S+0.8L)}{H}k$$

$$R_0=0.565\sqrt{F}$$

式中　Q——基坑涌水量(m^3/d)；

k_0——含水层渗透系数概化值；

R_0——基坑等效圆半径(m)；

S——承压水水位下降设计值(设计时按降至电梯井承台底下1.0m考虑19.5−12.1=7.4m，抽水实验表明，单口降水井附近最大降幅达6.68m)；

k——含水层渗透系数(取值15.0m/d)；

H——从含水层底板起算的承压水测压水位高度[19.5−(−19.03)=38.53m]；

L——含水层顶面与设计下降水位的高差(14.65−12.1=2.55m)；

F——基坑坑底面积(m^2)。

$$k_0=\frac{7.4+0.8\times 2.55}{38.53}\times 15=3.68$$

$$R_0 = 0.565\sqrt{F} = 0.565 \times 115 = 65\text{m}$$

$$Q = 2\pi k_0 S R_0 = 2 \times 3.14 \times 3.68 \times 7.4 \times 65 = 11116.1\text{m}^3/\text{d} = 463.17\text{m}^3/\text{h}$$

根据计算所得到的电梯井基坑涌水量，如果单井抽水量设计为 $50\text{m}^3/\text{h}$，则只需 10 口井即可满足要求。抽水实验表明，单口降水井附近最大降幅可达 6.68m，而电梯井基坑开挖面积较小，只有 $3.3 \times 5.4 = 17.8\text{m}^2$，因此考虑到安全有效并根据工程经验，只需在 7 个电梯井位置设置 7 口降水井，以用于电梯井基坑中承压水的疏干降水。

为了减少抽水量，深井降水采用分区管理，在施工中，将基坑大致分成西、中、东三个区分别进行。首先开挖西侧至设计标高，当承台和底板浇筑完毕，再开挖中部基坑至设计标高，当承台和底板浇筑完毕，最后开挖西部基坑至设计标高，并按该顺序启动降水井抽水。

根据相关规范，结合成功工程经验，为满足设计降深的要求，降水井应满足以下技术要求：

① 降水井深 30m 左右，地面以下 0～15m 为实管，15～30m 为滤水管。

② 井管与孔壁之间 0～15m 填黏土球，15～30m 填滤料。

③ 运行初期，单井抽水含砂量不超过 1/50000，长期运行时，含砂量不超过 1/100000。

1.5.4　基坑工程施工过程及问题处理方法

在工程桩即将完成时，于 2007 年 9 月 18 日开始施工支护管桩，支护桩完成后接着施工桩顶冠梁，并进行 7 口降水井成井施工。2007 年 10 月 8 日开始从西向东进行基坑土方开挖，根据锚杆位置，土方开挖时分 2～3 层进行，伴随基坑开挖每层采用分段施工方法同时展开喷锚网和锚杆施工，于 10 月 27 日基本完成基坑支护施工。监测表明，基础施工过程中基坑边坡无异常沉降、裂缝、倾斜等质量问题发生，满足基坑支护设计要求。降水井在基坑挖深达 5m 时启动抽水，完成地下室底板混凝土浇筑 3d 后可停止抽水。由于该地下室面积大，留有 2 道混凝土后浇带，因此后浇带附近的降水井必须进行维持抽水，以确保承压水不会通过后浇带涌出。经检测，水的含砂量不高于 1/100000，深井降水对地面及周边建筑物所造成的影响甚微，地表没有明显的裂缝产生，因此，基坑的降水体系满足使用条件，符合设计要求。

基坑土方挖运过程中，由于及时进行了网喷护面施工，做到随挖随喷，从而将上层滞水有效地封闭在土体中，因此在基坑土方挖至底板底时，地下水对基坑土方挖运施工没有影响，坑底也未见承压水。开始挖西侧承台基础时，由于该处(3)单元互层土埋深较浅，在个别承台处曾出现了翻砂涌水现象，经用洛阳铲掏孔勘察，判断该涌水不是砂性土中涌出的承压水，而是(3)单元互层中的有压水，属于浅层土中水平渗透水。实践表明该水不能通过深井降水井解决涌水问题，但可以在涌水附近采用滤水铁桶或滤水管井做的集水浅井将水平渗透水汇集到浅井中，然后用水泵将水抽出坑外，由此解决了土层的水平渗水问题。

由于采用静压预制管桩，不需要单独施工和养护时间，而锚杆及喷锚支护施工又紧随土方挖运进行，因此在西侧基坑支护施工过程中及完成后，道路上经常有装运钢材、水泥等建材的载重卡车通过，基坑支护体系处于安全稳定状态。

基坑施工过程中，由于需要在EF段坑边搭建工地临时办公房，办公房墙角距地下室基础边线只有5m左右，基坑深5.85m，该处部分位置不能按照设计进行放坡卸载。根据该情况，对原设计进行了如下调整，取消该处2m宽的马道，并将坡度进行调整，通过将第1、2排土钉改成两排6m长的锚杆，并在马道位置增加一排6m长间距1.5m的竖向注浆花管，该花管与第2排锚杆头通过加强钢筋焊接成一体，从而解决了因条件变化而带来的施工难题。喷锚支护施工可以根据地质、环境等条件的变化和监测数据对喷锚网支护参数进行修改和优化，这正是喷锚网支护具有的施工简便、快速、机动灵活、适用性强的优点。

1.5.5　结论

(1) 该基坑西侧紧邻道路及楼房，其他环境较为宽松，地质条件为杂填土、淤泥质粉质黏土，基坑支护及地下水治理综合采用放坡卸载、预应力管桩加桩间锚杆支护、喷(锚)网护面及深井疏干减压降水相结合的治水方案，实践证明该方案既安全又经济。

(2) 该基坑开挖深度范围内的表层人工填土为结构松散、透水性好、富含地表水的杂填土，其下为淤泥质粉质黏土、粉土、粉砂互层，坡脚处恰好坐落于强度不高的淤泥质土层，局部承台开挖已暴露出粉砂层，地下水非常丰富，因此确保基坑边坡稳定、土方开挖及锚杆施工不会出现砂土流失是本基坑支护难点之一。基坑开挖支护施工中，一方面通过加强降水减压，确保承压水不会引起坑底管涌现象；另一方面通过采用成孔送锚一次性的钢管锚杆，较好地解决了在含水量较大的砂性土层中锚杆成孔难和成孔易导致水土(砂)流失的技术难题。

(3) 喷锚网支护法通过变边坡土体荷载为支护结构体系的一部分,可以根据地质、环境等条件的变化和监测数据对喷锚网支护参数进行修改和优化,因此具有经济、施工简便、快速、机动灵活、适用性强等特点,从而得到广泛应用;而预制预应力混凝土管桩具有经济性、施工速度快、对环境污染小等优点,再结合放坡卸载和锚杆加固,也可以在基坑支护工程中得到较好的应用。

(4) 该基坑支护及地下水治理的成功经验为同类工程提供了可行的技术和方法。

1.5.6 参考文献

[1] 武汉市勘测设计研究院.百步亭花园岔马路项目1号地块岩土工程勘察报告[R].武汉:2007-01-15.

[2] 李欢秋,吴祥云,袁诚祥,等.基坑附近楼房基础综合托换及边坡加固技术[J].岩石力学与工程学报,2003,22(1):919-922.

[3] 李欢秋,张福明,明治清.土层钢管锚杆加固试验研究及设计计算方法[M]//胡曙光.城市土木工程技术的研究与应用.武汉:武汉理工大学出版社,2003:280-283.

[4] 唐传政.武汉某建筑群粉土深基坑工程设计施工与排险[J].岩土工程界,2003,6(11):42-44.

[5] 李欢秋,唐传政,庞伟宾.武汉汉飞青年城双层地下室基坑工程实例,深基坑工程实例[M].北京:中国建筑工业出版社,2007.

第 2 章　桩锚(撑)支护设计与施工

2.1　桩锚(撑)支护结构特点

对周边环境复杂,变形要求严格,深度较大,没有放坡条件,或地层主要是淤泥质土、填土等地质条件较差的基坑,常采用悬臂支护桩、支护桩+锚杆(内支撑)等支护结构。

悬臂支护桩、支护桩+锚杆(内支撑)等支护结构是深基坑支护中比较常用的方法,该支护方法具有适用范围广、支护结构刚度大、抗变形能力强、施工简捷、方便基坑土方开挖和主体工程施工等特点。当基坑开挖深度较大时,采用悬臂桩不能满足变形及支护安全要求,为了减小支护结构的弯矩,一般在桩上适当位置设置锚杆(支撑),形成桩锚(撑)支护结构。桩锚支护结构的优点是:能为地下工程施工提供开阔的工作面,方便土方开挖、运输和地下结构施工,能施加预应力,可有效地控制土体和周边环境变形;施工不用大型机械,可代替钢支撑侧壁支护,造价低。桩锚支护结构支护适应土层范围较广,但是要求锚杆施工范围内应无地下管线、相邻建筑的地下室或基础。

虽然悬臂支护桩、支护桩+锚杆(内支撑)结构(图 2-1)具有受力性能好、安全性高等优点,但是如果设计、施工及运营管理不当,可能会发生严重的安全事故,这种支护结构通常可能发生以下五种形式的破坏:

(a)

(b)

(c)

图 2-1　桩+内支撑(锚)支护结构实景图

(a)桩+钢筋混凝土撑支护结构;(b)桩+锚支护结构;(c)桩+钢管撑+锚支护结构

(1) 支护桩刚度或强度不足,出现弯曲、剪切破坏,即发生支护桩身变形过大、折断现象。

(2) 支护桩入土深度不足,支护桩下部出现“踢脚”,支护桩因变形过大而发生倾覆破坏。

(3) 锚杆的锚固力或支撑力不足,使锚杆拉出或使支撑“压屈”,导致支护结构因变形过大而发生倾覆破坏(图 2-2)。2018 年 1 月南京江宁区竹山路上一在建工地发生基坑大面积钢筋混凝土灌注桩+支撑支护塌陷,据说主要是邻近基坑的地下水沟、管线漏水造成土压力增加使支撑压屈而破坏。

(a)

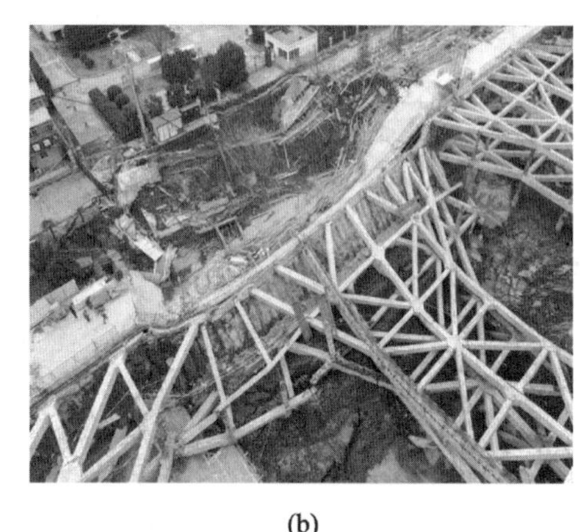

(b)

图 2-2 桩+内支撑(锚)支护结构失稳实景图

(a)桩+锚支护结构;(b)桩+钢筋混凝土撑支护结构

(4) 锚杆头连接强度不足或冠梁强度不足或锚杆及支撑腰梁强度不足,导致支护结构因变形过大而发生倾覆破坏。

(5) 对于软土地层,由于支护桩入土深度不够,坑底土隆起导致基坑失稳破坏。

另外,在淤泥质土、受地下水影响的砂性土桩锚支护中,虽然支护桩结构没有发生破坏,但是由于桩间及桩后砂土流失,造成边坡支护失效或地面下沉,这也是必须引起重视的。针对上述五种破坏形式,支护桩计算主要进行土压力计算、支护桩强度及变形计算、锚杆抗拔(内支撑)强度计算、冠梁及腰梁强度计算、整体稳定性验算和坑底抗隆起验算等。对于悬臂式支护桩或地下连续墙支护结构,可采用悬臂式支护结构计算方法,对于桩+锚杆(支撑)式支护结构,一般采用多支点支护结构计算方法。土压力及锚杆抗拔力计算方法同上一节,这里主要给出桩支护结构整体稳定性验算和坑底抗隆起验算方法等。

2.2　桩锚(撑)支护结构分析计算方法

2.2.1　悬臂式支护结构计算

当基坑附近环境比较复杂、地质条件较差而基坑深度不大，则可以采用悬臂式支护结构，如钢筋混凝土灌注桩、混凝土预制桩、钢板桩、内置型钢的水泥土桩甚至地下连续墙等悬臂式支护结构型式，悬臂高度一般不宜超过 6m，以计算结果为准。之所以限定悬臂高度不大于 6m，主要是因为考虑到基坑深度太大，桩悬臂高度太大，除了桩身弯矩较大要求支护桩直径大、配筋量大等不经济以外，桩顶变形将会较大，不利于周边环境的保护。悬臂支护桩使用不当时可能产生围护结构损坏或严重影响环境的事故，特别是淤泥质土中，更应当慎用。

作用于支护桩上的水土压力，墙前为被动土压力，墙后为主动土压力。虽然土压力值的大小和分布还取决于支撑(锚)的刚度，但是为了简化起见，实际工程土压力计算大多数还是采用朗肯理论公式分层计算，见第 1 章。悬臂式支护结构计算内容主要包括桩抗倾覆嵌固深度计算、桩抗弯和抗剪强度(配筋)计算和桩顶变形计算等(图 2-3)。当遇到土层条件较好，计算的嵌固深度比较小时，嵌固深度应满足最小构造要求，一般不小于 1/2 的基坑开挖深度。

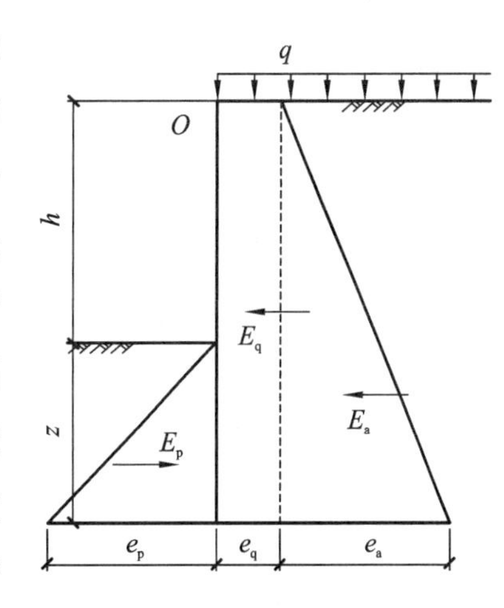

图 2-3　悬臂桩计算简图

对于悬臂支护结构受力和嵌入深度计算，一般有静力平衡法、有限单元法、有限差分法、弹性地基梁法、基床系数法(“m”法)等，但静力平衡法是最简单最常用的方法。悬臂梁抗倾覆嵌固深度计算主要是要求主动土压力弯矩与被动土压力弯矩平衡，其计算公式为：

$$h_p P_{ap} \geqslant (h_q P_{aq} + h_a P_{ak}) \tag{2-1}$$

为了简化计算，常将多种土层等效成一种土层，取综合力学参数重度、黏聚力和内摩擦角进行弯矩平衡计算，确定悬臂桩(墙)嵌固深度。由弯矩平衡：

$$\sum M_o = 0 \tag{2-2}$$

得到

$$\gamma K_a(h+z)^3/3+qK_a(h+z)^2/2-\gamma K_p z^2\left(h+\frac{2}{3}z\right)/2=0 \tag{2-3}$$

该式为三次方程，可以通过试算法求出桩的嵌固深度 z，然后计算桩身内力。

2.2.2 多支点锚杆(支撑)桩支护结构计算

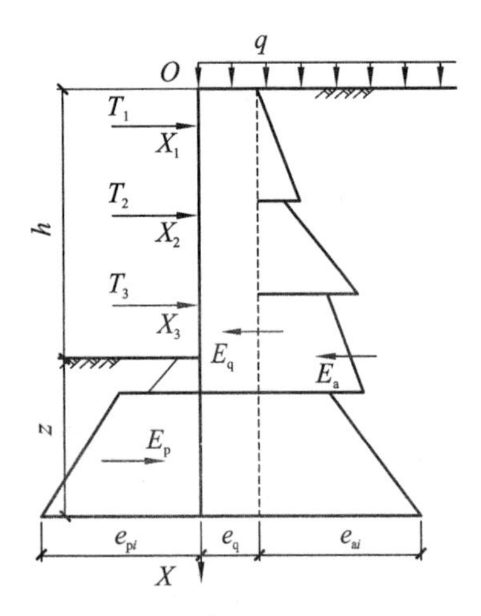

图 2-4 多支点锚杆(支撑)桩支护计算简图

当悬臂支护结构不能满足支护强度和变形要求时，则需要增加锚杆或支撑结构，多于一支点的支护结构称为多支点支护结构。多支点锚杆(支撑)桩支护结构进行内力和变形计算时(图 2-4)，首先要合理确定锚杆(支撑)的布置层数及布置位置，这不但直接影响着锚杆(支撑)内力的大小及锚杆的用量，而且还影响着桩的入土深度、桩的弯矩及剪力的大小。也就是说，桩的最大弯矩值和出现最大弯矩值的位置会随着锚杆(支撑)位置的变化而出现很大的变化。多支点锚杆(支撑)桩支护结构中锚杆的布置方式通常可以分为等弯矩布置和等反力布置两种，等弯矩布置就是使桩各跨度之间的最大弯矩相等，充分利用桩的抗弯强度；等反力布置就是使各层锚杆(支撑)所受的力都相等，使支护结构内力计算相对简化。这两种方法共同的缺点就是其内力计算没有考虑基坑开挖的过程，因为开挖前后及开挖过程中的锚杆(支撑)桩支护结构的受力是不断变化的，基坑土方开挖后，先是支护桩和已施工的锚杆(支撑)受力，新施工的锚杆(支撑)是在上述支护结构已产生内力和变形后才加上去的，并不是同时受力、同时达到设计值。因此，实际工程设计内力计算时，先根据地质条件和工程经验确定支点位置，结合开挖过程或工况，运用增量等值梁方法，分别计算每层土方开挖后锚杆(支撑)及桩墙等的内力和变形。

由于多支点锚杆(支撑)桩支护结构计算式较复杂，一般都不会去用笔计算，而是采取计算软件进行计算，这里不予罗列。对于岩土工程计算，往往最简单的计算方法就是最好的方法。为了计算方便，一般用计算机高级语言将计算方法编成计算程序进行使用，程序中土层可以按实际情况输入，不需要对土层进行综合简化,可以考虑复杂的工况。本书探讨的一支点、多支点锚杆(支撑)桩支护计算 FORTRAN 语言源程序见下,该软件也适用于悬臂桩嵌固深度计算。目前常用的边坡及基坑工程计算软件有理正、天汉以及启明星等,功能强大,界面友好,基坑工程设计计算一般采用上述软件进行,有的地方管理部门要求基坑支护设计必须采取相关软件进行验算。

计算程序代码如下:

```
PROGRAM MAIN
c      program for calculating soil-bolt
       dimension hm(10),hs(10),rs(10),cs(10),fis(10),ea(20,2),
     1 ep(20,2),vka(10),vkp(10),dmi(10),tm(10),dh(10),q0(10)
c input 输入数据
       open(5,file='zm1.dat')
       read(5,*)hw,nm,yy
       write(* ,*)hw,nm,yy
       write(* ,*)"输入数据"
       if(nm.ne.0)read(5,*)(hm(i),dh(i),i=1,nm)
       hm(nm+1)=hw-dh(nm)
       dh(nm+1)=dh(nm)
       write(* ,*)(hm(i),dh(i),i=1,nm)
       read(5,*)ns
       do 10 i=1,ns
       read(5,*)hs(i),rs(i),cs(i),fis(i),q0(i)
       write(*,*)hs(i),rs(i),cs(i),fis(i),q0(i)
       fis(i)=3.1415*fis(i)/180
10     continue
       read(5,*)fkp,vkd,vkm,alfm,zju
       alfm=3.1416*alfm/180
       fi45=3.1416/4
c   calculating active pressure 计算主动土压力
       rh=0.0
       do 100 i=1,ns
       vk=sin(fi45-fis(i)/2)/cos(fi45-fis(i)/2)
       vka(i)=vk*vk
```

```
        ea(i,1)=(rh+q0(i))*vka(i)-2*cs(i)*vk
c       if(ea(i,1).lt.0.0)ea(i,1)=0.0
        ea(i,2)=(rs(i)*hs(i)+rh+q0(i))*vka(i)-2*cs(i)*vk
c       if(ea(i,2).lt.0.0)ea(i,2)=0.0
        rh=rh+rs(i)*hs(i)
        write(*,*)"ea",i,ea(i,1),ea(i,2)
100     continue
        do 900 j=1,nm
c   calculating passive pressure 计算被动土压力
c   the determination of the layer of soil
        hwi=0.0
        do 200 i=1,ns
        hwi=hwi+hs(i)
        if(hwi.gt.(hm(j+1)+dh(j+1)))then
        nw=i
        goto 210
        else
        endif
200     continue
210     continue
        rh1=0.0
        rh2=0.0
        vh=hwi -(hm(j+1)+dh(j+1))
        do 220 i=nw,ns
c       vkp1=sin(fi45+fis(i)/2)/cos(fi45+fis(i)/2)
        vkp1=tan(fi45+fis(i)/2)
        vkp(i)=vkp1*vkp1
        hs1=hs(i)-vh
        ep(i,1)=rh1*vkp(i)+2*cs(i)*vkp1
        ep(i,2)=(rs(i)*vh+rh2)*vkp(i)+2*cs(i)*vkp1
        rh1=rs(i)*vh+rh2
        rh2=rs(i)*vh+rh2+rs(i+1)*hs(i+1)
        vh=0
```

```
      write(*,*)"ep",i,ep(i,1),ep(i,2)
220   continue
c calculating moment for Ti 计算弯矩和桩嵌固深度
      h=0
      vme=0.0
      vmp=0.0
      do 300 i=1,ns
      h=h+hs(i)
c     write(*,*)"i=",i,"h=",h
      ex=ea(i,1)
      if(i.ne.nw)then
      vme1=-ea(i,1)*hs(i)*(hm(j)-h+hs(i)/2)-
    1 0.5*(ea(i,2)-ea(i,1))*hs(i)*(hm(j)-h+hs(i)/3)
      else
      vh1=hm(j+1)+dh(j+1)-(h-hs(i))
      vme1=-ea(i,1)*vh1*(hm(j)-hm(j+1)-dh(j+1)+vh1/2)-
    1 0.5*(ea(i,2)-ea(i,1))*vh1*vh1*(hm(j)-hm(j+1)-dh(j+1)+
    2 vh1/3)/hs(i)
      endif
      vme=vme+vme1
      write(*,*)"vme=",vme
      if(i.ge.nw)then
      hd=hs(i)
      if(i.eq.nw)hd=h-(hm(j+1)+dh(j+1))
      vmp1=-ep(i,1)*hd*(hm(j)-h+hd/2)
    1 -0.5*(ep(i,2)-ep(i,1))*hd*(hm(j)-h+hd/3)
      vmp1=vmp1/fkp
      vmp=vmp+vmp1
      write(*,*)"hd=",hd,"vmp=",vmp
      if(i.eq.nw)then
      ex=(ea(i,2)-ea(i,1))*vh1/hs(i)+ea(i,1)
      vme1=-ex*hd*(hm(j)-h+hd/2)-
    1 0.5*(ea(i,2)-ex)*hd*(hm(j)-h+hd/3)
```

```
        vme=vme+vme1
        endif
        write(*,*)"vme=",vme
        vmpe=vme-vmp
        if(vmpe.le.0.0)then
        vme=vme-vme1
        vmp=vmp-vmp1
        vmpe=vme-vmp
        vmtm=0.0
        do 250 k=1,j
250     vmtm=vmtm+tm(j-k)*(hm(j)-hm(j-k))
        vd=vmpe+vmtm
        hx=hm(j)-h+hd
c       write(*,*)"hx=",hx,"ex=",ex," hd=",hd
c       write(*,*)"主动土压力 ea(i,1)",ea(i,1),"ea(i,2)=",ea(i,2),
c       1 "被动土压力 ep(i,1)=",ep(i,1)," ep(i,2)=",ep(i,2)
        vc=-ex*hx+ep(i,1)*hx/fkp
        vb=0.5*ex-0.5*(ea(i,2)-ex)*hx/hd
     1  -(0.5*ep(i,1)-0.5*(ep(i,2)-ep(i,1))*hx/hd)/fkp
        va=(ea(i,2)-ex)/(3*hd)-(ep(i,2)-ep(i,1))/(3*hd*fkp)
        write(*,*)"va=",va," vb=",vb," vc=",vc," vd=",vd
        xx=hd/100000
        x=0.0
        do 500 k=1,100000
        x=x+xx
        y=va*x*x*x+vb*x*x+vc*x+vd
c       write(*,*)"x=",x,"y=",y
        if(abs(y).lt.yy)then
        nk=i
        dmi(j)=x
        goto 510
        endif
500     continue
```

```
      endif
      endif
300   continue
510   continue
c calculating the force of the bolt 计算锚杆受力
      write(*,*)"nk=",nk
      do 600 i=1,nk-1
      tm(j)=tm(j)+0.5*(ea(i,1)+ea(i,2))*hs(i)
c     write(*,*)"tma1=",tm(j)
600   continue
      tm(j)=tm(j)+0.5*(2*ea(nk,1)+(ea(nk,2)-ea(nk,1))*dmi(j)
     1 /hs(nk))*dmi(j)
c     write(*,*)"tma=",tm(j)
      h=0.0
      do 610 i=1,nw-1
      h=h+hs(i)
610   continue
      tmp=0.0
      do 620 i=nw,nk-1
      h=h+hs(i)
      hd=hs(i)
      if(i.eq.nw)hd=h-(hm(j+1)+dh(j+1))
c     write(*,*)"h=",h,"hd=",hd
      tmp=tmp-0.5*(ep(i,2)+ep(i,1))*hd/fkp
c     write(*,*)"tmp1=",tmp
620   continue
      tm(j)=tm(j)+tmp
      tmp=-0.5*(2*ep(nk,1)+(ep(nk,2)-ep(nk,1))*
     1 dmi(j)/hs(nk))*dmi(j)/fkp
      tm(j)=tm(j)+tmp
c     write(*,*)"tmp2=",tmp
      if(j.gt.1)then
      vtm=0.0
```

```
        do 630 k=1,j-1
630     vtm=vtm+tm(k)
        tm(j)=tm(j)-vtm
        endif
        write(*,*)"dmi(i)=",dmi(j),"tm=",tm(j)
900     continue
        do 910 i=1,nm
        tm(i)=tm(i)*vkm*zju/cos(alfm)
        write(*,*)"锚杆设计拉力 tm(",i,")=",tm(i),"(kN)"
910     continue
c       calculating ZL 计算支护桩长
        zl=hw+vkd*(h+dmi(nm)-hw)
        write(*,*)"支护桩长度 zl=",zl
        stop
        end
```

2.2.3 桩支护结构整体稳定性验算

桩支护结构整体稳定性验算(图 2-5)一般采用条分法,按下式验算:

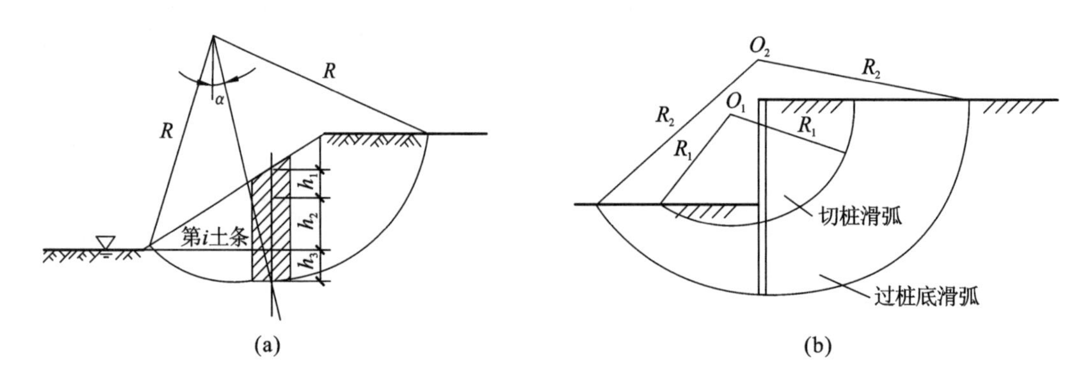

图 2-5 整体稳定性验算

当无地下水时:$$\gamma_{RS}=\frac{\sum(q+\gamma h)b\cos\alpha_i\tan\varphi+\sum cL+M_p/R}{\sum(q+\gamma h)b\sin\alpha_i} \tag{2-4}$$

式中 γ_{RS}——基坑整体稳定性抗力分项系数,$\gamma_{RS}\geqslant 1.1\sim1.2$;

γ——土的天然重度(kN/m^3);

h——土条高度(m);

α_i——土条底面中心至圆心连线与垂线的夹角(°)；

c——土的固结快剪峰值抗剪强度指标(kPa)；

φ——内摩擦角(°)；

L——每一土条弧面的长度(m)；

q——地面超载(kPa)；

b——土条宽度(m)；

M_p——每延米中桩产生的抗滑力矩。

当坑内外有地下水位差时，需要考虑地下水影响：

$$\gamma_{RS}=\frac{\sum(q+\gamma_1 h_1+\gamma_2' h_2+\gamma_3' h_3)b\cos\alpha_i\tan\varphi+\sum cL+M_p/R}{\sum(q+\gamma_1 h_1+\gamma_2 h_2+\gamma_3 h_3)b\sin\alpha_i} \tag{2-5}$$

式中　h_1——每一土条浸润线(地下水位渗流线)以上的高度(m)；

γ_1——与 h_1 相对应的天然重度(kN/m^3)；

h_2——浸润线以下坑内水位以上土条高度(m)；

γ_2',γ_2——与 h_2 相应的土的浮重度和饱和重度(kN/m^3)；

h_3——坑内水位以下土条高度(m)；

γ_3',γ_3——与 h_3 相对应的土的浮重度和饱和重度(kN/m^3)；

R——滑动圆弧的半径(m)。

对于支护桩边坡，须计算圆弧切桩与圆弧通过桩尖时的基坑整体稳定性。圆弧切桩时需考虑切桩阻力产生的抗滑作用，即每延米中桩产生的抗滑力矩 M_p。

桩抗滑力矩 M_p 由下式计算确定：

$$M_p=R\cos\alpha_i\sqrt{\frac{2M_c\gamma h_i(K_p-K_a)}{d+\Delta d}} \tag{2-6}$$

式中　M_p——每延米中的桩产生的抗滑力矩(kN·m/m)；

α_i——桩与滑弧切点至圆心连线与垂线的夹角(°)；

M_c——每根桩身的抗弯弯矩(kN·m/单桩)；

h_i——切桩滑弧面至坡面的深度(m)；

γ——h_i 范围内土的重度(kN/m^3)；

K_p,K_a——被动土压力系数与主动土压力系数；

d——桩径(m)；

Δd——两桩间的净距(m)。

对于地下连续墙支护 $d+\Delta d=1.0m$。

2.2.4 坑底抗隆起和渗流稳定分析

1）当基坑底为软土时，应按以下两种条件验算坑底土抗隆起稳定性。

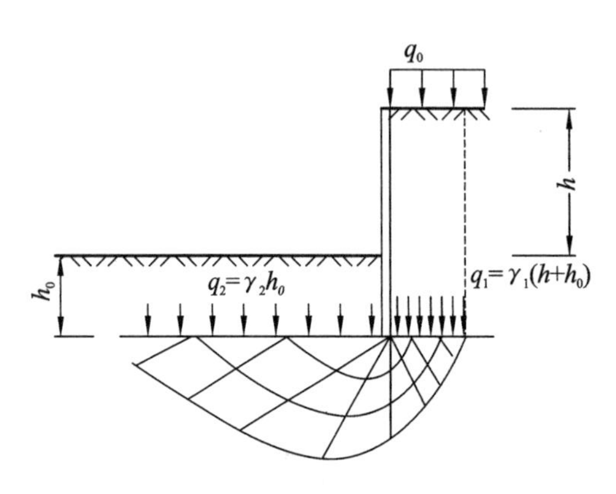

图 2-6 抗隆起稳定性计算图

（1）在基坑边坡坡脚部分为软土层、基坑开挖深度超过一定深度时，因基坑外的荷载及由支护桩内土方开挖造成的基坑内外的压差，坑外软土可能绕过支护桩端使坑内土体向上隆起。为防止这种现象，要验算坑底土的承载力，当土体的承载力小于土体压力时则会发生坑底土的隆起，支护结构嵌固深度应满足坑底抗隆起稳定性要求。根据普朗特尔（Prandtl）及太沙基（Terzaghi）的地基承载力计算方法，将墙底面的平面作为求极限承载力的基准面，其滑动面线形状如图 2-6 所示，由此可采用式（2-7）进行抗隆起稳定性验算，以求得支护桩或坡脚加固体的插入深度。

$$K_l=\frac{\gamma_2 \cdot h_0 \cdot N_q+c \cdot N_c}{\gamma_1(h+h_0)+q_0}\geqslant 1.6 \tag{2-7}$$

式中 K_l——抗隆起安全系数；

h_0——墙体或桩入土深度（m）；

h——基坑开挖深度（m）；

q_0——地面超载（kPa）；

γ_1——坑外地表至墙体或桩底平面以上各土层天然重度的加权平均值（kN/m^3）；

γ_2——坑内开挖面以下至墙体或桩底平面以上各土层天然重度的加权平均值（kN/m^3）；

c——墙体或桩底以下滑移线场内地基土的黏聚力（kPa）；

N_q、N_c——地基承载力系数，计算公式如下（φ 为内摩擦角）：

$$N_q=\tan^2\left(\frac{\pi}{4}+\frac{\varphi}{2}\right)\cdot e^{\pi \cdot \tan\varphi} \tag{2-8}$$

$$N_c=(N_q-1)\frac{1}{\tan\varphi} \tag{2-9}$$

（2）考虑支护墙弯曲抗力作用的基坑底土体向上涌起，可按下式验算：

$$\gamma_h = \frac{M_p + \int \tau_0 (t d\theta)}{(q + \gamma h) t^2 / 2} \tag{2-10}$$

式中　M_p——基坑底部处支护桩、墙截面抗滑力矩(kN·m)；

γ_h——基坑底部处土隆起抗力分项系数，$\gamma_h \geqslant 1.3$。

(3) 算例：

某基坑开挖深度 $h=3.8$m，周围土层重度 $\gamma=18.5\text{kN/m}^3$，内摩擦角 $\varphi=20°$，黏聚力 $c=0$。采用水泥土搅拌桩墙进行支护，墙体宽度 $b=4.0$m，墙体嵌固深度(基坑开挖面以下)$h_0=6.0$m，墙体重度 $\gamma_0=20\text{kN/m}^3$，墙底处土层的黏聚力 $c_0=0$，内摩擦角 $\varphi_0=16.7°$，墙后地面存在 $q_0=10$kPa 的超载，试计算挡土墙的抗倾覆、抗滑移、抗隆起稳定安全系数和整体稳定安全系数。

地面超载引起的主动土压力为：

$$E_{a1} = q_0 \cdot (h+h_0) \cdot \tan^2\left(45° - \frac{\varphi}{2}\right) = 10 \times (3.8+6.0) \times \tan^2(45° - 10°) = 48.0\text{kN/m}$$

E_{a1} 的作用点距墙趾的距离为：

$$h_{a1} = \frac{1}{2} \cdot (h+h_0) = \frac{1}{2} \times (3.8+6.0) = 4.9\text{m}$$

土体自重引起的主动土压力为：

$$E_{a2} = \frac{1}{2}\gamma \cdot (h+h_0)^2 \cdot \tan^2\left(45° - \frac{\varphi}{2}\right) = \frac{1}{2} \times 18.5 \times (3.8+6.0)^2 \times \tan^2(45° - 10°) = 435.3\text{kN/m}$$

E_{a2} 的作用点距墙趾的距离为：$h_{a2} = \frac{1}{3} \cdot (h+h_0) = \frac{1}{3} \times (3.8+6.0) = 3.3\text{m}$

墙前的被动土压力为：

$$E_p = \frac{1}{2}\gamma \cdot {h_0}^2 \cdot \tan^2\left(45° + \frac{\varphi}{2}\right) = \frac{1}{2} \times 18.5 \times 6.0^2 \times \tan^2(45° + 10°) = 679.3\text{kN/m}$$

E_p 的作用点距墙趾的距离为：$h_p = \frac{1}{3} \cdot h_0 = \frac{1}{3} \times 6.0 = 2.0\text{m}$

墙体自重为：$W = b \cdot (h+h_0) \cdot \gamma_0 = 4 \times (3.8+6.0) \times 20 = 784.0\text{kN/m}$

抗倾覆安全系数为：

$$K_q = \frac{W \cdot b/2 + E_p \cdot h_p}{E_{a1} \cdot h_{a1} + E_{a2} \cdot h_{a2}} = \frac{784 \times \frac{4.0}{2} + 679.3 \times 2.0}{48 \times 4.9 + 435.3 \times 3.3} = 1.75 \geqslant 1.5$$

抗滑安全系数为：

$$K_h = \frac{W \cdot \tan\varphi_0 + c_0 \cdot b + E_p}{E_{a1} + E_{a2}} = \frac{784 \times \tan 16.7° + 0 \times 4.0 + 679.3}{48 + 435.3} = 1.89 \geqslant 1.3$$

地基承载力系数：$N_q=\tan^2\left(\frac{\pi}{4}+\frac{\varphi}{2}\right)\cdot e^{\pi\cdot\tan\varphi}=6.3$

$$N_c=(N_q-1)\frac{1}{\tan\varphi}=14.6$$

抗隆起安全系数为：

$$K_l=\frac{\gamma_2 h_0 N_q+c\cdot N_c}{\gamma_1(H+h_0)+q_0}=\frac{18.5\times6.0\times6.3}{18.5\times(6.0+3.8)+10}=3.65\geqslant1.6$$

假定圆弧滑动面通过墙底，采用瑞典条分法，土条宽度 0.40m，安全系数最小的滑弧圆心坐标：$X=0.176$m、$Y=4.131$m（坐标原点选在坑脚）。圆弧半径 $R=10.829$m，整体稳定安全系数 $K=2.02$。

2）基坑底面抗渗流稳定分析

存在于土体中的地下水，在一定的压力差作用下，将透过土中的这些孔隙发生流动，这种现象称为渗流或渗透。地下水的运动有层流、紊流和混合流三种形式。层流是指液体流动时，液体质点没有横向运动，互不混杂，呈线状或层状的流动；紊流是指液体流动时，液体质点有横向运动（或产生小旋涡），做混杂紊乱状态的运动；混合流是层流和紊流同时出现的流动形式。

(1) 当上部为不透水层，坑底下某深度处有承压水层时，按图 2-7 和式(2-11)计算渗流稳定。

$$\gamma_{Rw}=\frac{\gamma_m(t+\Delta t)}{p_w} \tag{2-11}$$

式中 γ_m——透水层以上土的饱和重度（kN/m^3）；

$t+\Delta t$——透水层顶面距基坑底面的深度（m）；

p_w——含水层压力（kPa）；

γ_{Rw}——基坑底土层渗流稳定抗力分顶系数，$\gamma_{Rw}\geqslant1.2$。

(2) 当由式(2-11)验算不满足要求时，应采取降水等措施。

(3) 坑底下某深度范围内，无承压水层时，可按式(2-12)和图 2-8 验算渗流稳定。

$$\gamma_{Rw}=\frac{\gamma_m t}{\gamma_w(0.5\Delta h+t)} \tag{2-12}$$

式中 γ_m——t 深度范围内土的饱和重度（kN/m^3）；

Δh——基坑内外地下水位的水头差（m）；

γ_{Rw}——基坑底土层渗流稳定抗力分项系数，$\gamma_{Rw}\geqslant1.1$；

γ_w——水的重度（kN/m^3）。

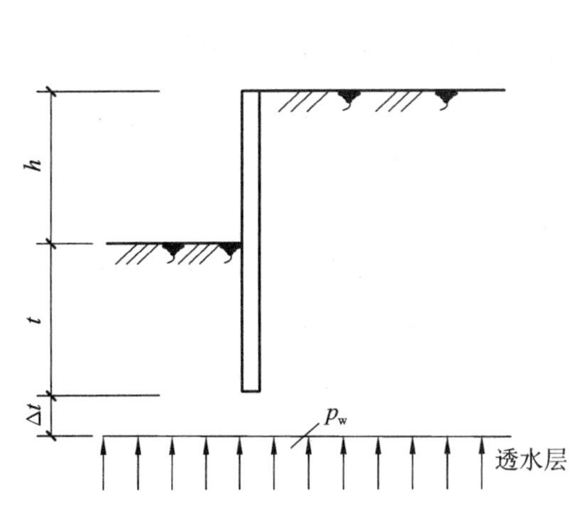

图 2-7　基坑底面抗渗流稳定性验算(一)

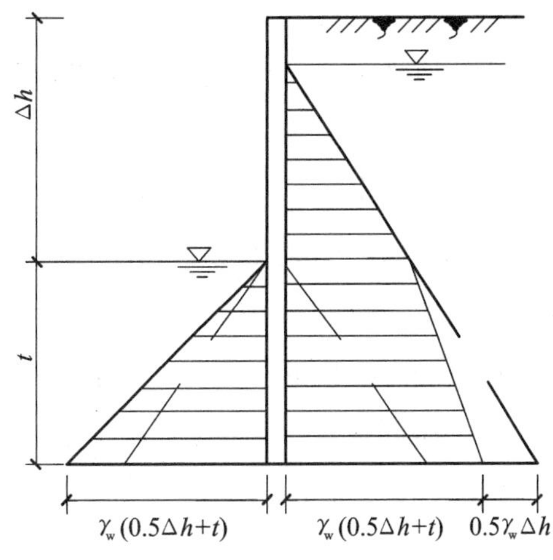

图 2-8　基坑底面抗渗流稳定性验算(二)

2.2.5　基坑土体加固

当基坑工程存在下列情况时应考虑加固措施：

① 基坑稳定抗力分项系数偏小，抗隆起稳定安全系数不满足要求；

② 按预估的变形值不能满足环境保护要求；

③ 现有的地基条件不能满足开挖放坡、底板施工、设备道路、临时荷载等施工要求。

基坑土体加固的目的是保证支护结构稳定、保护周围环境和满足施工要求。要根据施工和工期条件、场地、环境条件等因素采用合理的地基加固措施。

1）坑内土体加固

当坑内土体软弱时，支护结构往往做得比较深大。而在基坑内被动区加固可增大被动土压力，往往可以减小支护的规模，这也是一项保证基坑稳定和坑周环境安全的措施，在基坑工程中经常使用。加固方法可采用水泥土搅拌法、高压喷射注浆法、注浆法等。对坑内被动区加固所起的作用为：

(1) 增强坑底抗隆起的能力；

(2) 提高被动区土体抗剪强度，弥补支护结构插入深度的不足；

(3) 增强坑底抗渗流破坏的能力；

(4) 减少挡土结构的水平位移，保护基坑周边建筑物及地下管线。

加固范围可以是整片的、条带的或局部的。当坑底有大面积承压水，且难以用帷幕隔断时，可对坑底整片加固；当挡土结构有可能产生沉降或移位，直接影响周围构筑物的安全时，应对相邻挡土结构的坑底部分的地基土进行加固。

2）坑外土体加固

同样当地质条件较差时，亦可对坑周土体加固，加固方法同坑内加固方法。坑外加固的主要作用是：

（1）减少作用在支护结构上的主动土压力，并起到阻水的作用；

（2）对基坑附近的建筑物基础进行保护；

（3）在开挖过程中对挡土结构局部坍塌、漏水处进行加固，防止基坑整体破坏，同时应防止加固施工（注浆压力）对支护结构安全的影响。

坑外加固用于减小主动侧土压力时，其范围应超过围护结构后的潜在的滑动破裂区；坑内加固用于增大被动侧土压力时，其范围应超过坑底土侧潜在的被动滑动破裂区（图 2-9）。

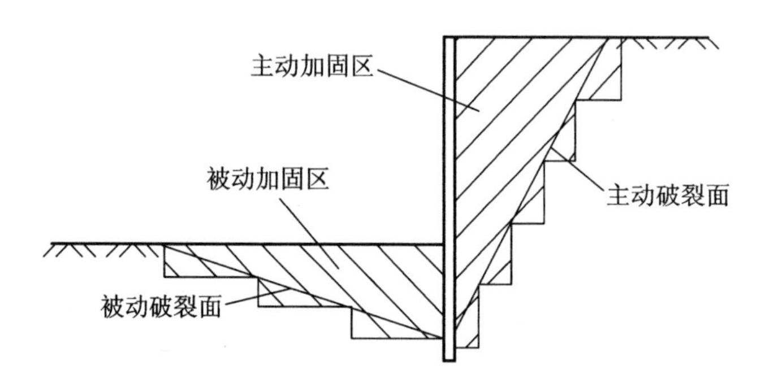

图 2-9　坑内外加固区示意图

2.2.6　支护桩配筋计算

支护桩及支撑体系混凝土结构承载力及配筋计算应按《混凝土结构设计规范》（GB 50010—2010）进行，需满足正截面受弯及斜截面受剪承载力计算以及纵向钢筋、箍筋的构造要求。应计算圆形截面的正截面受弯承载力。沿截面受拉区和受压区周边配置局部均匀纵向钢筋或集中纵向钢筋的圆形截面钢筋混凝土桩，其正截面受弯承载力通过计算确定。

2.2.7　有关锚杆构造要求

桩锚支护锚杆设计应符合下列规定：

① 锚杆自由段长度不宜小于 5m 并应超过边坡潜在滑裂面 1.5m 左右。

② 锚杆杆体下料长度为锚杆自由段、锚固段及外露长度之和，外露长度须满足锚杆台座、腰梁尺寸及张拉作业要求。

③ 对锚索或锚杆杆体，需要采取合理的支架，确保杆体位于孔中央以便浆

体能完全包裹杆体。

④ 锚杆上下排垂直间距不宜小于 2.5m,水平间距不宜小于 1.5m;锚杆锚固体上覆土层厚度不宜小于 4.0m;锚杆倾角宜为 5°～25°,且不应大于 45°。

⑤ 锚杆锚固体宜采用水泥浆或水泥砂浆,注浆压力为 0.5～1.5MPa,浆体强度等级不宜低于 M25。

⑥ 为了减小支护结构变形,应对锚杆施加预应力,锁定的预应力大小一般为轴向拉力设计标准值的 3/5。

⑦ 对于永久锚杆,应考虑防腐措施,需要对锚杆外露部分的金属进行防腐保护。

2.2.8　有关内支撑构造要求

当锚杆施工由于地质条件差、规划红线、地下障碍而受限或基坑开挖深度较大时,可以采用内支撑结构代替锚杆,提供支护桩(墙)的水平支撑力以对支护桩(墙)进行加固。支撑结构是承受围护桩或墙所传递的水、土压力的结构体系,作用在围护结构上的水、土压力可以由内支撑有效地传递和平衡,减少支护结构的位移。内支撑支护结构由支护桩或墙、腰梁和内支撑组成。内支撑支护结构适合各种地基土层,设置内支撑可有效地减少围护桩、墙的内力和变形,通过设置多道内支撑可用于开挖很深的基坑,但内支撑的设置会占用一定的施工空间,给土方开挖和地下结构施工带来较大不便。

内支撑支护结构按内支撑采用的材料可分为钢筋混凝土内支撑和钢结构内支撑。钢筋混凝土内支撑为现场浇筑,截面为矩形,施工方便,具有刚度大、强度高、整体性好、平面布置形式灵活多变的优点,但其浇筑及养护时间长,自重大,拆除支撑有难度且对环境影响大。钢结构内支撑一般采用钢管(单股或双股)、型钢(工字型、槽型或 H 型)等,施工方便省时,可重复使用,根据需要还可施加预应力,自重小;缺点是构造复杂,安装工艺要求高,节点质量不易保证,整体性较差。

内支撑支护结构布置方式多种多样,有纵横对撑构成的井字形支撑、结合对撑设置的角撑、边桁架或鱼腹式桁架进行支撑、圆形环梁撑、竖直向斜撑等(图 2-10)。

纵横对撑构成的井字形支撑结构简单,安全稳定,整体刚度大,但土方开挖及主体结构施工不便,拆除困难,造价高。此种形式往往在环境要求很高、基坑范围较大时采用。

结合对撑设置的角撑可以提供较大的无柱梁空间,在挖土及主体结构施工时较方便,但整体刚度及稳定性不及井字形支撑,当基坑的范围较大或坑角的钝角太大时不宜采用。

采用边桁架或鱼腹式桁架进行支撑，这种支撑结构形式用得不多，施工技术和构件组装精度要求较高，其整体稳定性相对较差，但对基坑挖土及主体结构施工方便，可提供开阔的施工空间。鱼腹式桁架结构支撑技术是基于预应力原理，针对传统混凝土内支撑、钢支撑的不足，开发出的一种新型深基坑支护内支撑结构体系。鱼腹梁主要由作为上弦构件的高强低松弛的钢绞线、作为受力梁的 H 型钢，以及长短不一的 H 型钢撑梁等组成。它与对撑、角撑、立柱、横梁、拉杆、三角形接点、预压顶紧装置以及腰梁等标准部件组合并施加预应力，形成平面预应力支撑系统与立体结构体系。该工法可显著改善地下工程的施工作业条件，缩短土方开挖及主体结构施工的工期，并降低造价。

圆形环梁撑较经济，受力较合理，可节省钢筋及混凝土用量，挖土及主体结构施工较方便，当坑周荷载不均匀或土性软硬差异大时慎用。

竖直向斜撑优点是节省立柱及支撑材料，但其不易控制基坑稳定性和变形，而且与底板及地下结构外墙连接处结构难处理，适用于开挖面积大而挖深小的基坑。

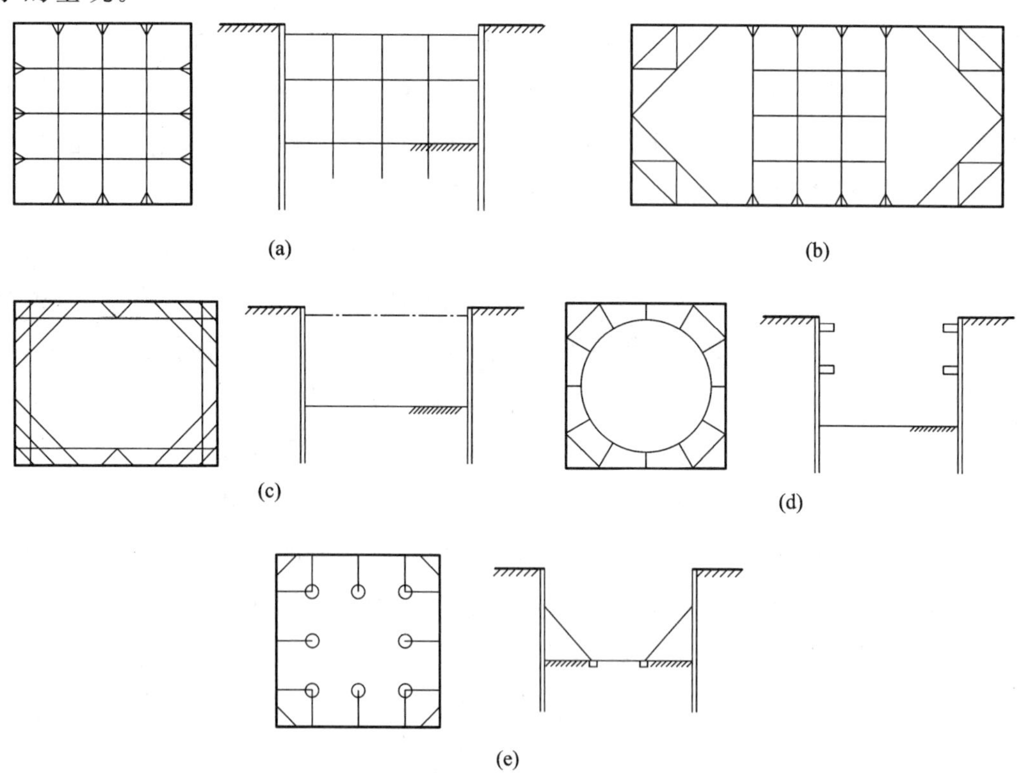

图 2-10　内支撑的布置型式

(a)纵横对撑；(b)对撑结合角撑；(c)边桁架(鱼腹式桁架)；(d)圆形环梁撑；(e)竖直向斜撑

内支撑结构应满足以下技术要求：

(1) 支撑结构材料一般选择钢管、工字钢或矩形钢筋混凝土梁；

(2) 支撑轴线的平面位置应避开地下结构柱网轴线；

(3) 相邻支撑的水平距离应根据腰梁、支撑受力情况确定，间距一般为6～8m；

(4) 相邻竖向支撑距离应根据地质、主体结构层高、基坑开挖方式，通过计算确定；

(5) 斜撑基础应验算基础的水平和竖向承载力；

(6) 支撑结构的长细比一般不超过 75，当长细比较大时需要设置型钢或钢筋混凝土立柱，立柱位置应避开地下结构梁、柱和承重墙等；

(7) 考虑支护结构个别构件的提前失效而导致土压力作用位置的转移，须设置必要的赘余支撑；

(8) 支撑预加压力不宜太大，一般不超过 0.6 倍的支撑力设计值；

(9) 支撑拆除前，应在主体结构与支撑结构间进行换撑或边回填土方边拆除支撑，不能先拆除再回填。

2.3　工程实践

2.3.1　武汉汉口地区深厚淤泥质土基坑桩锚支护

2.3.1.1　工程概况及周边环境

该工程位于武汉汉口西北湖北侧，拟建建筑为地上两栋 33 层公寓楼，地下设两层满堂地下室，地下室基坑形状略呈长方形，占地面积约为 4800m^2。结构类型为框剪体系，基础类型为柱筏基础。确定基坑开挖深度时，除坑中间两个电梯井位置底板上表面标高为－9.20m，其他位置特别是基坑周边底板上表面标高为－7.2m，由于坑边大部分承台较小且比较稀疏，故基坑设计计算深度均按底板底考虑，底板厚度为 0.5m，因此坑边基坑挖深普遍为 7.2m。

基坑东南边线离湖最近距离为 19m 左右，湖面距地面高度约为 2m，基坑西边距离桩基 9 层住宅 10m 左右，基坑东边距离现有 7 层住宅 11m，基坑北边距离现有 2 层住宅楼 6m。详见图 2-11。

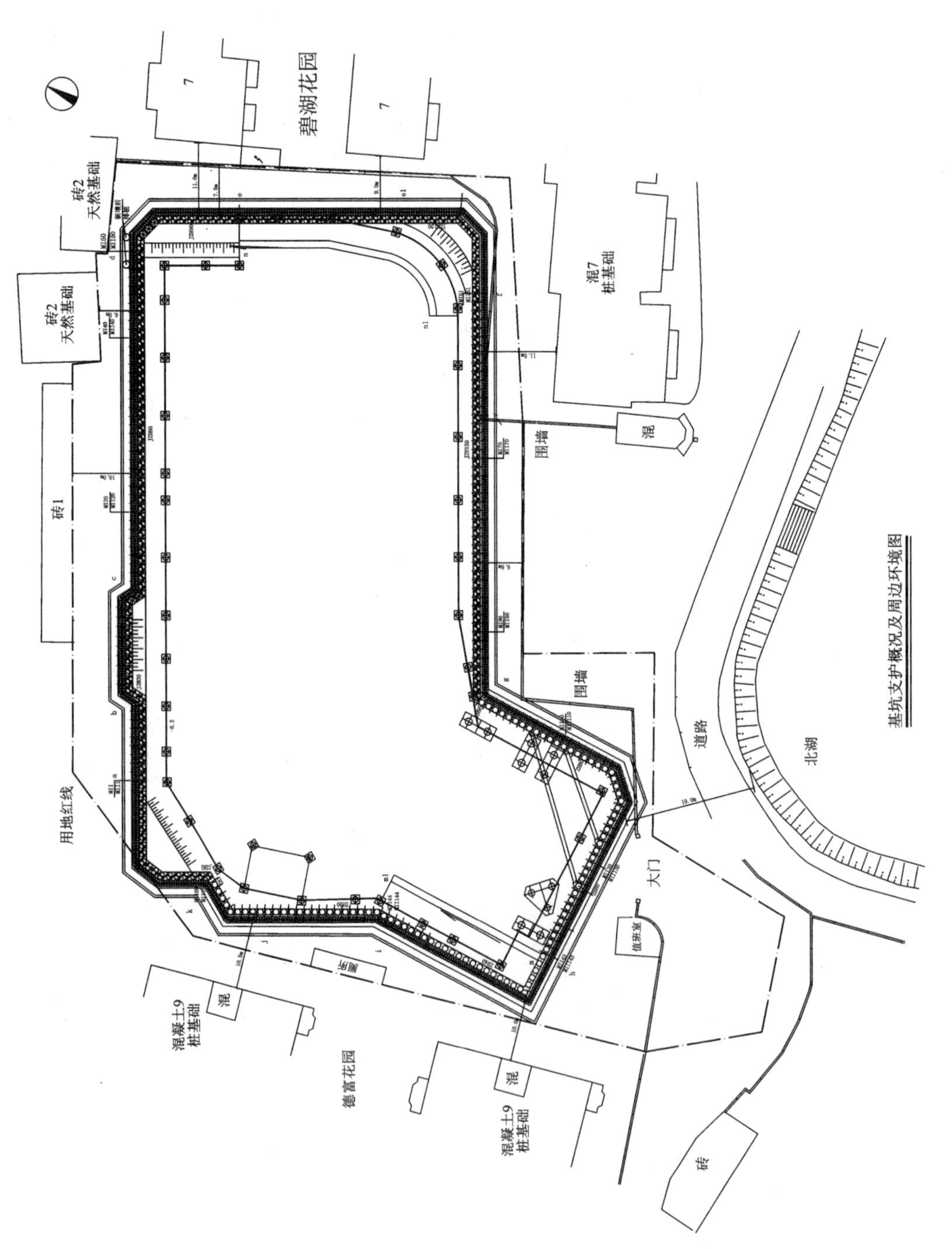

图2-11 基坑工程平面图

2.3.1.2　场区工程地质水文条件

拟建场地是新填的湖塘，邻近湖塘湖水深 2～4m，淤泥质土层厚度为 1.5～3.0m；填土过程中淤泥被挤出水面。西北湖属长江、汉水阶地的漫滩低洼积水区，长期静水环境沉积很厚的淤泥。与基坑开挖及支护有关的主要土层特性如表 2-1 所示。

(1) 杂填土：场地为新近湖边填土，填筑场地宽 60m 左右，长 200m 左右，填土层厚度为 3～5m。填土主要为建筑垃圾、生活垃圾夹块石、混凝土石、煤渣等。块石大小不等，软硬不均，结构松散，与淤泥混杂欠固结，属高压缩、低强度的软弱层。

(2-1) 淤泥质粉质黏土：灰黑色，流塑状，具泥臭味，污手，淤泥层中夹少量碎石、薄层粉土、粉砂和薄层淤泥质黏土，一般层顶埋深 2.75～5.0m，层厚度变化大，一般 3m 左右，最厚 4.95m，最薄 0.7m，受上部填土影响而变化。

(2-2) 淤泥质粉质黏土与粉砂互层：灰色，淤泥质粉质黏土以软塑状为主，局部流塑状，上部夹薄层粉砂与淤泥呈渐变关系，单层厚 3～5m，含腐殖质，呈薄饼状。中部夹薄层淤泥质粉质黏土，呈渐变关系，单层厚度 20～30cm，手感细腻，下部 7.7～8.2m，夹一层淤泥，流塑状。层顶埋深 4.0～8.3m，层厚 1.9～8.55m，一般 6.2m 左右。

(2-3) 粉砂夹粉质黏土：灰色、灰黑色，上部以粉砂为主、夹多层粉土，单层厚 10～20cm，夹多层淤泥及淤泥质土；整个层位处于饱和、松散状态，层顶埋深 7.3～16.5m，层厚 1.6～11.3m。属松散、高压缩层。

(2-4) 粉细砂：以灰色为主，局部夹层呈暗褐色，上部以粉砂为主、夹多层细砂，夹层厚 15～30cm，局部夹腐殖土。下部以细砂为主，夹多层粉砂、粉土。层顶埋深 13.5～23.4m，层厚 3.6～14.5m，层位较稳定。

(2-5) 含砾细砂：灰色，以细砂为主，层顶埋深 24～28.4m，层厚 8.41～12.0m。

表 2-1　基坑支护设计土层物理力学参数表

层号	土层名称	重度 γ (kN/m^3)	压缩模量 E_s(MPa)	承载力标准值 f_k(kPa)	抗剪强度	
					c(kPa)	ϕ(°)
(1)	杂填土	18.0	4.0	70	3	18.0
(2-1)	淤泥质粉质黏土	17.6	3.5	70	7.0	6.0
(2-2)	淤泥质粉质黏土与粉砂互层	17.4	3.7	75	4	15.0
(2-3)	粉砂夹粉质黏土	17.7	5.5	100	0	20

根据场地土体结构、水文地质特征，上部人工填土层赋存上层滞水，下部粉

细砂层中的地下水为孔隙承压水。

① 上层滞水：主要赋存于杂填土中，地下水位埋深 0.5～1.1m 左右，受大气降水和地表水的补给，与湖水关系密切，反映在地下水排泄与补给直接影响上层滞水的水位升降。

② 孔隙承压水：地下水位埋深 5.0m 左右，以(2-1)层为相对隔水层顶板，以志留系粉砂质页岩、泥质粉砂岩为隔水层底板；在上下隔水层之间赋存砂性土(2-3)～(2-5)层中的地下水，具有承压水性质，承压性与江水有着密切互补关系；洪水期江水补给地下水，枯水期地下水补给江水，这使得地下水有可能具有潜水性质，其特点是含水层厚度大，含水丰富，分布稳定，透水性强，对基坑稳定性影响较大；(2-2)层中的地下水具弱承压性。

③ 基坑涌水量计算及有关参数的确定：抽水试验结果，砂层综合渗透系数 $K=13.22\mathrm{m/d}$，相应影响半径 $R=243\mathrm{m}$。

由此可见，该场地地质条件比较差，(2-1)层淤泥质粉质黏土厚度约4.95m，软塑状的(2-2)层淤泥质粉质黏土与粉砂互层层底距地面约 10m，而基坑普遍开挖深度 7.2m 左右，中央电梯井承台挖深约 11m，淤泥质土基本构成了基坑边壁和坑底。本着基坑施工尽量减小对周边环境的影响和经济的原则，基坑支护设计、计算时，按最大变形小于 30mm 控制，确保基坑周边环境的绝对安全和基础施工顺利进行。

2.3.1.3 支护方案选择

该基坑侧壁土体主要为淤泥质土层，其中第二层淤泥质粉质黏土，厚度4.95m，饱和，流塑；第三层淤泥质粉质黏土，厚度 6.2m，饱和，流塑；由于淤泥质土力学性能差，承载力低，易流动，边坡极易失稳，因此应高度重视对淤泥质土的加固。从拟建场地土质条件、周边环境及基坑开挖深度综合分析，并结合武汉地区的基坑支护经验，采用上部适当放坡卸载＋支护桩(或地下连续墙)锚(撑)支护结构型式是比较安全、可靠而又经济的支护方法。由于基坑平面尺寸大，不利于采取内撑形式，而场地周边环境对锚杆施工基本无影响，周边施工空间相对较为开阔，因此，桩锚联合支护型式是该基坑较为理想的支护方式，无须采用昂贵的地连墙锚杆支护型式。最后确定该基坑边坡上部 2.7m 高按1∶0.3 放坡卸载，用喷(锚)网护面及止水，2.7m 以下部分采用钻孔灌注桩加桩间锚杆支护方案。由于淤泥质土中锚杆锚固力小，而且土层易发生蠕变而使锚杆预应力损失，锚杆施工质量难以控制，因此一方面要采取可行的施工方法确保淤泥质土中锚杆的设计拉力，一方面要合理确定锚杆拉力指标和与支护桩受力的协调关系,在支护结构强度方面,宜采取强桩弱锚形式。由于孔隙承压水位于地下5.0m左右,因此需要采取中深井降水加两排竖向深层搅拌桩止水帷幕止水和防止桩间淤泥挤出方案。

2.3.1.4　支护结构设计

该工程为改建工程,原工程只施工了部分支护桩便停工了。地下室重新设计后范围和深度与原地下室不完全相符,新基坑支护设计需要尽量利用已施工的支护桩。旧支护桩的设计参数均为:桩径1m,间距1.2m,桩长18m,桩顶标高17.8m(相对于新的±0.0为-3.2m),采取分段配筋法,用11Φ20通长配置,在桩的中部10.1m处采用22Φ25进行加强。箍筋均为Φ8@200,定位筋均为Φ18@2000。由于已施工的旧支护桩与部分支护桩位置重合,经计算,在ab\bc\cd\de\ef\fg\ka段,这些旧支护桩原设计参数在悬臂或施工两排锚杆条件下仍满足要求,是可以使用的,因此在支护设计时考虑充分利用已施工的支护桩,无支护桩的部分则重新设计。

根据场地实际情况、基坑深度以及土质情况,基坑支护按6个断面设计如下:

① 基坑北侧ab\cd段、南侧fg段(图2-12),基坑底板底标高为-7.7m,挖

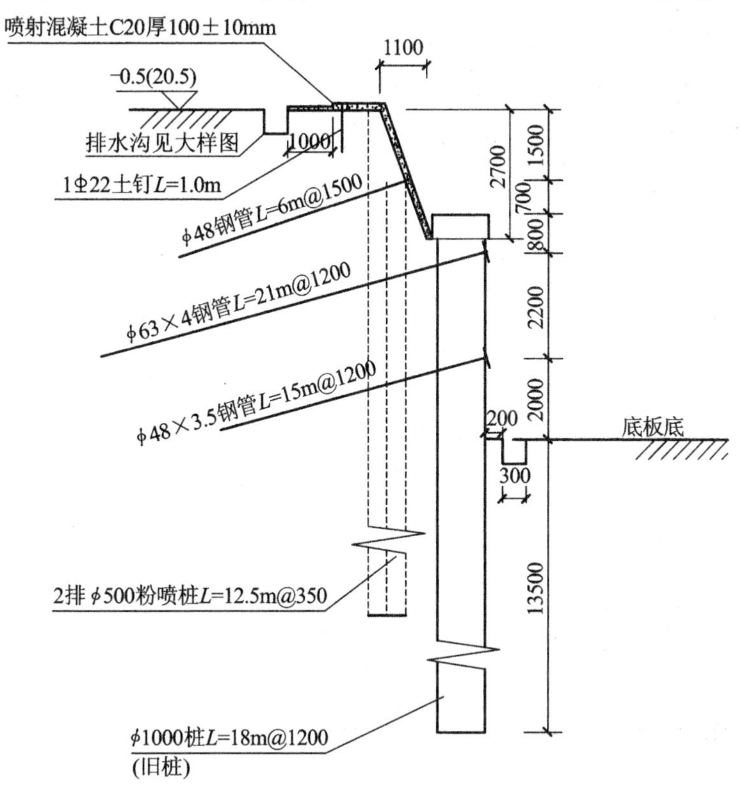

图2-12　基坑北侧ab\cd段、南侧fg段支护剖面图

深 7.2m。地面以下 2.7m 以上部分的边坡采用适当放坡＋挂网喷混凝土护面；2.7m 以下部分，利用已施工的钻孔灌注桩（ϕ1000L＝18m@1200）加两排桩间锚杆支护方案。

② 基坑西侧 ijk 段，基坑底板底标高为－7.7m，挖深 7.2m。地面以下 2.7m以上部分的边坡采用适当放坡＋挂网喷混凝土护面；2.7m 以下部分，采用新增钻孔灌注桩（ϕ800L＝16m@1100）加两排桩间锚杆支护方案。

③ 基坑北侧 bc 段、东侧 de 段、南侧 e1f 段、西侧 ka 段，地面以下 2.7m 以上部分的边坡采取适当放坡＋挂网喷混凝土护面；2.7m 以下部分，利用已施工的钻孔灌注桩（ϕ1000L＝18m@1200）支护方案。这四个角由于原有支护桩距结构边线较远，故在基坑开挖时不需要将结构边线与支护桩之间的土（3～6m宽）全部挖掉，坑中坑部分采用土钉墙对其进行支护。

④ 基坑西侧 hi 段、东侧 ee1 段（图 2-13），这两侧为地下车库出入口，基坑

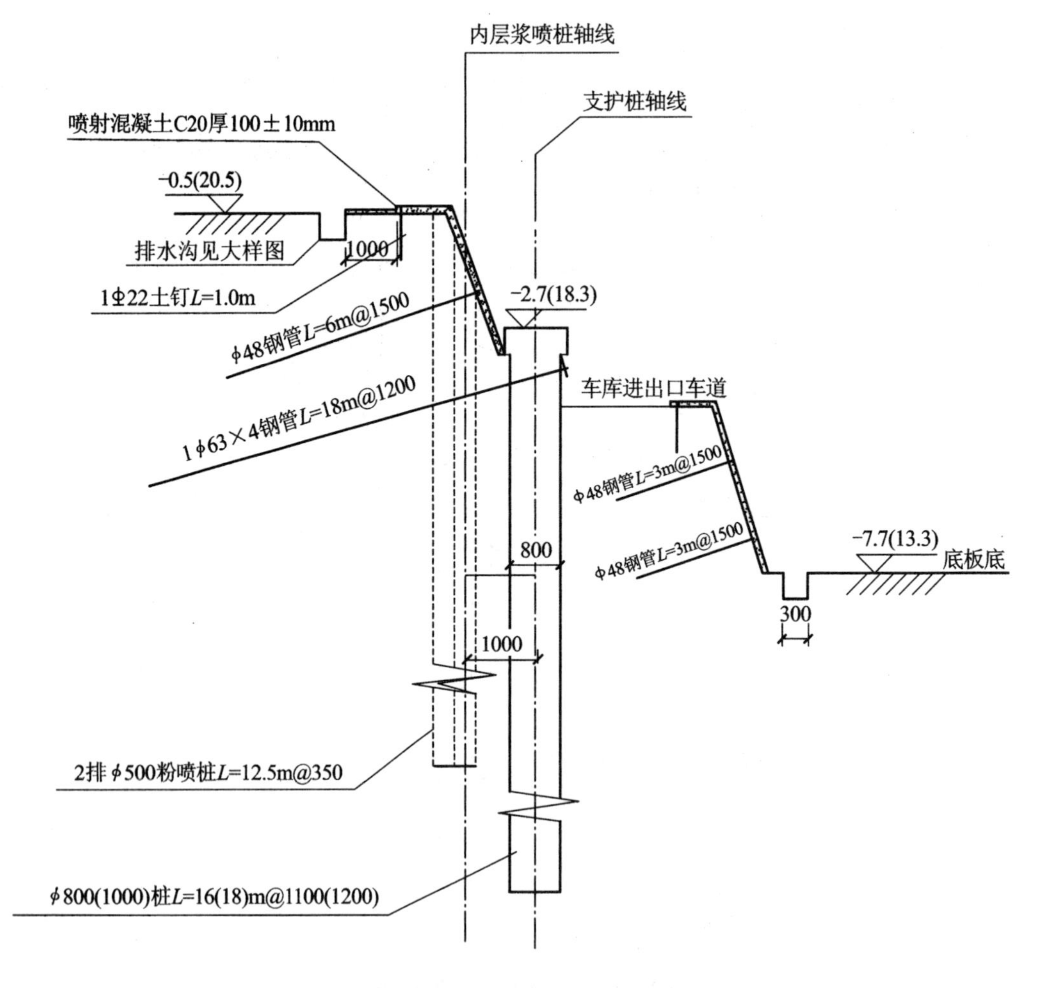

图 2-13　基坑西侧 hi 段、东侧 ee1 段支护剖面图

深度沿车道变化，设计时按挖深 3.5m 考虑。地面以下 2.7m 以上部分的边坡采用适当放坡+挂网喷混凝土护面；2.7m 以下部分，采用新增悬臂钻孔灌注桩(ϕ800L=16m@1100)支护方案。由于车道与地下室底板底存在 2～4m 左右的高差，在施工时采用土钉墙对该边坡进行支护，边坡按 1∶0.2 进行放坡。按 1.5m的间距施工一到两排 3m 长Φ48 锚管锚杆。

⑤ 基坑南侧 gh 段(图 2-14)，基坑底板底标高为－7.7m，挖深 7.2m。地面以下 2.7m 以上部分的边坡采用适当放坡+挂网喷混凝土护面；2.7m 以下部分，采用新增钻孔灌注桩(ϕ800L=16m@1100)加两排桩间锚杆支护方案。

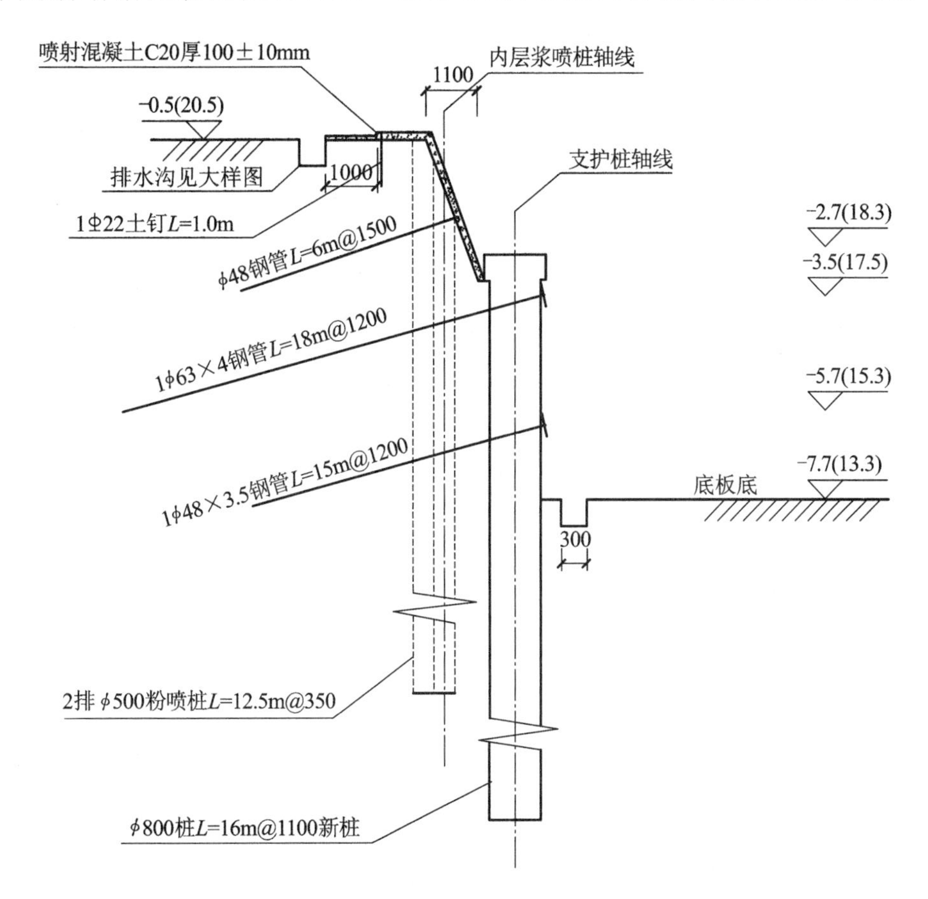

图 2-14　基坑南侧 gh 段支护平面图

⑥ 基坑内电梯井(坑中坑)加固。电梯井内承台桩顶标高－11.5m，周边承台桩顶标高－8.2m，故坑中坑深 3.3m，须进行加固，开挖坑中坑时，按 1∶0.3 比例放坡，按 1.5m 水平间距、1.5m 的排距施工一排 6m 长和一排 3m 长Φ48 钢管锚杆。

2.3.1.5 支护结构设计计算

本设计计算应用"天汉"深基坑工程设计系列软件进行计算，地面附加荷载均按 15kPa 考虑，计算成果包括：①支护桩的桩长、变形、弯矩和剪力以及锚杆设计长度和拉力；②包括土体在内的加固边坡的稳定性和抗隆起验证；③坑中边坡土钉墙稳定性计算。从计算结果看，最大桩顶位移为 25mm，满足安全稳定要求。

2.3.1.6 支护设计参数

① 网喷喷射混凝土厚度为 100mm，强度为 C20，水泥采用 32.5 级普通硅酸盐水泥，混凝土配比约为水泥：砂：石＝1：2：2，加水泥重量 3％的速凝剂。编网钢筋采用Φ6.5 圆钢，间距 200mm×200mm。

② 由于淤泥中锚杆成孔容易发生缩孔现象，因此均采用钢花管锚杆，钢管为锚杆注浆，采用纯水泥浆，水泥采用 P·O32.5 级普通硅酸盐水泥，水灰比为 0.45～0.5，注浆压力 0.5～1.0MPa，外加早强剂，注浆体强度为 M20。

③ 新增支护桩均采用 C30 混凝土，ϕ800L＝16000@1100 钻孔灌注桩，桩顶标高为－3.2m，桩中配筋均匀通长布置。设计参数详见表 2-2。根据抗弯力大小不同将主筋按三种方法进行配置：gh 段为 14Φ22 螺纹钢筋（抗弯矩 509kN·m），hi 段为 12Φ22 螺纹钢筋（抗弯矩 472kN·m），ijk 段均为 16Φ22 螺纹钢筋（抗弯矩 591kN·m），箍筋均为Φ8@200，定位筋均为Φ16@2000。

④ 冠梁设计：冠梁尺寸为 500mm×1000mm，主筋为 2×5Φ22 螺纹筋，拉筋为 4Φ22 螺纹筋，箍筋均为Φ8@200，采用 C20 混凝土。

⑤ 钢撑：为了加强支护体强度，减小基坑支护桩桩体变形，在基坑西南角设置角撑，角撑均采用 A3ϕ500×12 钢管。

⑥ 桩间预应力锚杆：在基坑 ab\cd\fg\gh\ijk 段设置桩间预应力锚杆对桩进行加固，限制支护桩变形，锚杆倾角均为下倾 15°～20°，在 ab\cd\fg 段锚杆间距均为 1.2m，在 gh\ijk 段锚杆间距均为 1.1m，锚杆围檩采用 2⊏20 槽钢，围檩与围护桩间的空隙采用 C10 混凝土填实，以减小围檩变形。锚杆设计参数详见表 2-2。

桩间锚杆注浆前，需用水将钢管中泥土尽量冲出。由于是淤泥质土中锚杆，采取的是强桩弱锚结构，因此锚杆的预应力不宜施加过大，按锚杆设计拉力的 30％～40％施加，一般施加 50kN 的预应力以锁定锚杆。

表 2-2　基坑支护桩、锚杆设计参数

支护所在基坑的位置	支护形式	标高(m)	设计长度(m)	锚固段长(m)	水平间距(m)	锚固力(kN)	材料
北、南两侧(ab\cd\fg)	旧钻孔桩		18.0		1.2		主筋Ⅱ级 22Φ25
	锚杆	−3.5	21.0	18.2	1.2	190.2	1ϕ63×4 钢管
	锚杆	−5.7	15.0	12.7	1.2	125.5	1ϕ48×3.5 钢管
西侧(ijk)	新钻孔桩		16.0		1.1		主筋Ⅱ级 16Φ22
	锚杆	−3.5	21.0	18.2	1.1	190.2	1ϕ63×4 钢管
	锚杆	−5.7	15.0	12.7	1.1	125.5	1ϕ48×3.5 钢管
bc\de\e1f\ka	旧钻孔桩		18.0		1.2		主筋Ⅱ级 22Φ25
南侧(gh)	新钻孔桩		16.0		1.1		主筋Ⅱ级 14Φ22
	锚杆	−3.5	18.0	15.3	1.1	128.2	1ϕ63×4 钢管
	锚杆	−6.0	15.0	12.9	1.1	96.5	1ϕ48×3.5 钢管
西侧(hi)	新钻孔桩		16.0		1.1		主筋Ⅱ级 12Φ22
坑中坑	锚杆	−9.5	6.0		1.5		1ϕ48×3.5 钢管
	锚杆	−11	3.0		1.5		1ϕ48×3.5 钢管

2.3.1.7　地下水控制设计

(1) 上层滞水治理

场区内上层滞水主要赋存于杂填土中，含水量较大，对基坑周围环境稳定性影响较大。基坑深 3.0m 以上部分的坑外上层滞水在施工喷锚支护结构后，可以将水阻挡在土体内。坑内土体中的水及雨水由坑底排水沟(尺寸为宽×深＝0.20m×0.20m)汇集到坑中临时集水井中，由抽水机将水抽到地面截排水沟中。地面截排水沟尺寸为宽×深＝0.30m×0.20m，并与主下水道连接。

桩锚支护部分采用施工竖向止水帷幕止水。竖向止水帷幕由两排封闭互相搭接的深层搅拌桩构成。深层搅拌桩设计参数为：桩顶标高−0.5m，即地表，桩底标高−13.0m，桩长均为 12.5m，桩底端比基坑最深处电梯井深 1.5m，桩径为 500mm，搭接约 150mm，喷浆量为 50kg/m 的 P·O32.5 号普通硅酸盐水泥。深层搅拌桩中心轴线与支护桩中心轴线间距 850mm，深层搅拌桩施工要求连续，相邻桩体的施工间隔不得超过 24h，超过 24h 需在其侧边补桩。

(2) 承压水治理

由于拟建建筑物地下室埋深最深处为−11.5m，一般承台底深−8.2m，位于或接近第(2-3)层粉砂夹粉质黏土上，而承压水赋存于(2-3)～(2-5)层中，水量较大，故需对本基坑进行降水。

基坑涌水量计算及有关参数的确定：抽水试验结果，砂层综合渗透系数 $K=13.22\text{m/d}$，相应影响半径 $R=243\text{m}$。混合水位的埋深为 0.6～1.2m。

根据场地各土层的透水性能差异，可进行如下划分：

(1) 层填土、(2-4)层粉细砂层为强透水层；

(2-1) 层淤泥质粉质黏土为相对隔水层；

(2-2) 层淤泥质粉质黏土夹粉砂、(2-3)层粉砂夹粉质黏土为弱透水层。

① 设计原则

a. 考虑基坑底板穿过过渡含水层顶板，降水设计按疏干法进行；

b. 利用含水层渗透性能由浅至深逐渐增大的特性，采用非完整井，以减小涌水量，保证降深；

c. 设计参数结合规范及实践综合确定。

② 降水井的深度

由于抽取承压水的目的是为了降低承压水位及水压，故在具体降水过程中除了要尽量减少抽水量外，同时还要保证降水井的含砂量不超过有关规范要求。结合场区实际地质条件，降水井深度暂定为 30m，根据成井施工时地质情况，降水井深度可适当调整。

③ 基坑涌水量的估算

计算方法：按稳定流承压环形完整井考虑。

计算公式：

$$Q=\frac{2\pi KMS}{\ln\frac{R+r_0}{r_0}} \tag{2-13}$$

式中 Q——基坑涌水量(m^3/d)；

K——综合渗透系数(取值 13.22m/d)；

M——含水层厚度(取值 34m)；

S——基坑内承压水降深(取值 10.0m，即由初始值−3.0m 降至−13.0m)；

R——抽水影响半径(取值 243m)；

r_0——基坑折算半径(取值 38.7m，基坑概化面积 4709m^2)。

将上述参数代入公式可得：$Q=14220\text{m}^3/\text{d}=592.5\text{m}^3/\text{h}$。

根据计算所得到的基坑涌水量，如果单井抽水量设计为 $50\text{m}^3/\text{h}$，则共需的井数为 12 口($12 \times 50m^3/h = 600m^3/h > 592.5m^3/h$),另外设两口水位观测井观测水位,同时作为备用降水井。

④ 降水井及观测井的技术要求

根据相关规范,结合成功工程经验,为满足设计降深的要求,降水井必须满足以下技术要求:

a. 地面以下 0～15m 为实管,15～30m 为滤水管;

b. 井管与孔壁之间 0～15m 填黏土球,15～30m 填滤料;

c. 运行初期,单井抽水含砂量不超过 1/50000,长期运行时,含砂量不超过 1/100000。

观测井必须满足以下技术要求:

a. 地面以下 0～15m 为实管,15～25m 为滤水管。

b. 井管与孔壁之间 0～13m 填黏土球,13～25m 填滤料。

c. 洗井充分,水位反应灵敏,并可作为备用降水井。

布置降水井时,应充分考虑电梯井的降水。

⑤ 水位降幅及降水沉降验算

采用“天汉”软件对本设计进行验算,结果表明水位降幅能满足基坑开挖至 −11.5m 的施工要求,此外考虑到坑底周边承台比较小,基坑普遍挖深将小于 −11.5m,因此设置 12 口降水井可以满足水位降幅要求,两口观察井施工时作为备用降水井。由降水引起的基坑周边地面沉降最大值为 2.5cm,对基坑周边环境不会造成不利影响。

2.3.1.8　土方开挖、运输、工况要求及施工注意事项

工程经验表明,由于受地下工程不可知的因素影响较多,特别是该工程处于湖边的老淤泥质土中,因此该深基坑工程风险性较大,即使从已知的条件设计出安全、可靠的基坑边坡围护方案,但在施工中也要采用信息法施工,且基坑土方开挖施工必须与基坑支护密切配合。基坑开挖时要采用安全可靠的措施,严密组织、科学施工,方能确保基坑边坡的稳定和基坑工程的安全。土方开挖前要做好必要的准备工作,如备好砂袋、木桩、竹片板等排险材料,以备基坑开挖时应对紧急情况之需。

根据地质情况、周边环境和基坑支护设计,对基坑开挖要求如下:

① 严格按照支护设计坡度和深度开挖;

② 基坑开挖时将地面附加荷载降至最小,严禁在坑边堆载或通行重载车;

③ 开挖下层土时，保护上层支护的边坡，不得碰撞止水结构和支护结构；

④ 土方开挖后及时施工锚杆等支护结构，保证基坑安全；

⑤ 在雨期施工前应检查现场的排水系统，做好基坑周边地表水及基坑内积水的排汇和疏导，防止基坑暴露时间过长或被雨水浸泡。

在开挖过程中不管是否设置锚杆，均须分两层开挖，以分步卸载，减小基坑变形。开挖深度(距坡顶距离)由上而下分别为：

① 挖基坑上部 1.8m 部分，施工网喷支护；

② 挖基坑上部 2.7m 部分，施工网喷支护和施工锁口梁；

③ 基坑开挖至 4.0m，施工第一排预应力锚杆和角撑；

④ 预应力锚杆注浆 7d 后，基坑开挖至 5.8m，施工第二排预应力锚杆；

⑤ 预应力锚杆注浆 7d 后，普遍开挖至基坑底板底部，承台位置必须采用人工挖土，以免反铲碰斜工程桩。

2.3.1.9　监测要点

施工监测是基坑支护“信息化施工”的一项重要内容。由于基坑工程设计及施工受地质、水文环境、天气、荷载等诸多不确定因素的影响，设计方案难以完全符合工程实际情况，施工过程中要加强施工监测，应用信息控制法便显得尤其重要。现场施工中，要求通过适当的监测手段，随时掌握周边环境的变化以及支护土体的稳定状态、安全程度及支护效果，为设计和施工提供信息。通过监测信息反馈，及时修改、优化支护方案，改善施工工艺，预防事故；同时，监测资料还可作为检验和评价支护结构稳定性的依据。

基坑监测内容主要包括以下监测项目：

① 支护顶部水平位移监测；

② 支护顶部沉降监测；

③ 支护桩内分层位移监测；

④ 周边建筑物及公用设施的沉降监测；

⑤ 目测巡视。

监测方案由监测单位制定。

2.3.1.10　应急抢险措施

深基坑支护工程属于风险性较大的工程，施工过程中因地质、环境等因素影响，可能有时会有意外情况发生，特别是该基坑存在深厚淤泥质土，更应精心施工、科学安排、严密观察，及时发现问题并进行处理。为做到有备无患，针对本工程特点，制定以下应急措施：

(1) 熟悉基坑周边环境，掌握地下管线走向及阀门位置，发现险情及时关闭阀门；

(2) 在工地上适当准备一些编织袋、杉木桩及钢管，以便在基坑出现险情时，就地取材，及时控制基坑变形；

(3) 桩间土体如产生局部剥离、坍塌或有渗水现象，应迅速采用土钉挂网固定，施喷快凝混凝土进行封闭，也可用砖石砌体将桩间土体封闭。

(4) 边坡局部涌水的处理：迅速插入花管引流，用止水材料封堵以缩小范围，再采用高压注浆等办法封堵。

(5) 根据开挖情况，可对锚杆位置及长度做适当调整。例如，基坑位移沉降过大，应在位移沉降过大区域根据沉降产生的原因加长加密锚杆，或加大注浆量，或在坡脚打入杉木桩稳定土体，必要时可采取先打入杉木桩再进行下一层土体开挖的施工方法。

(6) 如出现坡脚滑移，应立即停止土方开挖，用碎石包压坡脚或回填土方，然后用高压注浆固化土体，加固被动区土体。

2.3.1.11　施工要点

按上述基坑支护设计，在基坑开挖前，首先施工支护桩、搅拌桩和降水井。由于场地为淤泥质土地层，钢筋混凝土支护桩钻孔过程中，淤泥质土受土压力作用向孔内挤压易形成缩孔，造成孔径变小、钢筋笼放不进孔等现象。因此，支护桩施工时，要做到以下三个方面：一是在钻孔过程中适当加大护壁泥浆的比例和稠度，提高泥浆的护壁效果；二是应连续钻孔，成孔到位后拔钻杆时钻杆上升速度应保持匀速，并及时下钢筋笼；三是成孔时隔3个桩位进行跳打施工，以免互相影响。

软土中进行水平锚杆钻孔施工，往往会发生缩孔、塌孔现象。采用成孔和送锚一次性完成的钢管锚杆，可防止锚杆成孔时缩孔。但是，如果钢管锚杆施工工艺和施工控制不到位，施工后的锚杆往往很难达到设计锚固力。施工经验如下(图2-15)：一是在钢管加工时，在钢管端部除了做成尖头，便于顶进或钻进外，还将尖头底部通过焊接钢环或直接焊上锥头等使尖头底部的直径大于钢管直径，形成扩大锥头；二是钢管出浆孔位置应采用小角钢对出浆孔进行保护，尽量减少泥土挤进钢管中；三是利用液压钻机依靠钻机的旋转和顶力将钢管打到设计深度，在软土中不建议使用冲击方式将钢管打进；四是注浆前应采用高压水自孔底开始进行仔细清洗，将钢管中的泥土冲干净；五是注浆应采取二次压浆，浆液为纯水泥浆，第一次注浆时注浆管必须送到孔底，从孔底开始注浆，待孔口流出水泥浆液后慢慢拔出注浆管进行封孔，在水泥浆初凝之前，最好在注浆后 1h 内在孔口进行二次高压压浆，注浆压力不小于 2.5MPa。

图 2-15　淤泥中钢管锚杆施工图

2.3.2　六安市某淤泥质土中基坑支护优化设计

2.3.2.1　工程概况

六安市解放中路与九敦塘地段地下商业街为一层地下室，其范围为北起文庙街、南至紫竹林路，全长约 1200m，宽约 21m，九敦塘地段下设有一层地下商业街及停车场，地下室底板深度为 8.15～8.60m。采用筏板基础、框架结构。道路周边建筑物较多且各建筑物结构形式、基础类型及埋深等均不相同，基坑周边存在地下电缆及光缆，污水、雨水及供水管线等，环境非常复杂。

在皖西大厦前解放路东侧位置，原基坑边坡支护设计采用直径 0.8m 的灌注桩＋斜撑支护段，斜撑采用 4 根等边角钢 125mm×4mm 通过钢板焊成边长为 400mm 的矩形截面钢管；在皖西路与解放路交汇口位置，原支护设计采用直径 1.0m 的灌注桩＋2 道水平钢管撑支护。考虑到缩短工期和便于地下室主体施工，需要对以上两个位置在已施工支护桩和搅拌桩的基础上进行优化设计，优化设计时基坑安全性应与原设计的安全性一致，并必须充分考虑已施工的支护桩、冠梁和搅拌桩。

2.3.2.2　工程地质条件

拟建场地地势起伏较大,根据勘察报告基坑范围内分布有:

① 层杂填土,厚度为 1.0～7.70m,人工回填为主;

② 层淤泥质粉质黏土,局部分布,厚度为 0.30～6.80m,支护需要优化的位置淤泥质粉质黏土厚度为 3.6m,呈流塑状态,其静力触探比贯入阻力 P_s 为 0.3～0.9MPa,加权平均值为 0.58MPa;

$③_1$层黏土,厚 0.50～3.30m,呈黄灰、灰黄色,可塑状态,其静力触探比贯入阻力 P_s 为 2.0～2.3MPa,加权平均值为 2.25MPa;

$③_2$层黏土,厚度为 0.60～13.50m,硬塑～坚硬状态;

$④_1$强风化砂岩,厚度为 0.20～3.90m,其岩体基本质量等级为Ⅴ,岩质坚硬。

$④_2$中风化砂岩,其岩体基本质量等级为Ⅳ类,棕红色,上部较破碎,下部较完整,岩质坚硬,风镐开挖困难。

场地地下水的类型为②层淤泥质粉质黏土中埋藏有潜水地下水,水量较大,水位较高,与地表水和生活用水排放联系紧密,同时受大气降水补给。勘察期间,地下水位在现自然地面下 0.80～1.60m,地下水位年变化幅度在±1.0m 左右。渗透系数 K 值根据地区经验及土工试验对第①层的渗透系数取 1×10^{-3}cm/s,第②层的渗透系数取 5×10^{-5}cm/s,第③层的渗透系数取 4×10^{-6}cm/s。

依据勘察报告,土层厚度见地质剖面图(图 2-16),各土层基坑设计力学参数见表 2-3。

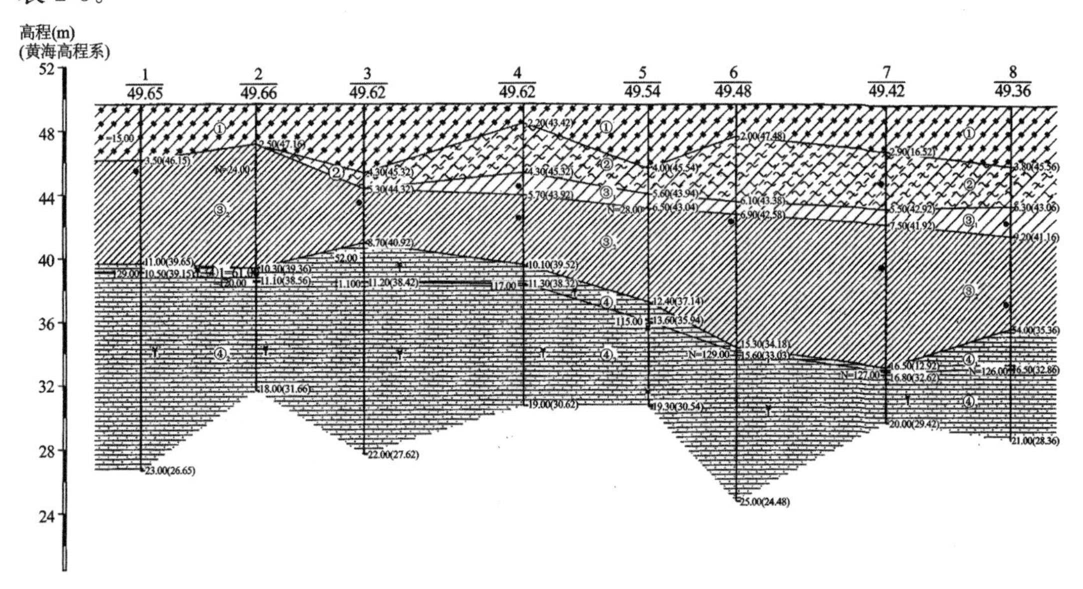

图 2-16　皖西大厦前解放路南侧地质剖面图

表 2-3 基坑支护设计土层物理力学参数表

层号	土层名称	层厚度(m)	重度 γ (kN/m^3)	黏聚力 c (kPa)	内摩擦角 φ (°)	承载力 F_{ak} (kPa)	压缩模量 E_s (MPa)
①	杂填土	2.9	19.0	0	12		
②	淤泥质粉质黏土	3.6	16.4	10	7	50	2.0
$③_1$	黏土	0.4	18.9	43	10.4	220	11
$③_2$	黏土	1.8	19.7	72.1	14.1	280	14
$④_1$	强风化砂岩	2.5	21.4	60	25	400	20
$④_2$	中风化砂岩	>4.0	24.5		70		

2.3.2.3 支护结构优化方案分析

对于8m左右的深基坑边坡支护，其基坑支护方法较多，一般可采用悬臂排桩(钻孔灌注桩或人工挖孔桩和静压桩)、排桩加锚杆或钢撑、地下连续墙加锚杆、水泥土墙加锚杆、喷锚支护等方案。该基坑土质主要为杂填土、淤泥质土，基坑深度8.7m，周围建筑紧邻基坑，环境非常复杂。根据安全性、工期和经济性比较，该基坑支护方案主要应根据基坑周边环境而采用不同的支护方案，其原则是周围建筑紧邻的重要部位必须重点支护，环境宽松地方则应尽量采用经济支护方案，减少支护费用，并便于土方开挖和地下室主体结构施工。由于需要优化设计的部分已施工支护桩、冠梁和搅拌桩，因此优化设计时必须在已施工的条件基础上充分发挥已施工工程的作用(图 2-17)。

图 2-17 已施工的支护桩和土质实景图

已施工的支护桩均为直径 0.8～1.0m 的钢筋混凝土灌注桩，混凝土为C30，其参数见表 2-4。

表 2-4　已施工支护桩参数表

序号	选筋类型	钢筋级别	钢筋实配值	其他参数
1	竖向钢筋	HRB400	2×6Φ22+2×4Φ16	桩长14.0m或风化不少于3.0m，顶标高0.0m，为自然地面，混凝土为C30
2	加强筋	HRB400	Φ16@2000	
3	箍筋	HPB300	Φ6.5@150	

冠梁截面为1000mm×700mm，配主筋为2×5Φ22螺纹钢筋。基坑周边土体止水采用2排搅拌桩止水，坑中上层潜水采用明沟集水井抽排。

依据场地地质条件，基坑周边环境、深度和建筑基坑支护技术规程，该基坑工程安全等级定为一级深基坑。

2.3.2.4　皖西大厦前解放路东侧(原设计为桩+斜撑支护段)

该地段已施工支护桩外边线到楼房的距离约为4.0m，楼房主要为5层钻孔灌注桩基础的防汛抗旱楼、6层独立基础皖西供销大厦，长度约为130m，楼房为混凝土结构。该段(5—5和5a—5a剖面，见图2-18及图2-19)原支护设计为桩+斜撑，斜撑水平间距为3.9m，支撑点距地面2.3m。由于斜撑太密，严重影响地下

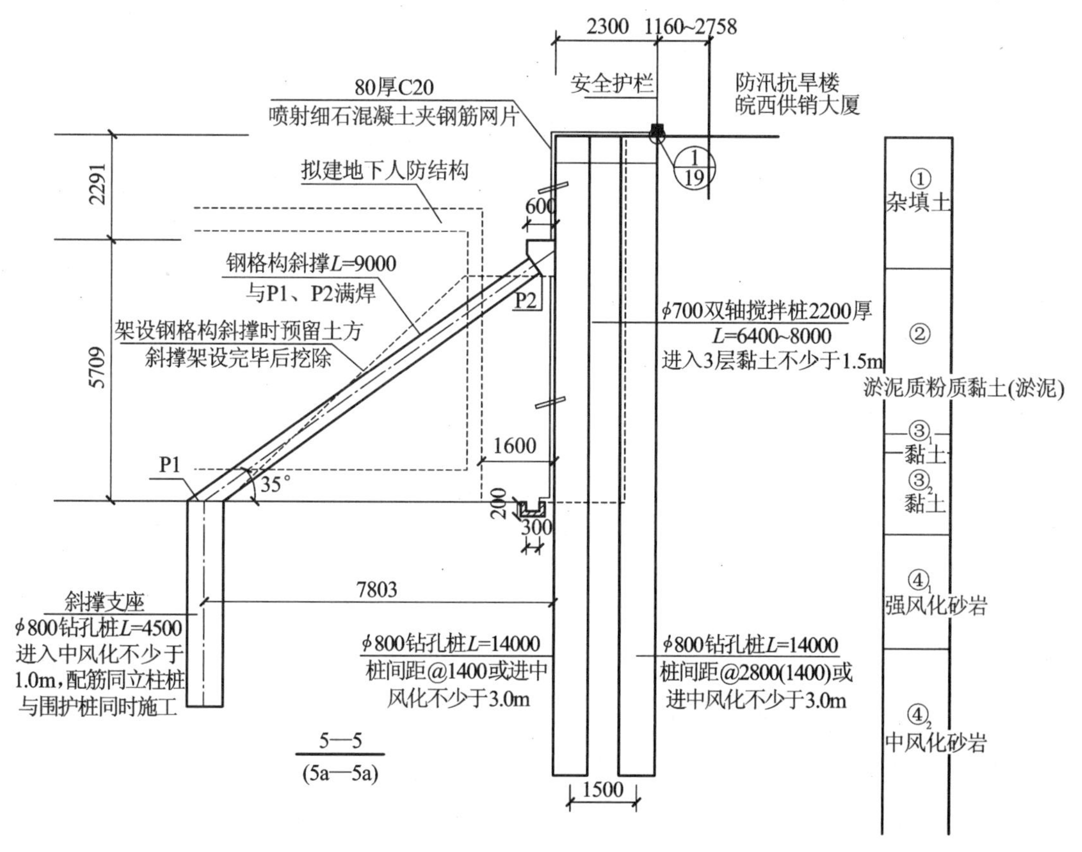

图 2-18　原5—5支护设计剖面图

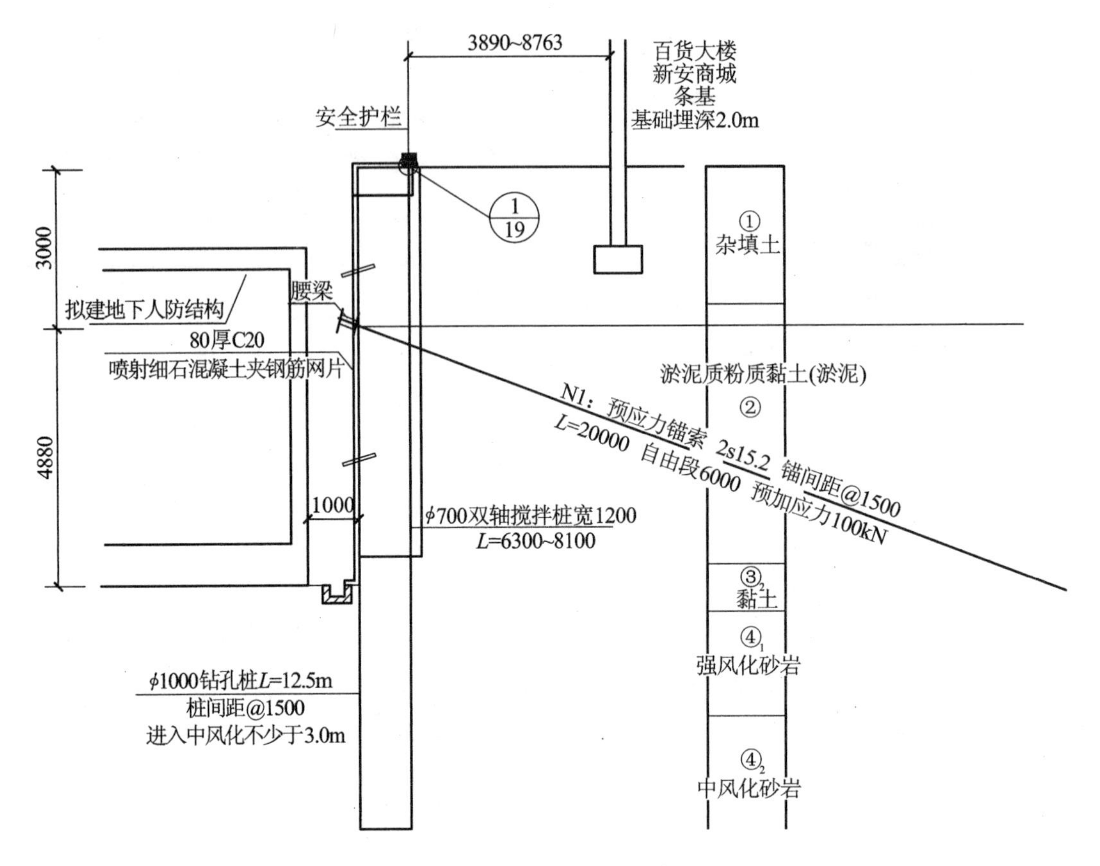

图 2-19 优化后 5—5 支护设计剖面图

室土方开挖和主体施工，为了便于土方和地下室主体施工，现将斜撑改成预应力锚索，锚索开孔高度距地面 3.0m，水平间距为 1.5m，即一桩一锚。由于锚索需穿过淤泥质土，锚固段应位于③$_1$ 和③$_2$ 层黏土中，因此锚索倾角为下倾 25°。基坑设计计算深度为 8.0m，计算时，基坑边部按 10kPa 荷载考虑，楼房荷载按每层 15kPa 考虑。经过计算，按表 2-5 设置锚杆可以满足基坑边坡安全要求。

表 2-5 锚杆参数表(位置 0.0 点在地面)

位置(m)	锚杆长度(m)	水平间距(m)	倾角(°)	锚杆材料	预应力(kN)
3.0	20	1.5	20°～25°	2s15.2 钢索	100

锚杆材料均采用 2s15.2 钢绞线，2 根钢绞线绑扎时，应保证钢绞线平行、间距均匀。锚杆注浆采用 P·C42.5 级复合硅酸盐水泥，水灰比为 0.45，外加早强剂，采用二次注浆，第一次注浆压力为 0.5MPa，第二次注浆压力为 2.0MPa，浆体强度为 M20。

土方开挖后应及时对桩间土体进行网喷施工以保护桩间土体，喷射混凝土厚度为 80mm，强度为 C20，水泥采用 P·C42.5 级复合硅酸盐水泥，混凝土配比约为水泥∶砂∶石＝1∶2∶2,外加速凝剂。编网钢筋采用φ6.5圆钢,间距200mm×200mm,挂网土钉采用φ22螺纹钢,长度为1000mm,间距1500mm×1500mm。锚杆注浆及网喷。以下均同此。

2.3.2.5　皖西路与解放路交汇口的(原设计为桩加2排水平撑)支护段

该地段原设计剖面为11—11支护段(图2-20及图2-21),该处原支护设计为钢筋混凝土支护桩＋2排内支撑,第1排为钢筋混凝土支撑与地面平齐,第2排为钢管撑,距地面3.1～3.5m。目前支护桩已施工,已施工支护桩外边线到楼房的距离约为4.0m,楼房主要为3～5层楼房,金安商城和新华书店为桩基础,电信大楼和百货大楼为2～4m深的毛石条型基础。基坑设计计算深度按8.0m考虑。从该处工程地质、环境、安全性、经济性、可行性考虑,为了在保证安全的条件下便于施工,优化设计主要是在已施工的支护桩基础上,将钢筋混凝土支撑和钢管撑改成一排预应力锚杆支护。设计计算时,基坑边部按15kPa荷载考虑,楼房荷载每层按15kPa,并考虑基础埋深。由于已施工的支护桩桩

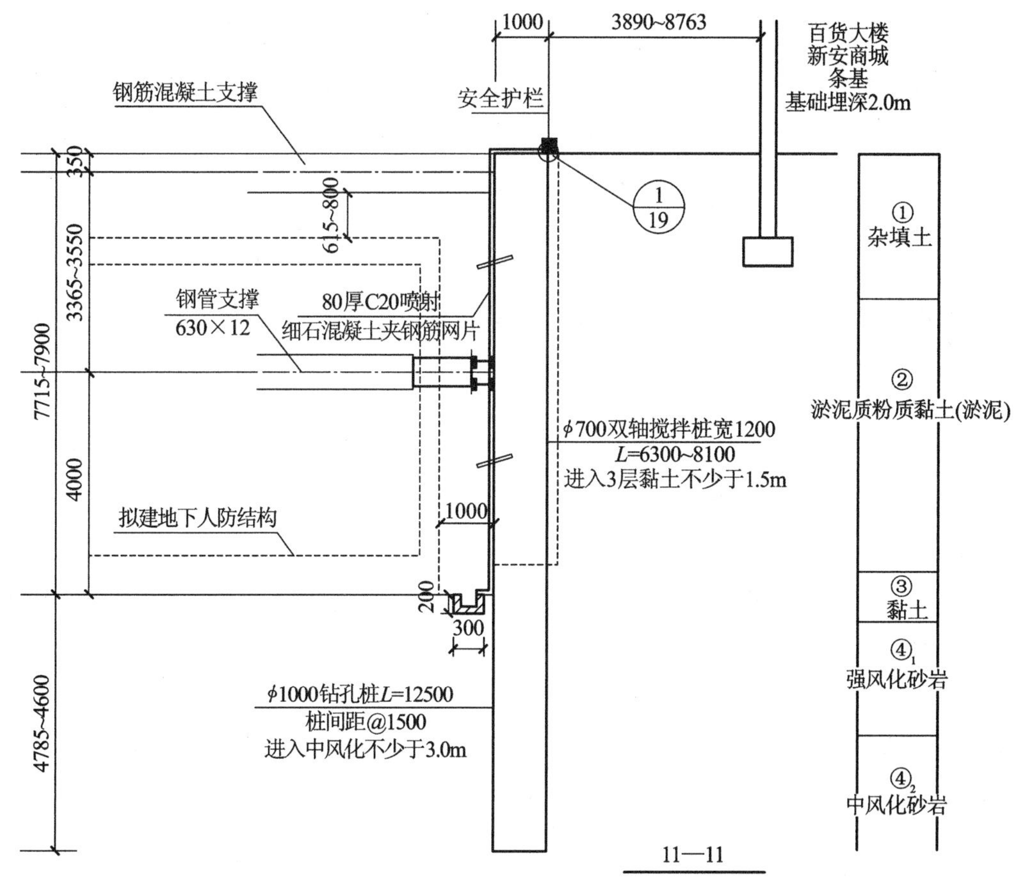

图2-20　原11—11支护设计剖面图

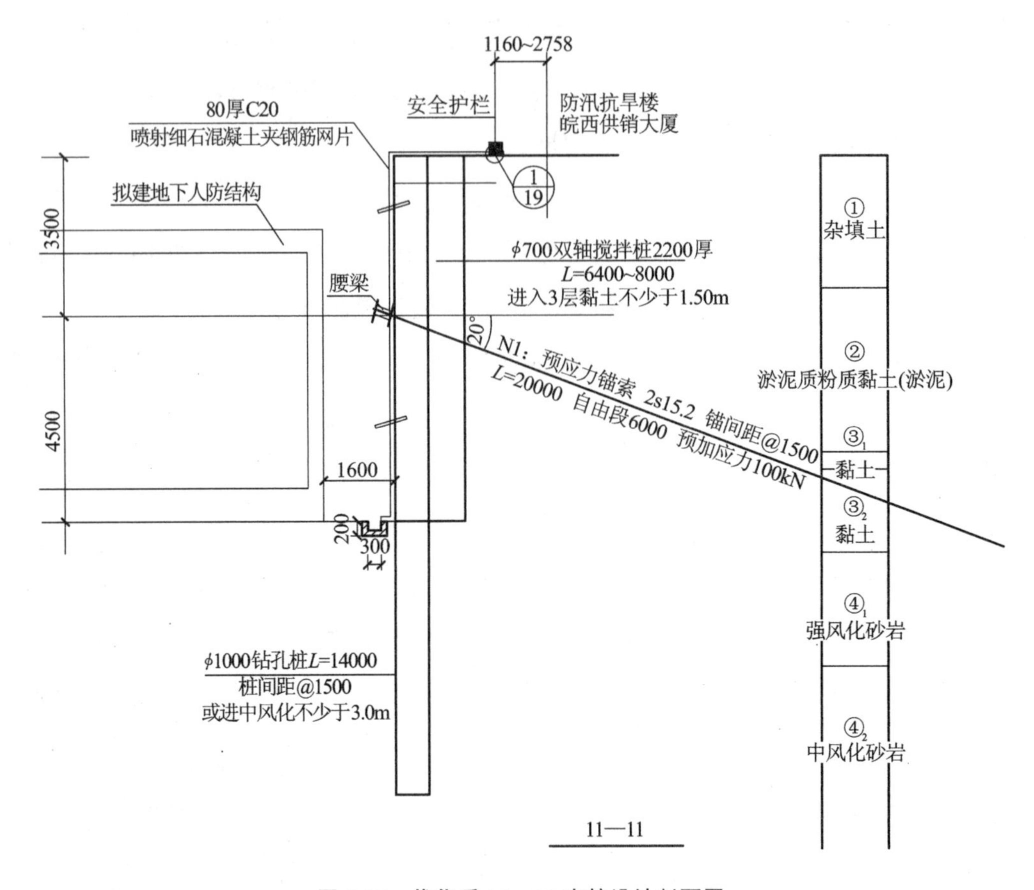

图 2-21　优化后 11—11 支护设计剖面图

径1.0m，且嵌固于强、中风化砂岩中，因此支护桩的抗主动土压力是比较强的，根据相关工程经验，先采取概念设计定出基本支护参数，然后采用“天汉”软件进行验算校核，最后确定：在地面下 3.5m 处设置一排预应力锚索，锚索长度为20m，自由端 6m，锚杆材料采用 2s15.2 钢绞线，锚索设计拉力极限值为 220kN，锁定预应力均为 100kN。

2.3.2.6　地下水治理设计

地下的上下水管漏水、生活用水和雨水等渗入上层土体中，会使土体局部崩塌，造成对基坑周边环境的破坏。施工季节为七月份，雨水较少，主要防止上下水管漏水、生活用水对基坑安全的影响。因此基坑施工时，应掌握上下水管阀门位置，发现漏水及时关闭阀门，并进行维修，严禁生活用水排入坑中。该基坑将双重搅拌桩作为侧向止水帷幕，支护桩间采取网喷护面后即可保护桩间土，可防止水土从桩间流出。流入基坑中的雨水和生活水在坑底经排水沟流入集水井，用潜水泵抽出。

2.3.2.7　优化计算分析

对 5—5 剖面,通过采用理正基坑软件按悬臂桩模式进行验算,支护桩桩顶变形值大于一级基坑桩顶变形值 20mm,桩的实际嵌固深度为 6m,大于计算的要求,因此,支护桩强度和嵌固深度基本满足悬臂要求,但为了控制变形,考虑在地面下 3.5m 增加一排预应力锚杆,形成强桩弱锚支护体系。增加一排锚杆后计算结果如下(表 2-6、图 2-22、图 2-23):

表 2-6　锚杆参数表(位置 0.0 点在地面)

支锚类型	水平间距(m)	竖向间距(m)	入射角(°)	总长(m)	锚固段长度(m)
锚杆	1.500	3.500	20.00	20.00	13.50

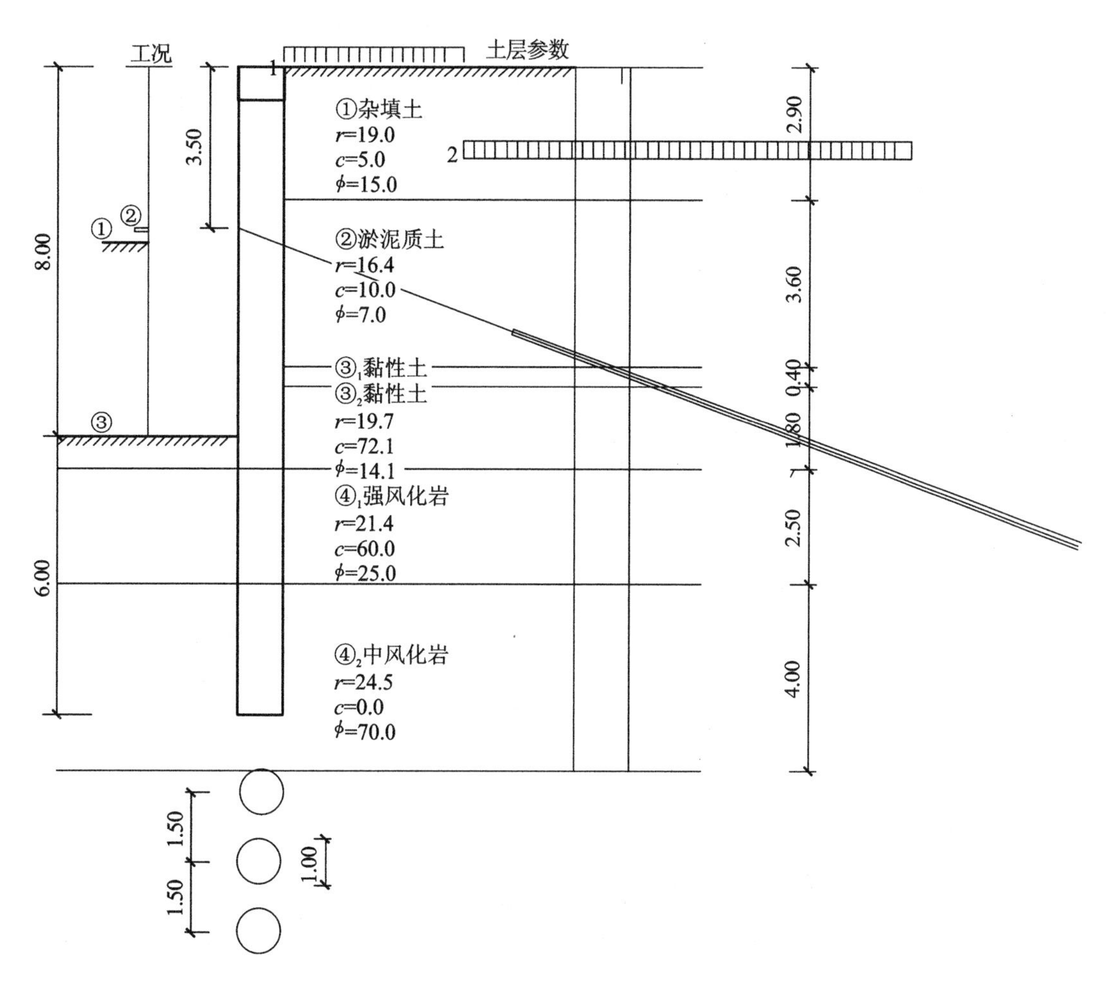

图 2-22　计算简图

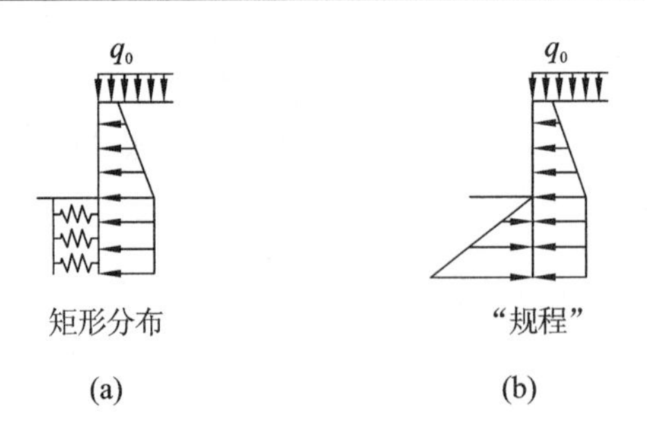

图 2-23　土压力计算模型

(a)弹性法土压力模型;(b)经典法土压力模型

各工况计算结果如下(图 2-24):

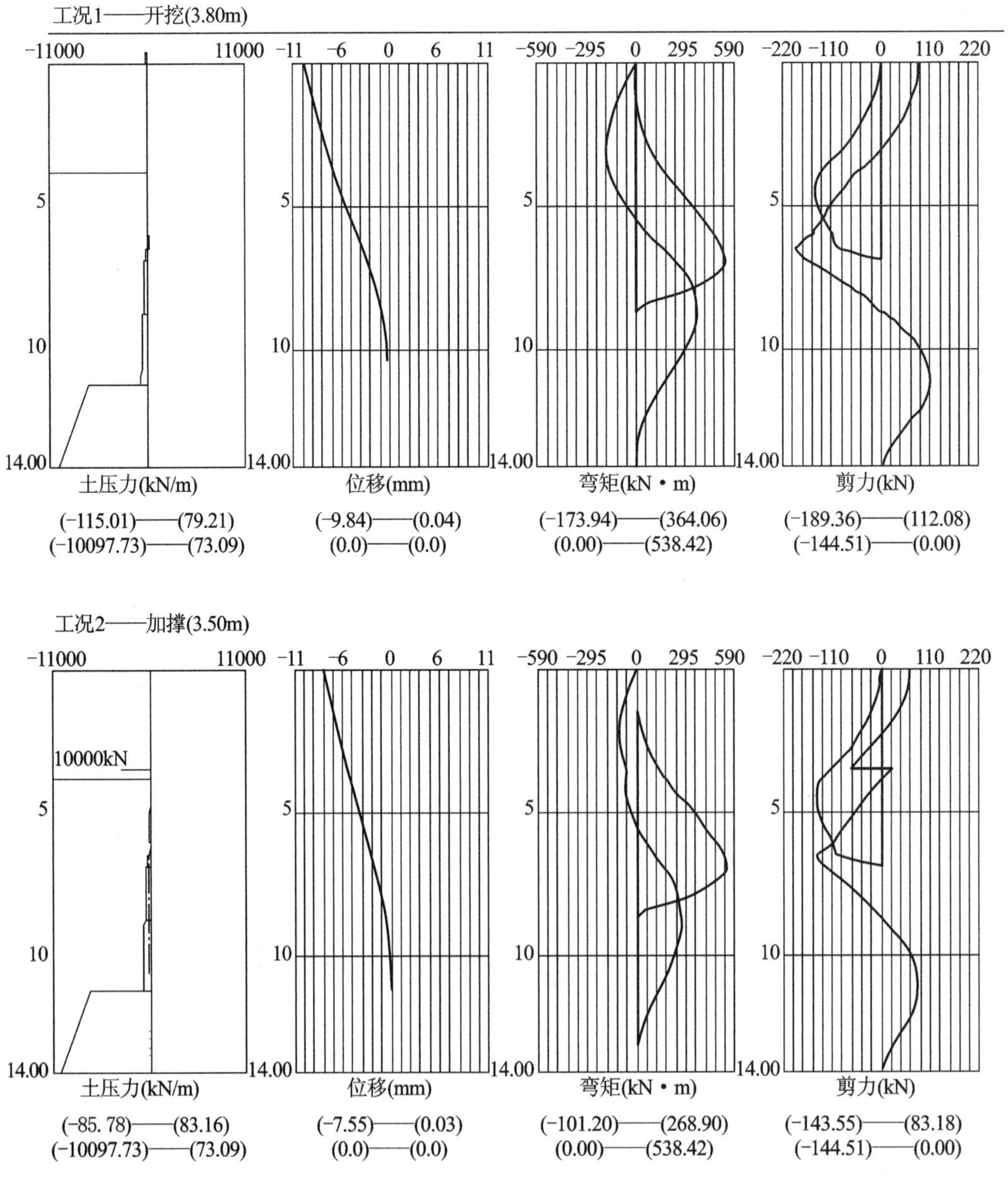

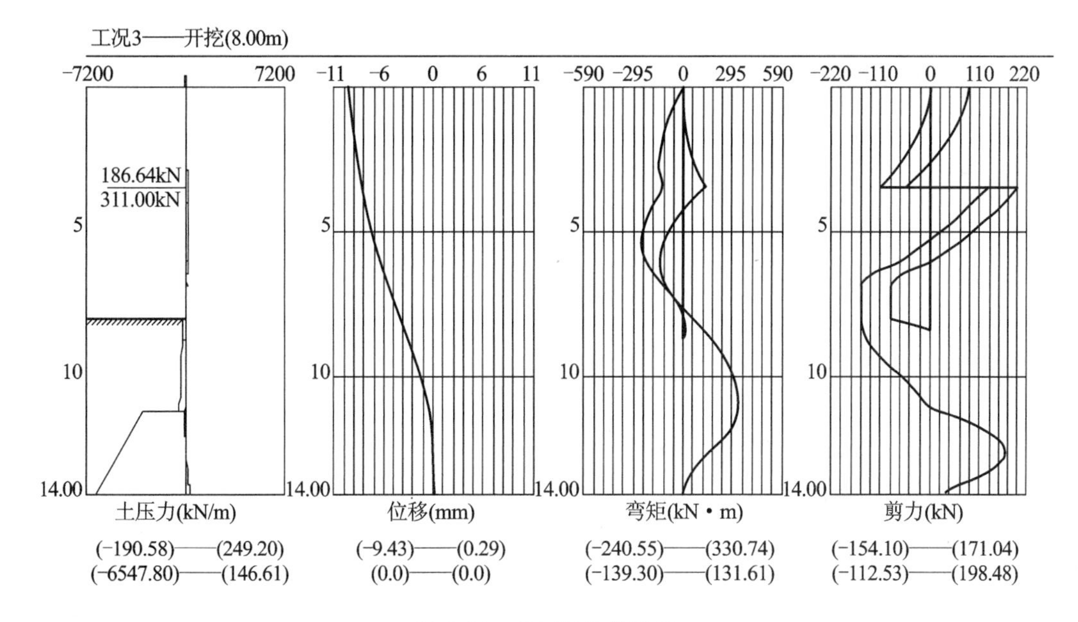

图 2-24　各工况计算结果

从计算结果可见，按弹性法土压力模型计算得到的支护桩内侧最大弯矩为 240.55kN·m，锚杆最大内力为 186.64kN；按经典法土压力模型计算得到的支护桩内侧最大弯矩为 139.30kN·m，锚杆最大内力为 311.00kN。两种压力模型计算的结果不一致体现了计算方法的不同和土层的复杂性。在实际取值时应根据计算结果和工程经验确定。从位移计算结果看，通过增加一排预应力锚索，桩顶位移值只有 9.43mm，满足基坑变形要求。

增加一排锚杆后支护桩嵌固深度计算：

按《建筑基坑支护技术规程》(JGJ 120—2012)中的单支点结构计算支点力和嵌固深度设计值 h_d：

① 按 $e_{a1k}=e_{p1k}$确定出支护结构弯矩零点 $h_{c1}=0.000$；

② 支点力 T_{c1}可按下式计算：

$$T_{c1}=\frac{h_{a1}\sum E_{ac}-h_{p1}\sum E_{pc}}{h_{T1}+h_{c1}}$$

$h_{T1}=4.500\text{m}$，$T_{c1}=207.336\ \text{kN}$；

③ h_d按公式：$h_p\sum E_{pj}+T_{c1}(h_{T1}+h_d)-\beta\gamma_0 h_a\sum E_{ai}\geqslant 0$ 确定。

$\beta=1.200$，$\gamma_0=1.100$，$h_p=1.091\text{m}$，$\sum E_{pj}=591.534\text{kPa}$，$h_a=5.928\text{m}$，$\sum E_{ai}=264.446\text{kPa}$。

得到 $h_d=2.400\text{m}$，h_d采用值为 6.000m。

计算结果表明:在悬臂桩基础上,在地面下 3.5m 增加一排 20m 长预应力锚杆,形成强桩弱锚支护体系。支护桩桩顶水平变形为 9.84mm＜20mm,桩的实际嵌固深度 6m 大于计算的(2.4m)要求,因此,支护桩强度和嵌固深度以及变形均满足安全要求。

2.3.2.8　工程点评

工程已按优化后的设计方案进行了施工,基坑变形在控制的范围之内,基坑周边环境稳定,取得了良好的工程效果和经济效果。在紧邻楼房、地质条件很差的地段进行地下工程近接施工,一方面要保证邻近周边环境的安全,一方面要保障地下工程主体施工的顺利进行,如果基坑支护设计只考虑安全方面而不考虑主体施工方便及经济性,则是不完美的方案。这里根据已施工的支护桩和淤泥质土特点,采用强桩弱锚形式代替桩+支撑形式,在保证安全的条件下,大大方便了施工,给主体施工提供了较好的条件。实践表明:桩锚或桩加支撑以及土钉墙支护等综合近接施工方法,可以有效解决主体施工开挖过程中近接的周边建筑及管线的安全问题,顺利实现工程施工。施工中照片见图 2-25 及图 2-26。

图 2-25　施工完成后桩锚支护实景图

2.3.3　东营高水位砂性土深基坑支护及治水设计与施工

2.3.3.1　工程概况及周边环境

该工程地上 26 层,总高度 99.6m,框架结构,地下设两层满堂地下室,基础

图 2-26　支护完成后实景图

类型为桩基础。基础埋深约 11.8m，基坑略呈长方形，占地面积约 165.5m×130m=21515m^2，基坑周长约(165.5m+130m)×2=591m。确定基坑开挖深度时，±0.0 相当于绝对高程 7.00m，自然地面绝对标高为 5.52～6.83m，但基坑边自然地面绝对标高大部分为 6.21～6.83m，因此自然地面平均按 6.5m 考虑，即±0.0 高于自然地面约 0.5m。除南区底板底标高为－13.05m，及坑中间电梯井位置底板上表面标高为－9.20m 外，其他位置特别是基坑周边底板上表面标高为－9.50m、－11.05m(南区)，由于坑边大部分承台较小且比较稀疏，故基坑设计计算深度均应按承台底考虑。底板厚度 0.7m，梁高 0.5m，因此坑边基坑挖深一般为 10.3m，南区为 11.85m。

根据总参谋部工程兵科研三所、山东省人民防空建筑设计院设计的东营胜利大厦及人防工程总平面图、地下一层平面图、地下二层平面图等设计图，拟建场地基坑西边距离西四路边线 35～40m，场地比较宽松；基坑东侧北段离 5 层砖混结构楼房 7m，东侧为油田公安处，基坑边距红线最近处约 7.3m，东侧南侧场地比较宽松；基坑北边离济南路 20m，环境比较宽松；基坑南面比较复杂，主要有：南侧西段与基坑有关的建筑为 4 层的友谊大厦，该部分为裙楼，据调查基础深度 4m 左右，主体基坑边距大厦约 14m，车道外墙距大厦约 6.3m，地下室竖井边墙距大厦只有 3.1m，距大厦附属房只有 1m，详见周边环境图(图 2-27)。由此可见，除了靠道路的北侧和西侧环境条件比较宽松外，其他两侧环境都非常紧张。

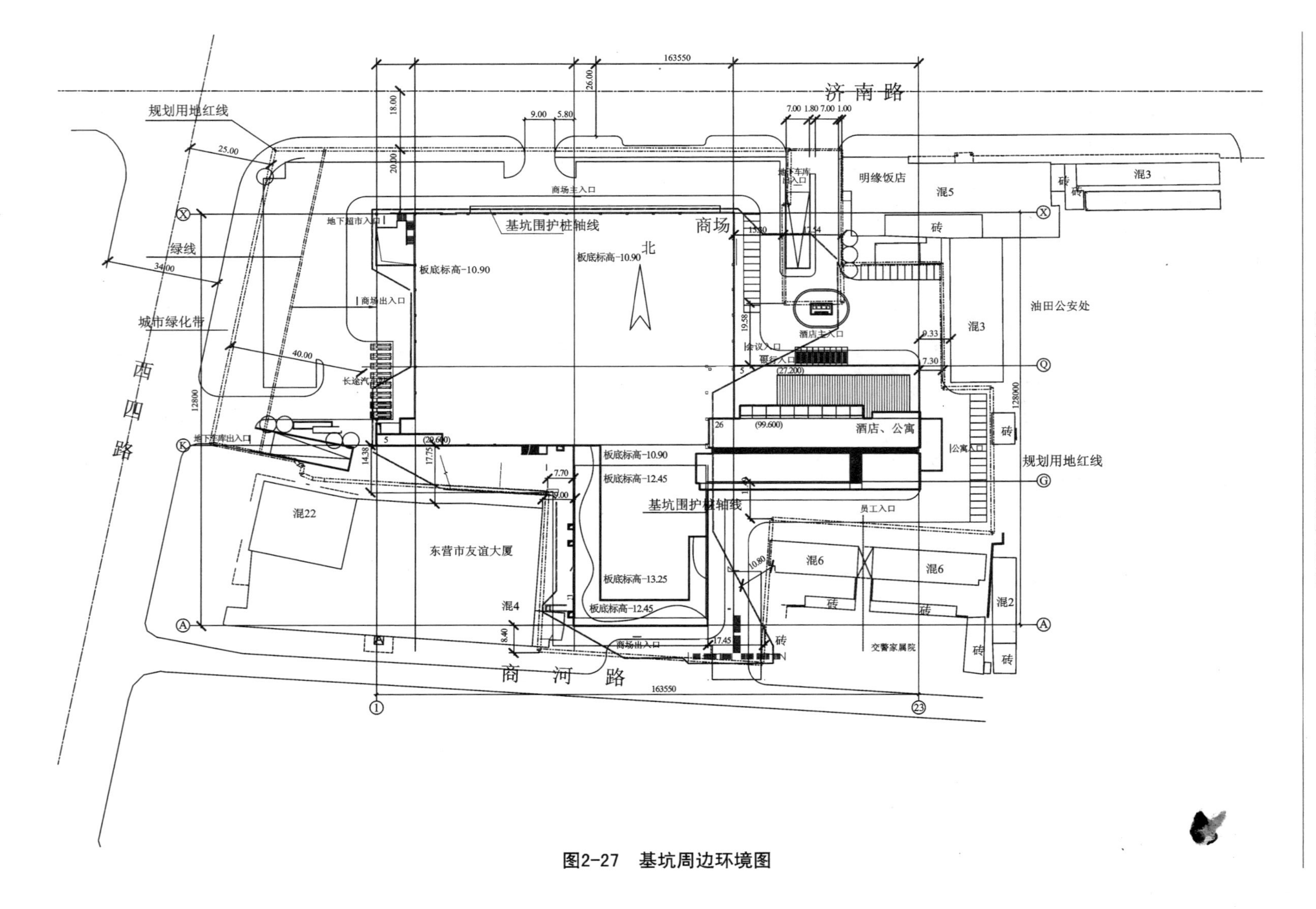

图2-27　基坑周边环境图

2.3.3.2　工程地质水文条件

根据山东省城乡建设勘察院完成的胜利油田人防工程岩土工程勘察报告，拟建场地地形较平坦，自然地面绝对标高为5.52～6.83m，地貌单元属黄河冲积平原，地层属第四系黄河三角洲冲(淤)积地层，表层为人工填土，与基坑开挖有密切关系的土层从上至下分别为：

①层杂填土(Q^{ml})：杂色，稍密，砖、碎石和夯土为主，结构松散，层底深度为0.5～2.30m，层底标高为3.67～5.84m。

②层粉土(Q_4^{al+l})：黄褐～灰褐色，稍密，很湿，含少量有机质及贝壳碎屑，局部夹透镜体状黏土薄层，摇振反应迅速，取土样时水分易流失，干强度低，属中压缩性。层底深度为2.10～5.00m，层厚0.4～4.0m，平均厚度为2.77m。

②$_1$层黏土(Q_4^{al+l})：黄褐色，软-可塑，含少量有机质，呈透镜体夹于②层粉土中，无摇振反应，干强度高。层厚0.2～1.30m，平均厚度为0.60m。

③层粉质黏土：浅灰黄色～灰褐色，软-可塑，含少量有机质及贝壳，无摇振反应，属中压缩性土，干强度中等。层底深度为4.30～8.40m，层厚1.10～4.80m，平均厚度为2.63m。

④层粉砂夹粉质黏土(Q_4^{al+l})：灰黄色～灰色，稍密，饱和，软-可塑，含少量有机质及贝壳，夹粉质黏土薄层。层底深度为7.80～12.50m，层厚2.10～6.00m，平均厚度为3.28m。粉质黏土薄层厚0.5～2.10m，平均厚度为1.38m。

⑤层粉砂：灰褐色～灰色，稍密～中密，饱和，含少量云母片及贝壳，夹少量黏性土薄层，低压缩性土。层底深度为10.80～19.20m，层底标高为－12.82～－4.54m。层厚1.40～9.30m，平均厚度为5.95m。

⑥层粉质黏土：灰褐色，可塑，含少量有机质，无摇振反应，属中压缩性土，干强度中等。层底深度为15.90～23.90m，层厚2.00～5.90m，平均厚度为3.65m。在部分钻孔缺失。

⑦层粉砂：灰褐色～黄褐色，密实～中密，饱和，含少量云母片及贝壳，局部夹粉质黏土薄层，低压缩性土。层底深度为24.0～29.60m，层厚3.80～13.00m，平均厚度为8.05m。

场地所揭露的地下水为第四系孔隙潜水。地下水静止水位埋深1.0～1.6m，相应标高为4.94～5.35m，该水位接近丰水期水位，丰水期水位标高可按5.50m考虑。

与基坑支护设计有关的土层物理力学参数见表2-7所示。

表 2-7　基坑支护设计土层物理力学参数表

层号	土层名称	重度 γ (kN/m^3)	压缩模量 E_s(MPa)	承载力标准值 f_k(kPa)	抗剪强度	
					c(kPa)	φ(°)
①	杂填土	17.5			6	8.0
②	粉土	19.3	6.0	95	15	22.0
③	粉质黏土	19.8	5.0	90	25	11.0
④	粉砂夹粉质黏土	19.9	11.0	140	6	25.0
⑤	粉砂	20.0	12.0	150	6	27.0
⑥	粉质黏土	20.0	7.0	160	30	23.0
⑦	粉砂	18.0	15.0	180	0	32.0

2.3.3.3　支护方案选择

从拟建场地地质情况来看，组成该基坑侧壁和坑底的土层主要为粉土粉砂等砂性土，含水量丰富，水渗透性强。基坑周边环境比较复杂，基坑开挖深度在10m以上。根据上述情况，该基坑风险等级较高，抗变形要求高，防止水土流失是关键，需要采取基坑支护和地下水治理综合支护治理方案。经过工程类比，概念设计阶段提出如下总体方案：基坑上部约1.5m高部分采取土钉墙结构，下部采取围护桩加锚杆支护型式，这是一种比较安全、可靠且经济的支护方法。由于土层为粉土、粉砂，且地下水位较高，如果采用一般的先成孔后送拉筋的方式，成孔过程不采取有效的防护措施，成孔时很容易引起水土流失，进而导致地面沉陷。因此锚杆施工时不应采取普通的成孔方式，根据经验，拟采取钢花管一次性锚杆，即成孔护壁为一体的成孔方法，或者采取套管跟进钻孔。地下水治理将采取疏干降水加两排竖向深层搅拌桩侧向隔水帷幕方案。

根据基坑周边环境、地质情况和基坑周边深度，本基坑工程安全等级定为一级。

2.3.3.4　支护方案设计

根据场地环境、基坑深度以及土质情况，基坑支护按6个断面设计如下：

(1) 基坑西侧、北侧、东侧中部和西南角(pqrsta、abcd、fgh、mml段)。地下室基坑挖深10.2m，地面以下1.5m范围内采用放坡挂网喷锚支护，在地面以下1.3m处按1.5m的水平间距施工一排3m长ϕ48t3.5钢花管锚杆；1.5m以下部分，采用钻孔灌注桩(ϕ800L=15m@1100)加两排长分别为22m、16m桩间锚杆支护方案。如图2-28所示。

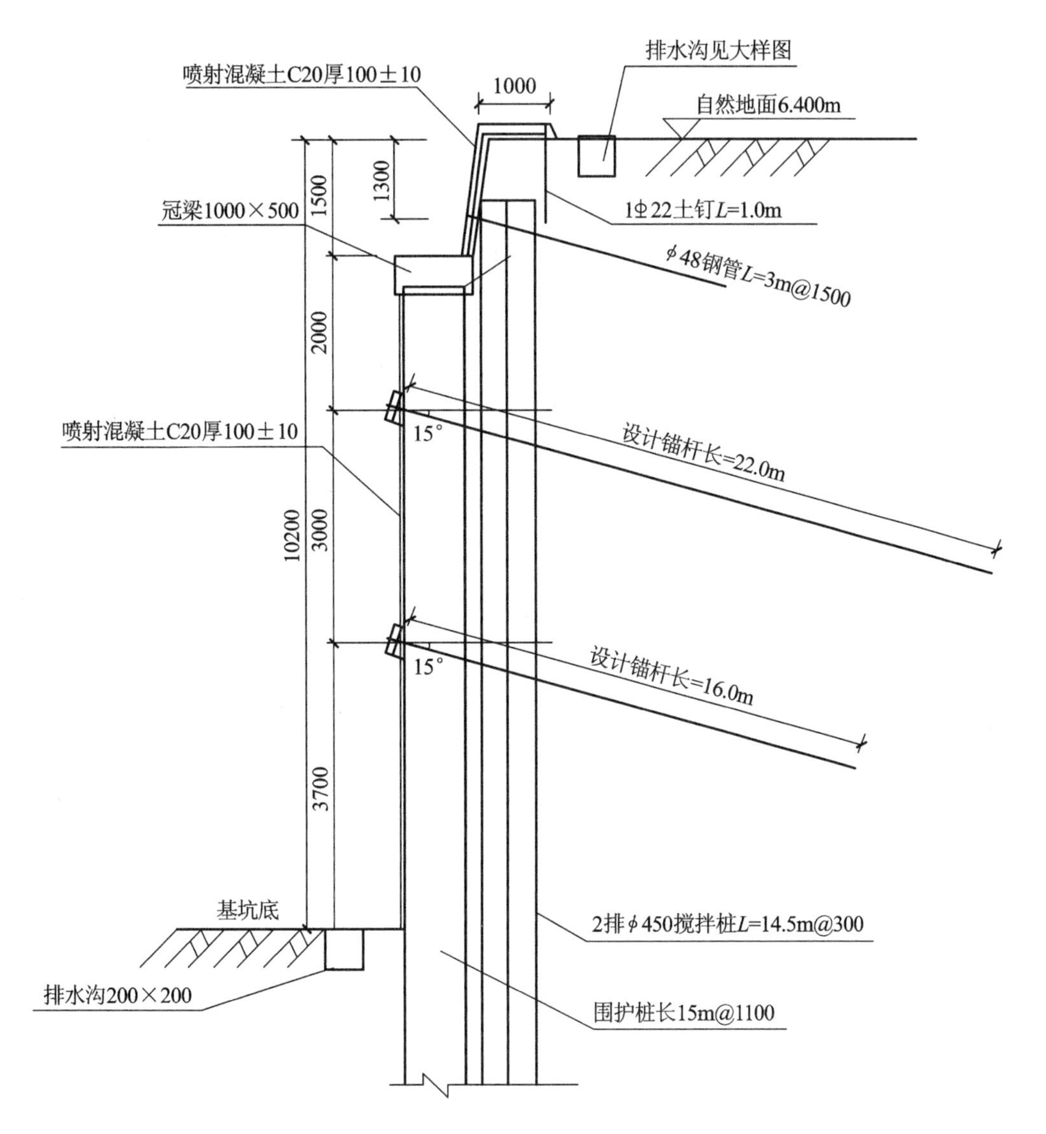

图 2-28　基坑西侧、北侧、东侧中部和西南角支护剖面

(2) 基坑东侧北段(def 段)。该段为圆环形车道位置,地下室基坑挖深10.2m,但是该侧离 5 层砖混结构的明缘饭店仅 7m,楼层荷载按每层 15kPa 考虑,并考虑楼房基础埋深。地面以下 1.5m 范围内采用放坡挂网喷锚支护,在地面以下 1.3m 处按 1.5m 的间距施工一排 3m 长 ϕ48t3.5 钢花管锚杆;地面1.5m以下部分,采用钻孔灌注桩(ϕ800L=15m@1100),加两排长分别为 26m、18m 桩间锚杆支护方案。如图 2-29 所示。

(3) 基坑东南角(hijklm 段),该段主要为人行楼梯处,且东西向地下通道距地下室结构边 10m 以上,在－6.0m 处有一平台,通道在此由东西向转为南北向,而且还分布有 2 个竖井。根据这些特点,在既保证地下通道施工又尽量

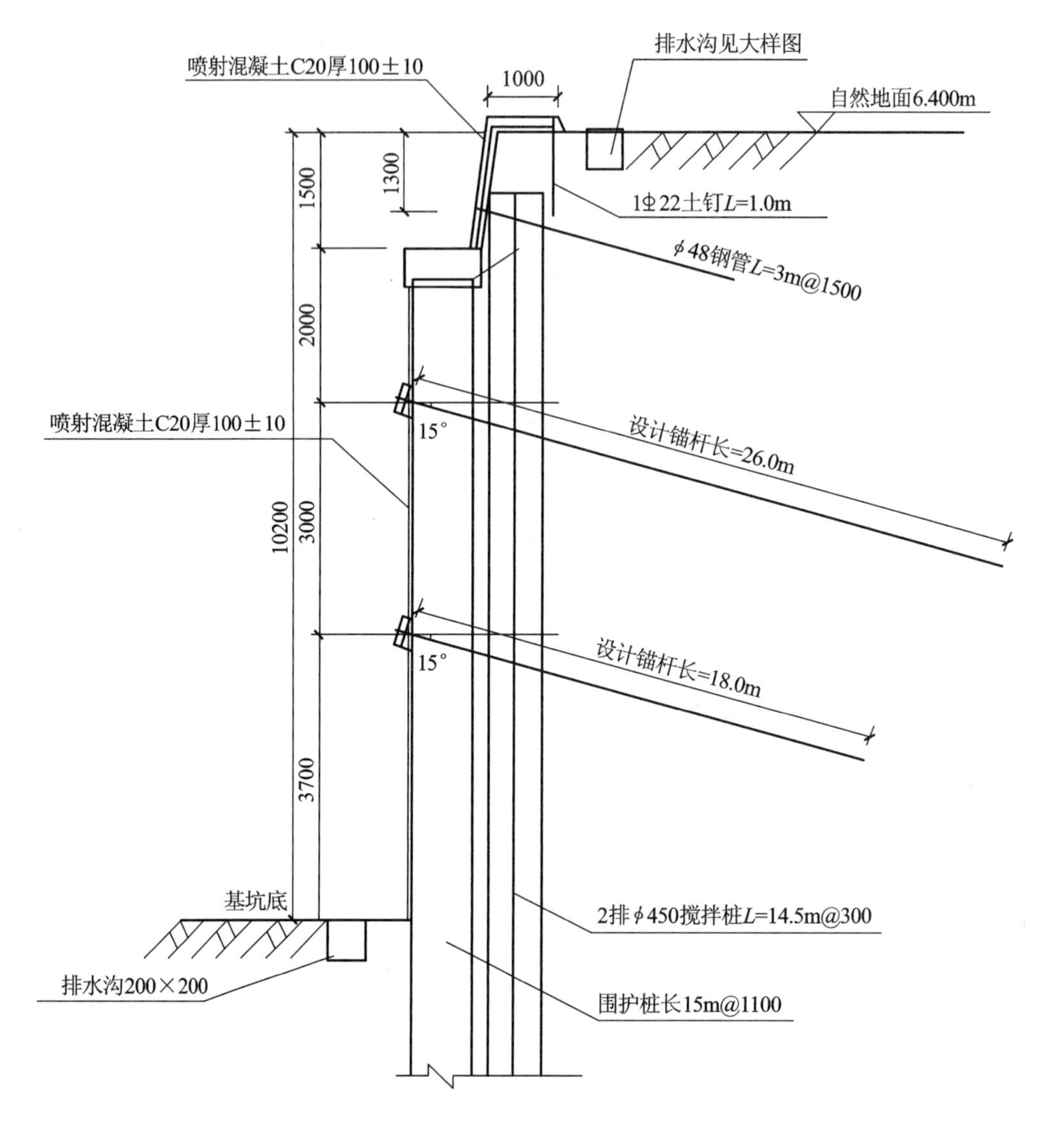

图 2-29　基坑东侧北段支护剖面

少挖土、节约支护造价的原则下，该段支护采用坑中留土、桩锚及土钉墙相结合的支护方案。该处地下室基坑挖深 11.7m。地面以下 1.5m 范围内采用放坡挂网喷锚支护，在地面以下 1.3m 处按 1.5m 的间距施工一排 3m 长 ϕ48t3.5 钢管锚杆；地面下 1.5～6.3m 部分，采用钻孔灌注桩（ϕ800L＝13m@1100）加两排长分别为 20m、15m 桩间锚杆支护方案；距支护桩边约 3m，－6.3m 以下的边坡按 1∶0.3 放坡＋土钉墙支护方案。

（4）基坑西侧南段（mln 段）。该段地下室基坑底板底标高为－12.35m，基坑挖深 11.7m。中间局部坑中坑底板底标高为－13.05m，基坑挖深达12.45m，而且该侧西侧紧临友谊大厦 4 层的裙楼，因此该侧需要重点支护。地面以下

1.5m范围内采用放坡挂网喷锚支护,在地面以下 1.3m 处按 1.5m 的间距施工一排 3m 长 ϕ48t3.5 钢花管锚杆,这样可以避免裙楼基础的影响;地面1.5m以下部分,采用钻孔灌注桩(ϕ800L=17m@1100)加三排长分别为 22m、19m、15m 桩间锚杆支护方案。如图 2-30 所示。

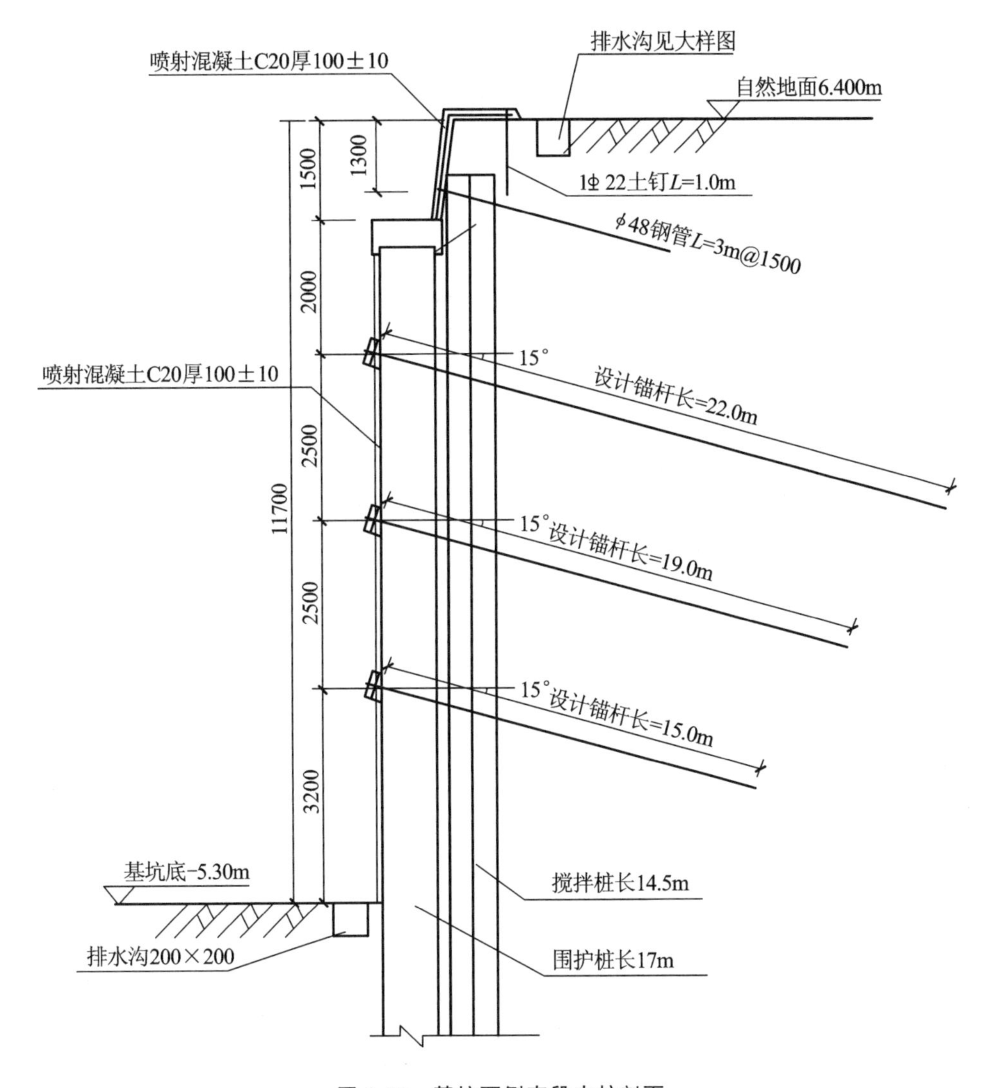

图 2-30　基坑西侧南段支护剖面

(5) 基坑南侧西段(nop 段)。该段为直行地下车道处,与友谊大厦裙楼为邻。地下室基坑底板底标高为−10.8m,基坑挖深 10.2m。由于车道是逐渐由浅变深,基坑深度沿车道变化,在施工时可以考虑车道位置按坡度留一定高度土体。因此支护方案为:地面以下 1.5m 范围内采用放坡挂网喷锚支护,在地面以下 1.3m 处按 1.5m 的间距施工一排 3m 长 ϕ48t3.5 钢花管锚杆;地面下

1.5～6.3m 部分，采用钻孔灌注桩（ϕ800L＝13m@1100）加两排长分别为 20m、12m 桩间锚杆支护方案；－6.3m 以下距支护桩约 3m 远的边坡土体采用 1∶0.3 放坡＋土钉墙支护方案，根据边坡高度按 1.5m 的间距施工 2～3 排 3～6m 长 ϕ48t3.5 一次性钢花管土钉。如图 2-31 所示。

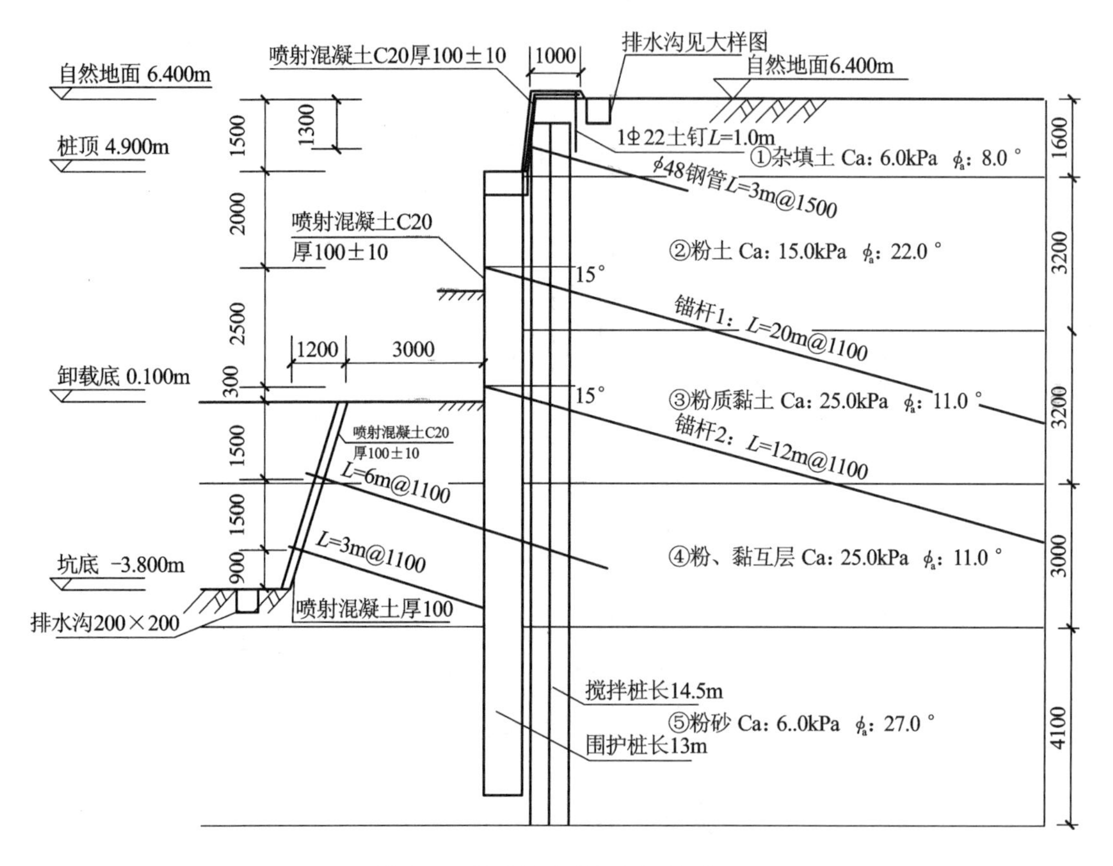

图 2-31　基坑南侧西段支护剖面图

（6）坑中坑支护，为了减少围护桩数量，节约支护造价，避免出现受力不利的基坑阳角，在条件允许的位置，围护桩在阳角处均按 45°布置，如 qr、st 段等，这样在该处第二排锚杆下的土体不需要挖至坑底，可以视情况留下土堆，土堆高度不得超过 3.5m，按 1∶0.5 放坡并进行网喷支护。此外其他位置如楼梯位置、g 处附近、m 处附近等处均按此处理。

2.3.3.5　*有关支护结构设计参数*

（1）网喷面层

喷射混凝土厚度为 100±20mm，强度为 C20，水泥采用 P·O32.5 级普通硅酸盐水泥，混凝土配比约为水泥∶砂∶石＝1∶2∶2，加水泥重量 3％的速凝剂。编网钢筋采用Φ6.5 圆钢，网格间距 200mm×200mm。

(2) 锚杆

桩间锚杆结构为 ϕ60t3.5 无缝钢花管＋1Φ22(16)二级螺纹钢筋。锚杆注浆采用纯水泥浆，水泥采用 P・O32.5 级普通硅酸盐水泥，水灰比为 0.45～0.5，注浆压力为 0.5～1.0MPa，外加早强剂，注浆体强度为 M20。锚杆张拉锁定值为锚固力值的 0.6 倍。

ϕ60t3.5 无缝钢管为地质用钢管，为 45 号钢，其抗拉强度为 588MPa，屈服强度为 333MPa，抗拉力不小于 200kN。

Φ22(16)螺纹钢筋为二级钢，其抗拉强度设计值为 310MPa，强度标准值为 335MPa，抗拉力不小于 117.8(62.3)kN。

ϕ60t3.5 无缝钢花管＋1Φ22(16)螺纹钢筋可以满足锚杆抗拉要求。

(3) 支护桩

支护桩均采用 C30 混凝土，ϕ800@1100 钻孔灌注桩，桩顶标高均为－2.50m，桩顶竖向受力钢筋锚入冠梁中不小于 0.5m，冠梁顶标高－2.1m，桩中配筋均匀通长布置。设计参数详见表 2-8。

根据抗弯力大小不同将主筋按三种方法进行配置，分别为 14Φ22 螺纹钢筋、16Φ22 螺纹钢筋和 18Φ22 螺纹钢筋，具体设计参数详见表 2-8。箍筋均为Φ8@200，定位筋均为Φ16@2000。

支护桩间锚杆围檩采用 2⊏20 槽钢，围檩与支护桩间的空隙采用 C10 混凝土填实，以减小钢围檩变形。

表 2-8　基坑围护桩、锚杆设计参数

支护所在基坑的位置	支护型式	距离地面(m)	设计长度(m)	水平间距(m)	弯矩(kN・m)[锚固力(kN)]	材料
西、北、东侧中部和西南角(pqrsta、abcd、fgh、mml 段)	钻孔桩		15.0	1.1	459	主筋Ⅱ级 14Φ22
	锚杆	3.5	22.0	1.1	[222]	1ϕ60×3.5 钢管＋1Φ22
	锚杆	6.5	16.0	1.1	[175]	1ϕ60×3.5 钢管＋1Φ16
东侧北段(def 段)	钻孔桩		15.0	1.1	562	主筋Ⅱ级 16Φ22
	锚杆	3.5	26.0	1.1	[237]	1ϕ60×3.5 钢管＋1Φ22
	锚杆	6.5	18.0	1.1	[185]	1ϕ60×3.5 钢管＋1Φ16
东南角(hijklm 段)	钻孔桩		13.0	1.1	276	主筋Ⅱ级 14Φ22
	锚杆	3.5	20.0	1.1	[201]	1ϕ60×3.5 钢管＋1Φ22
	锚杆	6.5	15.0	1.1	[68]	1ϕ60×3.5 钢管＋1Φ16

续表 2-8

支护所在基坑的位置	支护型式	距离地面(m)	设计长度(m)	水平间距(m)	弯矩(kN·m)[锚固力(kN)]	材料
西侧南段(mln 段)	钻孔桩		17.0	1.1	582	主筋Ⅱ级 18Φ22
	锚杆	3.5	22.0	1.1	[208]	1ϕ60×3.5 钢管+1Φ22
	锚杆	6.0	19.0	1.1	[200]	1ϕ60×3.5 钢管+1Φ16
	锚杆	8.5	15.0	1.1	[170]	1ϕ60×3.5 钢管+1Φ16
南侧西段(nop)	钻孔桩		13.0	1.1	303	主筋Ⅱ级 14Φ22
	锚杆	3.5	20.0	1.1	[208]	1ϕ60×3.5 钢管+1Φ22
	锚杆	6.0	12.0	1.1	[68]	1ϕ60×3.5 钢管+1Φ16

(4) 冠梁

冠梁尺寸为 500mm×1000mm，主筋为 2×6Φ22 螺纹筋，上下拉筋为 2×2Φ22螺纹筋，箍筋均为Φ8@200，混凝土为 C20。

(5) 钢撑

为了加强支护体强度，减小基坑围护桩桩体变形，在基坑西北角设置角撑，角撑采用 Q235 钢 ϕ500×12 钢管，具体位置见基坑支护及降水井布置平面图(图 2-32)。

本设计计算应用湖北省“天汉”深基坑工程设计系列软件进行计算，地面附加荷载均按 15kPa 考虑，浅基楼房按每层 15kPa 考虑楼房荷载。计算成果包括：①支护桩的桩长、变形、弯矩、剪力以及锚杆设计长度和拉力；②包括土体在内的加固边坡的稳定性和抗隆起验证。从计算结果看，最大桩顶位移为 20mm，满足一级基坑变形要求。

2.3.3.6 基坑地下水治理设计

(1) 上层滞水治理方案

场区内上层滞水主要赋存于杂填土中，含水量较大，场地所揭露的地下水为第四系孔隙潜水。地下水静止水位埋深 1.0～1.6m，相应标高为 4.94～5.35m，该水位接近丰水期水位，丰水期水位标高可按 5.50m 考虑。

基坑上层滞水及粉土粉砂中的侧向汇入基坑中的水可采用支护桩外竖向止水帷幕和网喷混凝土将水封堵在基坑之外。竖向止水帷幕由两排封闭互相搭接的深层搅拌桩构成。深层搅拌桩设计参数为：桩顶标高－1.1m，即地表下 0.5m，桩底标高－15.0m，桩长均为 14.5m，桩底端比基坑最深处南区指挥室

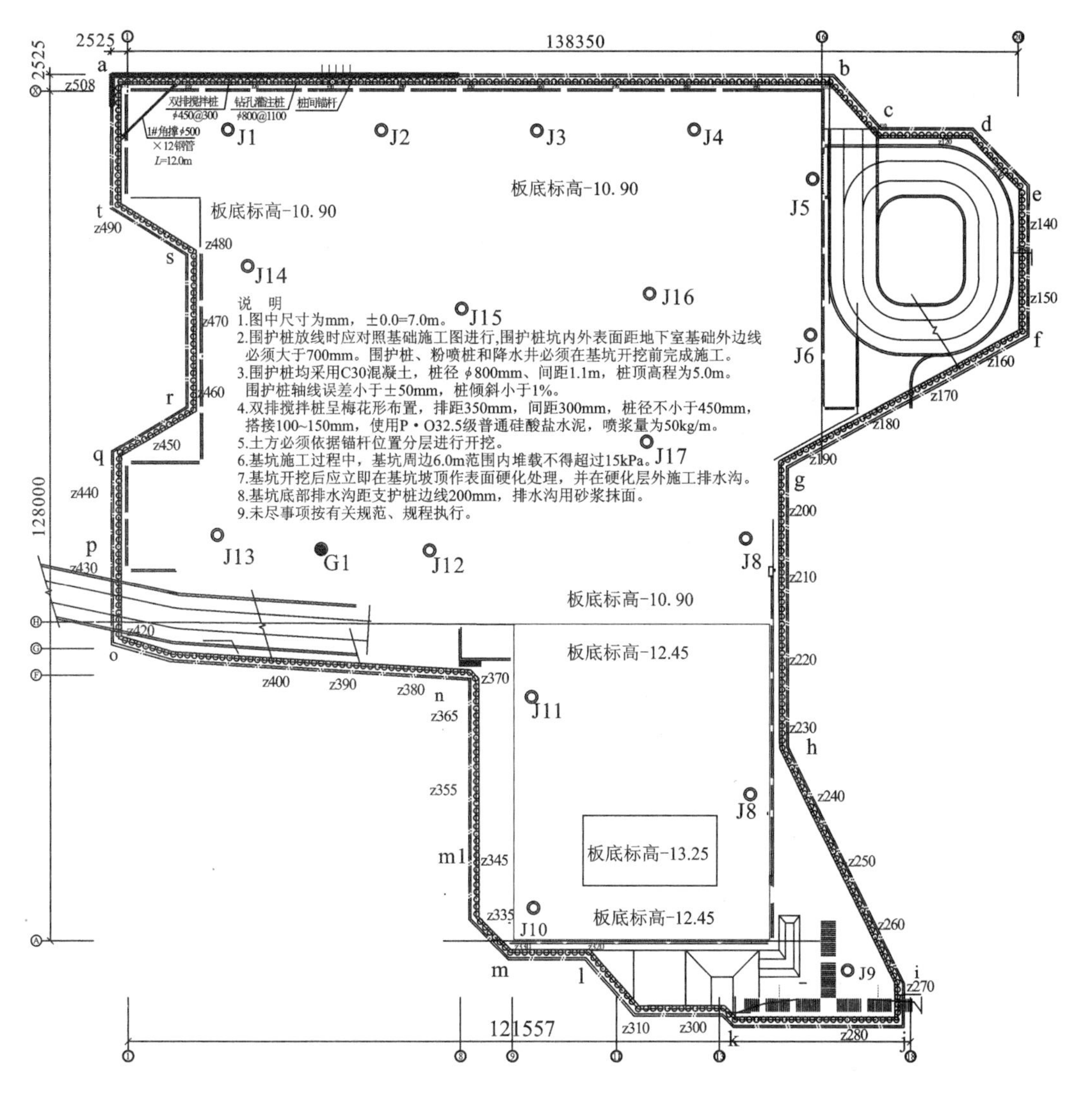

图 2-32　基坑支护及降水井布置平面图

(—13.05m)深 2m,其他位置深 3m 左右。搅拌桩采用 P·O32.5 级普通硅酸盐水泥浆液,桩径不小于 450mm,搭接约 100～150mm,喷浆量为 50kg/m。深层搅拌桩中心轴线与支护桩中心轴线间距 825mm,深层搅拌桩施工要求连续,相邻桩体的施工间隔不得超过 24h,超过 24h 须在其侧边补桩。桩间外侧的水土有搅拌桩防渗帷幕挡住,但桩间内侧的土则很容易掉落,特别是当帷幕发生渗漏则很容易使桩间砂土流失,因此在桩间也需采用网喷护面以防止桩间砂土流失。

基坑内土体中的水及雨水由坑底排水沟(尺寸为宽×深=0.20m×0.20m)汇集到坑中临时集水井中,或在局部设置排水暗沟,将基坑内的积水汇集到深井内。由潜水泵将水抽到地面排水管道中或地面截排水沟中。地面截排水沟尺寸为宽×深=0.3m×0.20m,并与主下水道连接。

(2) 孔隙潜水治理

由于拟建建筑物地下室埋深最深处为−13.05m,位于第④层粉砂夹粉质黏土层或第⑤层粉砂中,在其下为层厚2.00~5.90m的第⑥层粉质黏土层。孔隙潜水主要赋存于②层粉土、④层粉砂夹粉质黏土、⑤层粉砂中,②、④层土的渗透系数为10^{-5}~10^{-3}cm/s,水量较大,且粉砂与粉质黏土互层中的水也是必须考虑的。故本基坑内必须设置管井进行疏干降水。地下水治理方案采取支护桩外侧深层搅拌作悬挂止水帷幕,基坑内设置管井进行疏干降水的帷幕+管井降水相结合的综合治理措施。

根据场地各土层的透水性能差异,可进行如下划分:

①层杂填土、⑤层粉砂、⑦层粉砂为强透水层;

③层粉质黏土、⑥层粉质黏土为相对隔水层;

②层粉土、④层粉砂夹粉质黏土为弱透水层。

由于⑥层粉质黏土在g点附近和nop段缺失,因此取③层粉质黏土为含水层底板。基坑涌水量计算有关参数的确定:根据地质报告水文资料和经验取土层综合渗透系数$K=17.5$m/d,相应影响半径$R=180$m。混合水位的埋深为0.6~1.2m。

(3) 降水设计原则

考虑基坑底板穿过过渡含水层顶板,降水设计应按疏干法进行;利用含水层渗透性能由浅至深逐渐增大的特性,采用非完整井,以减小抽水量,保证降深;降水井设计参数应结合规范及实践综合确定。

(4) 降水井的深度确定

由于抽取承压水的目的是为了降低承压水位及水压,故在具体降水过程中除了要尽量减少抽水量外,同时还要保证降水井的含砂量不超过有关规范要求,结合场区实际地质条件,降水井深度暂定为16~20m,以降水井底进入⑥层粉质黏土0.5m而不穿透为宜,对于g点附近和nop段缺失⑥层粉质黏土处,降水井可适当加深至20m。

(5) 基坑涌水量的估算及井数确定

按稳定流潜水非完整井考虑。

计算公式:

$$Q=1.366\times K\times\frac{(2H_0-S_W)\times S_W}{\lg\frac{R+r_0}{r_0}}$$

式中　Q——基坑涌水量(m^3/d)；

K——综合渗透系数(根据室内渗透试验，取值 17.5m/d)；

H_0——水位深度(等于井深，取值 19.0m)；

S_W——孔隙潜水降深(为保证基坑安全，水位需在基坑底板底 0.5m 以下，取值 14.0m)；

R——抽水影响半径(取值 180m)；

r_0——基坑折算半径(取值 65m，基坑概化面积 13124m^2)。

将上述参数代入公式可得：$Q=13938m^3/d=580m^3/h$。

根据计算所得到的基坑涌水量，如果单井抽水量设计为 40m^3/h，考虑 1.2 的安全系数，则共需的井数为 18 口($18\times40m^3/h=720m^3/h>580m^3/h\times1.2=696m^3/h$)，采用管径约 400m 的无砂混凝土管井，并选用深井潜水泵 20 台。单独设置 1 口地下水水位观测井，降水井也可作为观测井使用。降水井深度暂定为 16～20m，根据成井施工时地质情况，降水井深度可适当调整。

深井井点平面布置是根据建筑物轴线及桩承台位置和深井降水的原理所确定的，考虑基坑四周建筑物离基坑距离很近，并且基坑四周采用了止水帷幕挡水，确定将深井井点全部布置在基坑范围内。地下室地板外围不设井点。在基坑四周设置排水管，排水管必须采用 $\phi400\sim\phi600$ 的钢管或 PVC 管，深井抽出的水均由排水管排出进入市政排水管道，根据抽水量及市政排水管道的具体情况，设置 3～4 个排水出口。

根据相关规范，结合成功工程经验，为满足设计降深的要求，降水井必须满足以下技术要求：

① 地面以下 0～5m 为实管，5m 以下为滤水管。

② 井管与孔壁之间 0～2m 填黏土球，2～19m 填滤料。

③ 通过在井管外设置 2～3 层滤网，确保抽水含砂量不超过标准。运行初期，单井抽水含砂量不超过 1/50000，长期运行时，含砂量不超过 1/100000。

采用管井降水措施，可以将砂土中孔隙潜水汇入管井中并由潜水泵抽到地面汇水管，由地面汇水管统一排入城市排水管网中。考虑到坑内土体中可能有局部积水及大气降水，因此在坑底根据承台位置和地梁情况，基础施工单位应在适当位置设置排水沟、盲沟和集水井。由坑底排水沟(尺寸为宽×深=0.20m×0.20m),将水汇集到坑中临时集水井中,由抽水机将坑中水抽到地面截排水沟中。地面截排水沟尺寸为宽×深=0.3m×0.20m,并与主下水道连接。

(6) 降水引起的地面沉降计算

采用“天汉”软件对本设计基坑降水进行验算,结果表明水位降幅能满足基坑开挖至12m深度的施工要求,此外考虑到坑底周边承台较小以及坑周边留有土台较多,因此设置18口降水井完全可以满足水位降幅要求。由降水引起的基坑周边地面沉降最大值为26mm,小于允许值,对基坑周边环境不会造成不利影响。

2.3.3.7 土方开挖、运输、工况要求及施工注意事项

工程经验表明,由于受地下工程不可预知的因素影响较多,因此深基坑工程是一项风险性较大的工程。工程实践表明,即使从已知的条件设计出符合规范要求、安全、可行的基坑边坡支护及地下水治理方案,但在实际施工中仍然存在不可确定的风险,该工程土层为粉土性砂性土,且地下水位较高,因此,锚杆施工及降水效果在施工前不是能完全掌握的。基坑土方开挖及支护施工要编制符合基坑设计要求、科学合理、安全可靠的施工方案,严密组织,科学施工。施工时必须采用信息法施工,基坑土方开挖施工要与基坑支护密切配合,方能确保基坑边坡的稳定和基坑工程的安全。土方开挖前要做好必要的准备工作,如备好砂袋、木桩、竹片板等排险材料,以备基坑开挖时出现紧急情况之需。

该基坑工程深度较大,特别是地下水位高,土层为粉土粉砂,在基坑开挖和锚杆施工过程中易发生水土流失。根据地质情况、周边环境和基坑支护设计,对基坑开挖要求如下:

(1) 基坑开挖前完成支护桩、隔水帷幕及降水井施工,按规范要求进行检测;

(2) 基坑开挖时将地面附加荷载降到最小,严禁在坑边堆载或通行重载车;

(3) 严格按照支护设计坡度和深度开挖,开挖下层土时,要注意保护上层已完成的支护结构,不得碰撞止水结构和支护结构;

(4) 土方开挖后及时施工锚杆等支护结构,减小基坑变形,保证基坑及环境安全;

(5) 在雨期施工前应检查现场的排水系统,做好基坑周边地表水及基坑内

积水的排汇和疏导，防止基坑暴露时间过长或被雨水浸泡。

(6) 在开挖过程中不管是否设置锚杆，均须分两层、分区段开挖，区段长一般为 20～30m，以分步卸载，减小基坑变形。开挖深度(距坡顶距离)由上而下分别为：

① 挖基坑上部 1.8m 部分，施工网喷支护；

② 挖基坑上部 2.7m 部分，施工网喷支护和施工锁口梁；

③ 基坑开挖至地面下 4.0m，施工第一排预应力锚杆和角撑；

④ 第一排预应力锚杆注浆 7d 后，基坑开挖至第二排预应力锚杆下约 0.5m；

⑤ 第二排预应力锚杆注浆 7d 后，普遍开挖至基坑底板底部，局部进行第三排预应力锚杆施工。

(7) 基坑施工过程中，应按基坑工程监测规范要求进行现场目测巡视和仪器监测，根据监测结果及时调整优化施工参数，采取安全防范措施。

2.3.3.8　施工情况及处理

基坑土方开挖前，按设计要求完成了支护桩、深层搅拌桩及降水井施工，在支护桩混凝土龄期达到要求后，开始进行土方挖运及支护施工。

(1) 施工过程中，在角撑 a 点处，尝试性向西开挖长度约 22m 第二层土(离地面 7.0m，即设计标高 −7.6m)，即挖到第二层锚杆位置处施工，挖土后位移监测发现此处位移已达 27mm。挖第二层土以后两天向坑内位移 17mm，显然位移过大。按设计计算及相关经验，如果第一排锚杆符合设计要求，土方开挖至第二排锚杆位置，位移应该在允许范围内，按支护桩悬臂计算分析后判断，第一排锚杆不可能达到设计值，支护桩基本上为悬臂受力状态，经过对锚杆张拉检验，表明第一排锚杆没有达到设计拉力要求。由于第一排锚杆未能达到设计拉力，在第一排锚杆下 0.5m 采用套管跟进重新进行锚杆施工，达到了设计要求。

(2) 钢管锚杆施工时，由于施工方未按设计要求对钢管锚杆按一次性成孔施工工艺完成而是采取先成孔后送钢管的方法，且成孔采用普通麻花钻杆，成孔过程中由于水土流失导致在施工第一排锚杆后，基坑开挖至第二排锚杆位置(约 7m 深)时桩顶出现较大位移，地面出现沉陷，同时在离基坑 9m 地面出现弧形裂缝，裂缝宽度为 4～5mm。

(3) 由于采取普通麻花钻杆成孔，造成水土流失，且达不到锚杆拉力设计值，后改为套管跟进成孔工艺，以防止成孔过程中的塌孔和水土流失现象，通过控制注浆，使锚杆锚固力达到设计要求。

(4) 由于mmlnop段无邻近建筑地下室图纸，因此该位置锚杆施工过程中对其基础主楼桩桩位进行了针对性的调查。在锚杆施工过程中遇到桩，则通过改变锚杆角度进行调整以使锚杆从桩间穿过。

2.3.4 土中预应力锚杆加固时效分析与启示

2.3.4.1 工程背景

武汉市武昌街道口某工程基坑深度约9～10m，地貌单元属垅岗地貌，根据地质勘察报告，与基坑开挖有关的土层主要为：杂填土，灰褐、褐黄色，饱和，可塑，含少量铁锰质结核的粉质黏土（老黏性土）。该工程即有名的火炬大厦，于1993年开始基坑开挖及支护施工，当时基坑支护结构为大口径钢筋混凝土挖孔桩。基坑挖至一定深度后，由于雨季开挖，坚硬的老黏性土受水浸润，强度急剧衰减，造成沿基坑30余米长范围内的19根支护桩断裂，附近建筑物严重受损，损失巨大。倒塌事故出现后，经过专家论证，决定对倒塌部分边坡采用喷锚网支护进行抢险，未倒塌部分根据验算，需要增加预应力锚杆进行加固。1994年4月基坑挖深达到8m左右，局部位置挖到坑底，但因故工程全面停工。邻近8层楼房和道路的基坑边坡主要采取钢筋混凝土挖孔桩（ϕ900@1800）＋2排预应力锚杆支护；对于有一定放坡条件的部分则采取1∶0.3放坡＋土钉墙支护。停工前基坑支护完成了所有的挖孔桩、冠梁及预应力锚杆施工，喷锚网支护段则完成了已挖的8m高的边坡支护施工。1997年5月，在经历3年的停工后，建设方拟启动工程建设。在土方挖运前，对已施工的锚杆任意抽取3根进行了锚杆抗拔试验。在对邻近基坑附近楼房基础进行注浆加固及增加部分桩间预应力锚杆后，因建设方要改变楼房用途，工程又处于停工状态，这一停工直到2002年6月才全面复工。在开工前，于2002年6月份又对1994年施工的4根锚杆进行了现场拉拔试验与分析，最后依据两次锚杆抗拔试验结果，对基坑边坡加固进行了补充设计，顺利完成了整个基坑的施工。幸运的是在8年的停工期间，按使用年限1年临时性工程设计和施工的基坑边坡一直处于基本稳定状态，没有出现边坡失稳安全事故，这是因为工程设计安全系数高，还是因环境未变，使得处于极限平衡状态的边坡缺少了一根压塌它的稻草？本研究通过对粉质黏土中预应力锚杆抗拔试验和锚杆加固时效性分析，对土中锚杆的时间效应和临时基坑工程使用期限问题有了新的认识。

2.3.4.2　支护工程宏观检查

经现场察看，在历经 8 年多的时间里，基坑已成为一个臭水坑，坑深约 8m 左右，积水深约 2m，坑内坑边杂草丛生，有的树木都长到十几米高，地面排水沟已堵塞。1997 年 4 月，在该基坑第一次复工前，对 1994 年前施工的锚杆进行了检查。检查发现，在基坑 D 段(即邻近 8 层楼房侧)施工的 65 根锚杆中，有 18%的锚杆所施加的预应力全部损失。2002 年 6 月，在第二次复工前，再次对基坑已加固锚杆进行检查，发现与支护相关的问题主要有：

(1) 所有锚杆头部、螺杆、螺帽等暴露在外的金属构件锈蚀严重、损坏严重；

(2) 约 35%的锚杆孔附近有水渗出的痕迹；

(3) 基坑支护桩间土体未封闭的部分，桩间土塌落较多，形成狗洞，有形成孤桩的可能，如果形成孤桩，则桩锚支护起不到挡土支护作用，将导致地面塌陷、环境破坏。

2.3.4.3　锚杆拉拔试验结果分析

1997 年 5 月，采用电动油泵和锚杆张拉千斤顶对 1994 年施工的桩间锚杆抽查了 3 根做拉拔试验。锚杆总长度为 20m，自由段长度为 7～12m，锚杆原设计极限拉拔力为 300kN，试验结果见表 2-9。

表 2-9　1997 年锚杆拉拔试验结果

序号	锚杆号	设计拉拔力(kN)	试验结果(kN)	锚杆变化
1-1	80～81	300	133	压力下降，锚杆松动
1-2	86～87	300	178	压力下降，锚杆松动
1-3	82～83	300	155	压力下降，锚杆松动

2002 年 8 月对 1994 年施工的桩间锚杆抽查了 4 根做拉拔试验。试验用的设备为电动油泵和 YC-100 型张拉千斤顶及其连接装置，加载按 5MPa—8MPa—10MPa 加载顺序逐级加载，当油压表读数达到 10MPa 后，按每级增加 1MPa 逐步加载，每级稳压 2min。当压力表读数上不去即加不上压力，锚杆变形大大增加，说明锚杆已达到极限破坏状态。拉拔试验结果见表 2-10。

表 2-10　2002 年锚杆拉拔试验结果

序号	锚杆号	设计拉拔力(kN)	试验结果(kN)	锚杆变化
2-1	88～89	300	100.0	当压力达到 16MPa 时稍微有压力下降迹象，加到 19MPa 时破坏

续表 2-10

序号	锚杆号	设计拉拔力(kN)	试验结果(kN)	锚杆变化
2-2	66～67	300	64.3	当压力达到 10MPa 时稍微有压力下降迹象,加到 12MPa 时破坏
2-3	68～69	300	84.7	当压力达到 13MPa 时稍微有压力下降迹象,加到 16MPa 时破坏
2-4	45～46	300	79.4	当压力达到 10MPa 时稍微有压力下降迹象,加到 15MPa 时破坏

图 2-33 是根据 1997 年和 2002 年的拉拔试验结果绘制的加固 3 年和 8 年后锚杆平均锚固力的时程曲线和拟合曲线。

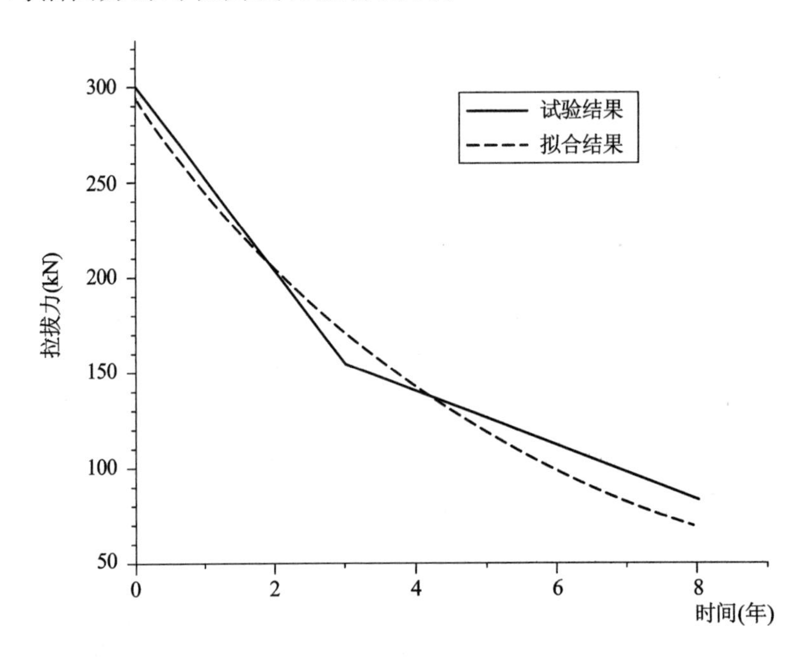

图 2-33　土中预应力锚杆加固时程曲线(1997～2002 年)

2.3.4.4　锚杆加固时效分析及启示

从上图可见,拟合曲线趋势线基本上反映了加固 3 年、8 年后土中锚杆的总体锚固力变化趋势。由图中可以看出,经过 8 年后,按临时使用设计施工的土中锚杆的锚固力下降十分明显,锚杆上残余锚固力为原设计值的 20%～40%。

这种趋势从总体上反映了临时基坑支护中土中预应力锚杆锚固力随时间变化的特点。根据图 2-33 中给出的拟合曲线,计算基坑运行半年时的锚杆锚固力为 220kN,由此可以推断,当锚杆设计锚固力为 300kN 时,在加固有效期为半年左右的基坑加固中,锚杆上施加的预应力应不超过设计预应力的 70%。如果基坑的运行时间超过半年,基坑即便整体稳定,其加固效果也必须进行重新评估。

2.3.4.5　分析结论

土中锚杆结构自身的缺陷及环境、时间的变化对其耐久性影响是十分显著的。锚杆结构缺陷主要是指:①组成锚杆结构的材料(浆体、筋体、岩土介质、筋体与浆体界面、浆体与岩土介质界面等)本身的缺陷;②由于锚杆拉筋在孔中的位置、注浆密实性、均匀性等隐蔽不可见,难以宏观、直接地控制锚杆的施工质量,存在很多不可预见的滞后的弊病;③锚杆施工机械水平、检测技术和管理水平等不高使锚杆施工质量难以完全达到设计要求。由于上述缺陷是客观存在的,只是严重程度不一,因此,已施工的土中锚杆经过一段时间后会发生预应力损失以及抗拉力降低,即锚杆的耐久性问题必须在设计和施工中予以充分考虑,在规范里主要是通过提高安全系数来达到。通过上述实验分析,我们可以得到以下启示:

(1) 土中预应力锚杆对基坑边坡临时加固,一般使用期限不超过 1 年,没有考虑锚杆时效性,随着时间的推移,锚杆的锚固力明显下降,因此,对采用锚杆或土钉的深基坑支护工程来说,基坑工程应该尽早完成,及时进行回填。

(2) 基坑加固设计中,锚杆拉力设计值的确定除了考虑力学问题外,还应考虑到基坑本身运行时间的影响,基坑运行时间越长,锚杆的抗拔力设计值应越大,相对来说,造价也就越高。因此基坑工程设计应充分掌握基坑的有效运行时间,考虑合理的使用期,这对于确保工程安全、降低成本,缩短基坑建设工程施工工期都是非常必要的。

(3) 从土中预应力锚杆加固时程曲线还可以认识到,开始阶段拉力值降低得最明显,因此,土中锚杆预应力锁定值不是越高越好,预应力值越高,土体蠕变使锚杆预应力损失越大。

(4) 有锚杆的永久性边坡加固中,提高边坡耐久性的措施主要有:确定合理的锚杆拉力设计值;充分考虑锚杆应力损失,锚杆要有合理的安全储备;施工过程中选择便于控制锚杆施工质量的施工工艺和质量检测方法。

2.3.4.6　加固处理措施

根据以上分析,为了保证边坡安全及环境稳定,需要增加预应力锚杆以补偿原有锚杆拉拔力的损失。2002 年补充设计中,从经济性、安全性和现状出发,当基坑坑内外环境及条件没有(或不会有)明显的改变,且监测结果表明目前该基坑处于稳定状态,即监测结果小于或等于预警值时(就该基坑来说,预警值位移为 0.5mm/d、沉降为 0.3mm/d),则按锚杆锚固力损失 50%增加预应力锚杆，这样在考虑1997年加固的基础上，结合本次加固，支护安全系数在1.7左右。具体为在D段(8层楼侧)，在距1994年施工的第一排锚杆下0.5m，增加一排预应力锚杆，锚杆参数为2Φ25钢筋@1800，锚杆长20m，下倾15°，设计吨位为300kN，施加预应力100kN，共25根。该段加固图见图2-34(a)，其中实线为2002年新增锚杆，虚线为1997年7月施工的锚杆，点虚线为1994年4月施工的锚杆。加固完成后的实景图见图2-34(b)。

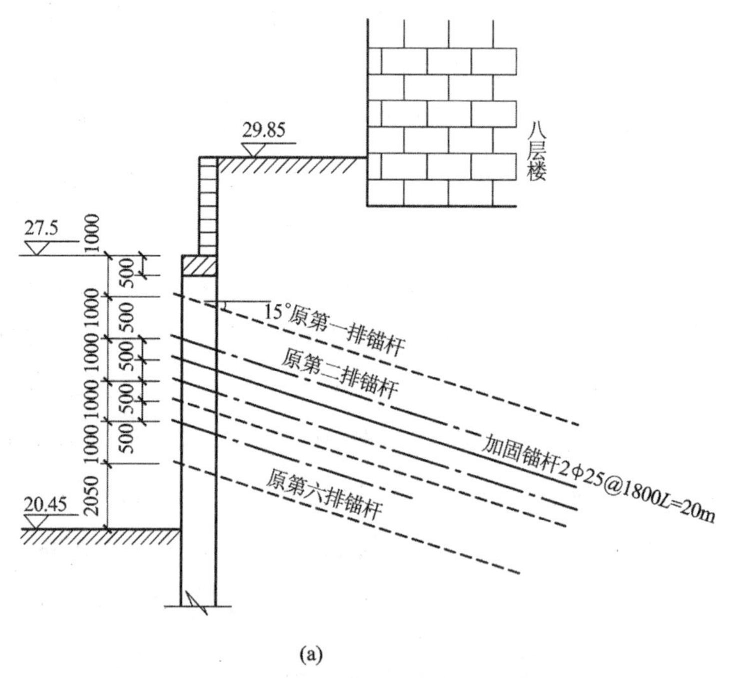

(a)

(b)

图2-34　D段加固图

(a)加固设计图；(b)完成后的实景图

2.4　论文——武汉汉飞青年城双层地下室基坑工程实例

李欢秋,唐传政,庞伟宾.武汉汉飞青年城双层地下室基坑工程实例[M]//龚晓南.基坑工程实例.北京:中国建筑工业出版社,2006:107-112.

2.4.1　工程简介及特点

(1) 工程简介

汉飞青年城位于汉口解放路,地上 28 层,建筑物高度为 99.4m,框架-剪力墙结构形式,设 2 层地下室。地下室形状大致呈长方形,面积约为 67m×27m=1809m^2,基坑周长约 188m,基坑挖深 11m。基坑周边紧邻楼房、道路。组成坑壁及坑底的土层主要为人工填土和黏性土以及易流失的粉砂夹粉土层,且承压水位高。因此,该基坑工程除了必须采取有效的边坡支护措施外,还必须对上表滞水和承压水进行治理,否则将会发生侧壁粉土粉砂的流失及坑底突涌现象。

(2) 工程特点

① 该基坑开挖深度范围内的表层人工填土为结构松散、透水性好、富含地表水的杂填土,场区内上层滞水主要赋存于人工填土中,含水量较大,对基坑周围环境稳定性影响较大。

② 基坑坑壁及坑底的土层存在易流失的粉砂夹粉土层,因此,必须采取竖向止水帷幕防止侧壁发生渗水流砂现象。

③ 由于拟建建筑物地下室埋深 10～11m,地下室底板位于第③层粉砂夹粉土层上,而承压水赋存于③层以下,水量较大,故需要进行降水。

④ 基坑开挖期间位于梅雨季节,地表水非常丰富,因此确保基坑土方开挖及锚杆施工不会出现砂土流失是本基坑支护的重点。

2.4.2　工程地质条件

场地地貌单元属长江北岸一级阶地。与基坑开挖有关的土层为:

① 层杂填土,层厚 0.9～3.0m,呈灰褐～黑灰色,色较杂,由碎石、砖块、炉渣及黏性土组成,结构松散,成分不均。

② 层黏土,埋深 0.9～3.0m,层厚 5.4～7.0m,呈灰黄～黄褐色,可塑,局

部软塑，上部可见植物根系，下部含锰铁结核及少量螺壳。

③ 层粉砂夹粉土，埋深 7.5～9.0m，厚度 3.1～6.9m，呈灰黄色，饱和，松散。本层层理清晰，含铁、锰氧化物，矿物成分主要是石英和云母。

④ 层粉砂，层厚 3.6～6.0m，灰色，饱和，稍密。局部夹薄层粉土，砂粒成分主要是石英和云母。

⑤ 以下土层为粉细砂及含砾中砂层。

场区内地下水主要为①层杂填土中的上层滞水和赋存于③～⑤层中的承压水。

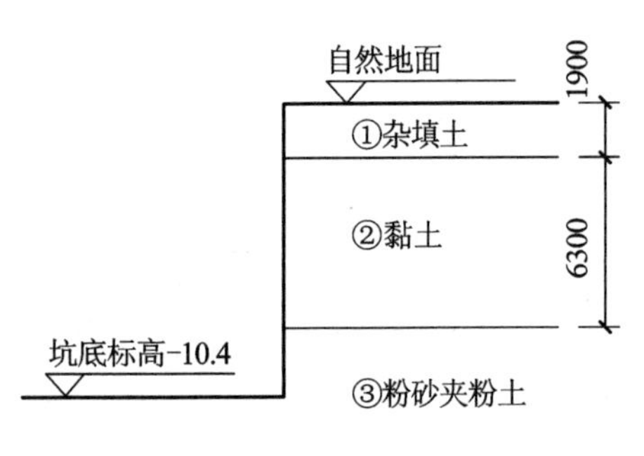

图 2-35 典型地层剖面图

上层滞水接受大气降水和周边生活用水的补给，在雨季施工，水量比较大。承压水主要赋存于③层以下土层中，渗透系数为 12m/d。该场地承压水位距地面 2.1～3.6m，年变化幅度为 3～4m，水量较大，与长江水有一定的补给关系，水量丰富。与基坑开挖有关的地层主要是上述土层，见图 2-35。

基坑支护设计有关参数取值见表 2-11。

表 2-11 基坑土层物理力学参数

序号	土层名称	平均厚度(m)	重度(kN/m³)	黏聚力(kPa)	内摩擦角(°)
①	杂填土	1.9	18.5	8	20
②	黏土	6.3	19.0	20	12
③	粉砂夹粉土	4.6	19.0	8	22
④	粉砂	4.5	21.3	0	30

2.4.3 基坑周边环境情况

该基坑位于武汉市汉口繁华地带，周边紧邻楼房、道路。基坑北侧距解放大道边线约 4.0m，距基坑边 6m 有一人行天桥；东侧距芦沟桥路人行道边线(围墙)约 6m；沿解放大道和芦沟桥路边线均埋有各种地下管线，管线埋深在1～2m 之间；南侧距相邻小区八层住宅楼最近为 12m，该 3 栋楼为整板基础；西侧相距约 7.5m为江岸消防中队的三层条形基础楼房。基坑周边环境见图 2-36。

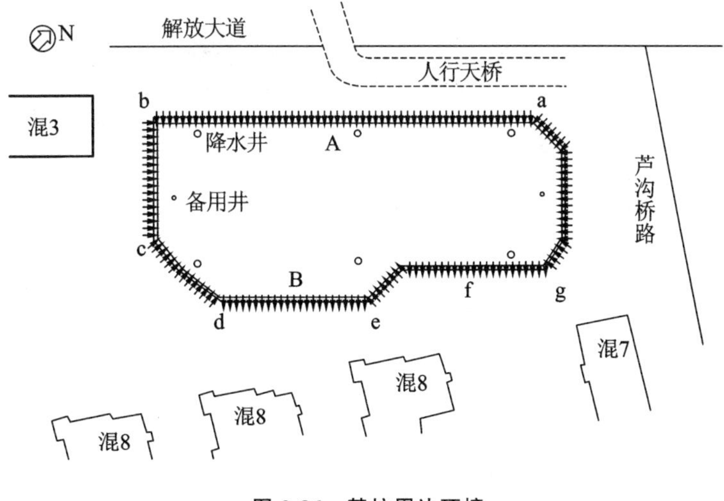

图 2-36　基坑周边环境

2.4.4　基坑支护与地下水防治

(1) 基坑支护

通过对本基坑工程的特点、地质条件和周边环境的分析，综合考虑支护造价、施工工期和坑内环境等因素，并结合武汉地区的基坑支护经验，选用上部用喷(锚)网护面及止水，下部采用钻孔灌注桩加桩间锚杆支护方案，这种综合支护技术兼顾了喷锚支护和桩锚支护技术的优点，同时也避免了各自的缺点，显然该方案既安全又经济。在支护结构中，钻孔灌注桩施工技术比较成熟，虽然锚杆施工在基坑施工中也比较常用，但在地下水位高于锚固段的粉砂、粉土中使用却不多见，如采用的施工工艺不适当往往造成基坑周边开裂下沉严重，也达不到设计的锚固力。本工程通过采用 2～3 排 15～22m 长的一次性钢管锚杆，解决了地下水位高于锚固段的粉砂、粉土中使用的锚杆的技术难题，达到了预期的锚固效果。

基坑围护平面图见图 2-37。基坑围护典型剖面图见图 2-38。

(2) 基坑侧壁止水

本基坑工程由于深 3.0m 以上部分采用了喷锚支护结构，而在施工喷锚支护结构后，可以将坑外上层滞水阻挡在土体内。坑内土体中的水及雨水由坑底排水沟与主下水道连接排出。

深 3.0m 以下部分采用水泥土搅拌桩(浆喷桩)作为竖向止水帷幕防止围护支护桩之间发生渗水流砂现象。浆喷桩具有造价低、无污染、干扰小、施工便利的特点。浆喷桩直径 500mm，两桩之间搭接 150mm，在东、西、南三侧桩顶端

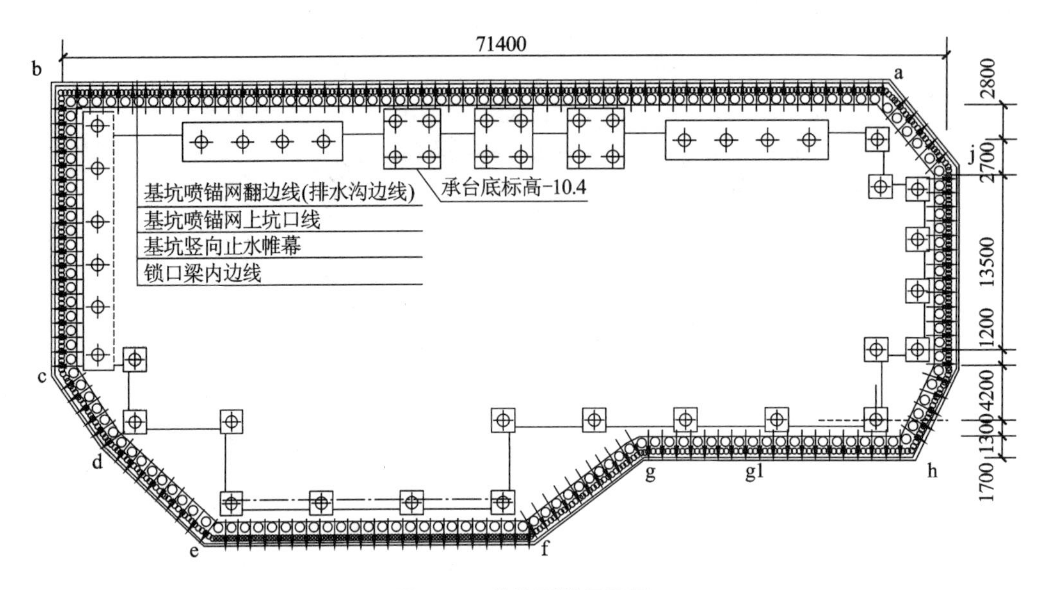

图 2-37　基坑围护平面图

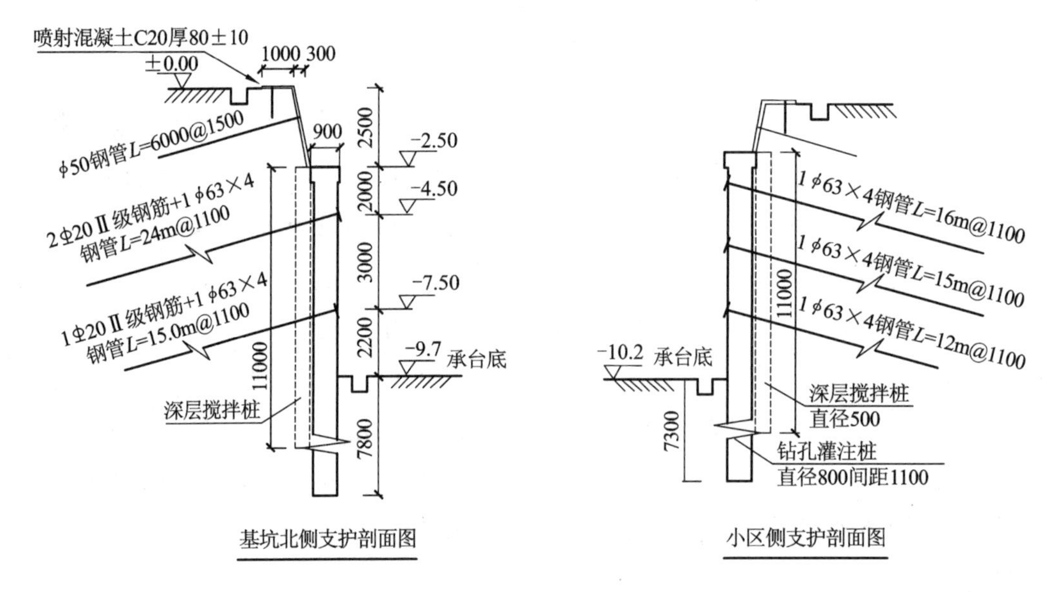

图 2-38　基坑围护典型剖面图

标高为－2.0m，即距基坑开挖坡顶线以下 1.0m，在北侧桩顶端标高为－2.0m，距基坑开挖坡顶线以下 2.0m，浆喷桩顶端与喷射混凝土紧密搭接，桩底端均深入基坑坑底下 2.5m，总长为 11m，水泥掺入量为 50kg/m，采用复搅工艺。

（3）基坑降水

由于拟建建筑物地下室埋深 10～11m，承压水赋存于③层以下，水量较大，降水设计采用中深井降水。经计算设置 6 口中深降水井，降水井深度为 33m；2 口观察井施工时按备用降水井施工。

计算结果表明水位降幅能满足基坑开挖至－12.0m的施工要求，此外考虑到坑底周边承台比较小，基坑普遍挖深将小于－11m，由降水引起的基坑周边地面沉降最大值为2.5cm，因此只要保证降水井的施工质量，降水不会对基坑周边环境造成不利影响。

(4) 基坑工程施工

该基坑工程围护桩于2002年9月18日开钻，到10月25日完成；围护桩完成后接着进行工程桩施工并同时进行浆喷桩止水帷幕施工；工程桩完成后开始进行降水井施工。2003年2月16日开始进行基坑土方开挖，根据锚杆位置，土方开挖时分3～4层进行，伴随基坑开挖每层采用分段施工方法同时展开喷锚网和锚杆施工，于3月13日完成整个基坑支护施工。由此可见，由于工序安排合理，大大节约了基坑施工时间。降水井在基坑挖深达6m时启动抽水，完成一层地下室后于5月底停止抽水，抽水时间前后约120d。在基坑开挖到设计标高后，坑底无涌水、涌砂现象，降水深度在11.5m，并经受了7、8月份的洪水季节考验。经检测，水的含砂量不高于1/100000，深井降水对地面及周边建筑物造成的危害甚微，地表及周边建筑物的沉降量在允许的范围内，因此，基坑的降水体系满足使用条件，符合设计要求。监测表明，基础施工过程中无异常沉降、裂缝、倾斜等质量问题发生，满足基坑设计要求。

2.4.5　位移监测及分析

(1) 监测原始数据

本次基坑监测重点在基坑北侧的解放大道侧和南侧的小区侧，图2-39给出了基坑北侧和南边小区侧中间测点 A 点、B 点的位移-时间曲线。

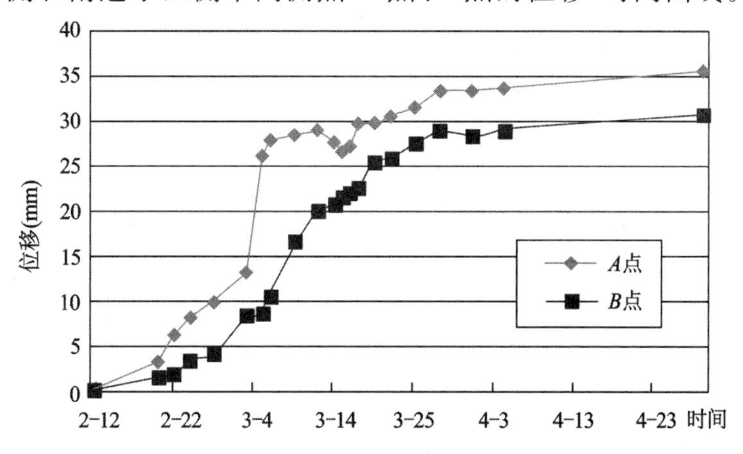

图2-39　基坑北侧和南边小区侧中间测点A点、B点的位移-时间曲线

(2) 监测数据分析

从对地面水平位移及地面沉降监测结果来看，每层土体开挖后，边坡均有几个毫米的变形，而且从对有关监测数据的分析可见，基坑边坡变形量除与支护设计有关外，与支护施工时间、挖土分层高度以及每层土方开挖支护施工间隔等有关。每一层土方开挖到支护完成，施工时间越短，变形则越小；支护后变形未稳定便开挖下一层土体，往往引起边坡位移增大，在位移曲线上明显的标志是位移曲线没有明显的台阶。本次基坑监测重点在基坑北侧（解放大道侧 A 点）和南侧（小区侧 B 点）。从整个监测结果看，开挖到支护完成后的最大水平位移均未超过一级深基坑位移允许值，地面也无明显的裂缝开展。从图 2-39 所示的 A 点、B 点桩顶位移-时间曲线可见，虽然曲线在最后阶段出现平台，即基坑变形处于稳定状态，但施工过程中变形曲线并没有明显的台阶，而且变形量稍偏大，其原因是因为施工工期紧，下层土体开挖均在锚杆注浆 3d 后，土体也未稳定的情况下进行，因此导致变形曲线没有明显的台阶和变形量偏大。

2.4.6 点评

① 该基坑位于周边紧邻楼房、道路，地质条件为粉土类的地层中，且深度达 11m，基坑支护及地下水治理综合采用喷（锚）网护面、钻孔灌注桩加桩间锚杆支护，采用浆喷桩作为竖向止水帷幕和深井减压降水相结合的治水方案，实践证明该方案既安全又经济。

② 该基坑开挖深度范围内的表层人工填土为结构松散、透水性好、富含地表水的杂填土，其下为粉质黏土、黏土、粉质黏土夹粉土、粉土层，坡脚处恰好坐落于强度不高的粉质黏土夹粉土层，局部承台开挖已暴露出粉砂层，而且基坑开挖期间位于梅雨季节，地表水非常丰富，因此确保基坑土方开挖及锚杆施工不会出现砂土流失是本基坑支护难点之一。基坑开挖支护施工中，通过一方面加强降水减压，确保承压水不会引起坑底管涌现象；另一方面通过采用成孔送锚一次性的钢管锚杆，较好地解决了在含水量较大的砂性土层中锚杆成孔难和成孔易导致水土（砂）流失的技术难题。

③ 对于武汉汉口地区中存在一层粉质黏土夹粉土层的地段，侧壁止水采用水泥土搅拌桩（浆喷桩）作为竖向止水帷幕，可以防止侧壁渗水流砂现象。

④ 该基坑支护及地下水治理的成功经验为同类工程提供了可行的技术和方法。

⑤ 该基坑工程于 2004 年被评为武汉市优良深基坑工程。

2.4.7　参考文献

[1] 何新,谭先康,李欢秋,等.预应力钢管锚杆在武汉国际会展中心深基坑围护中的应用[M]//黄熙龄.地基基础按变形控制设计的理论与实践.武汉:武汉理工大学出版社,2000:153-157.

[2] 李欢秋,吴祥云,袁诚祥,等.基坑附近楼房基础综合托换及边坡加固技术[J].岩石力学与工程学报,2003,22(1):153-156.

[3] 唐传政.武汉某建筑群粉土深基坑工程的设计施工与排险[J].岩土工程界,2003,6(11):42-44.

2.5　论文——提高 PHC 管桩在深基坑支护中应用的技术途径

张仕,李欢秋,王爱勋.提高 PHC 管桩在深基坑支护中应用的技术途径[J].地下空间与工程学报,2011,7(s2):1643-1647.

2.5.1　前言

7～9m 深的基坑支护方法比较多,一般可采用桩排(钻孔灌注桩或人工挖孔桩和静压桩)、地下连续墙加锚杆或加钢撑,水泥土墙加锚杆,加筋水泥土墙等方案。在同一个基坑中,这些方法可以单独采用,也可以根据地质、周边环境、基坑深度和经济性等条件,同时采用几种方法进行综合治理。当受场地周边环境限制,使用外部支护结构受限制时,可考虑选用悬臂桩与内支撑组合方式,基坑面积较小或形状狭长时尤为适用。但该方法对基坑开挖及地下室施工影响大,施工进度慢,且造价高。喷锚网支护是以尽可能保持最大限度地利用基坑边壁土体固有力学性质,变土体荷载为支护结构体系的一部分为基本原理的支护方法,具有施工简便、快速、机动灵活、适用性强、安全和经济等特点,但其支护深度受限,在一般黏性土层特别是软土中不宜超过 6m,且锚杆不能超过红线范围。桩锚支护方法为改良方法,其适用范围广,在武汉地区已普遍应用于比较复杂的深基坑支护工程中，该方法具有安全可靠、费用适中等特点，但受施工场地周边空间限制，锚杆不能超过红线范围。过去排桩一般采用人工挖孔桩、钻孔灌注桩和静压混凝土方桩等，目前预制预应力混凝土管桩因其经济性、施工速度快、对环境污染小等优点已在建筑物基础中广为应用。但是预应力管桩抗压性能优异，而抗弯能力较弱，因此采用预应力管桩作为支护桩，关键是在设计和使用中必须确保预应力管桩所受弯矩在允许范围之内。本文通过填土及软流塑状黏土层中深度为 7～9m 的地下室基坑支护工程实例，研究了采用 PHC500 预应力混凝土管桩、桩锚及喷锚网复合支护技术和管桩增强技术，探讨了提高预应力钢筋混凝土管桩在深基坑支护中应用的技术途径和深基坑工程综合治理方法的可行性。

2.5.2 基坑支护中管桩弯矩计算及其增强技术

管桩分为预应力混凝土(PC)管桩、预应力混凝土薄壁(PTC)管桩和预应力高强混凝土(PHC)管桩。目前在武汉地区基础工程中常用管桩主要为 500mmC80 PHC 管桩，几种常用 PHC 管桩数据见表 2-12，管桩壁厚 100～125mm，配筋为钢棒，管桩的极限弯矩为 200～258kN·m。一般来说，PHC-500(100)AB 型管桩最大弯矩为 200kN·m，设计只能采用 133kN·m，因此采用管桩作为基坑支护桩受到一定限制。通过放坡卸载、锚杆加固或增强管桩的抗弯能力等综合支护方法，可以充分利用管桩的优点，克服其缺点，使预制预应力混凝土管桩在一些比较复杂的基坑支护工程中得到了成功的应用。

根据《混凝土结构设计规范》(GB 50010—2010)，经过推导，预应力管桩极限弯矩简化计算公式可采用下式：

$$M=0.5[\alpha_1 f_{ck} A D_0+f'_{py} A_p D_p+(f_{ptk}-\sigma_{p0}) A_p D_p]\frac{\sin\pi\alpha}{\pi} \tag{2-14}$$

$$D_p=2r_p \tag{2-15}$$

式中 r_p——纵向预应力钢筋重心所在圆周的半径；

D_0——管桩环形截面平均直径；

α_1——系数，当混凝土强度等级不超过 C50 时取 1，当混凝土强度等级为 C80 时取 0.94，其间按线性内插法确定；

α——受压区混凝土面积和全截面面积比值；

f_{ck}——混凝土轴心抗拉强度标准值；

f'_{py}——预应力钢筋抗压强度设计值；

f_{ptk}——预应力钢筋强度标准值；

σ_{p0}——预应力钢筋合力点处混凝土法向应力等于零时的预应力钢筋应力；

A——管桩截面面积；

A_p——全部纵向预应力钢筋截面面积。

表 2-12　常用 C80 混凝土 PHC 管桩数据

直径 D(mm)	壁厚 T(mm)	类型	极限弯矩 M(kN·m)	承载力 R_a(kN)
500	100	AB	200	23000
500	100	B	258	23000
500	125	AB	200	27000
500	125	B	258	27000

此外，由于管桩主要用于承受竖向荷载，抗弯能力较差，要增加管桩自身的抗弯能力，有两种方法，一是在生产管桩时通过增加钢筋的含量和混凝土的截面面积来实现，根据式(2-14)，增加 A_p和 A，是提高管桩抗弯能力的技术途径之一，但需要专用模具及专门订货，不便使用；另一种方法是对预制的管桩根据需要在施工现场进行增强，即在已压入土体中用作基坑支护的管桩中，根据设计要求，通过在管桩中放置钢筋笼并灌注混凝土的方法来增强管桩的抗弯能力，形成组合管桩。根据组合截面受弯构件弯矩计算理论，不考虑管桩核心混凝土的强度提高，则增强后预应力管桩极限弯矩可以采用简化计算公式(2-15)进行计算。

$$M=0.5[\alpha_1 f_{ck}AD_0+f'_{py}A_pD_p+(f_{ptk}-\sigma_{p0})A_pD_p]\frac{\sin\pi\alpha}{\pi}+\frac{2}{3\pi}\alpha_1 f_c A_z r_z\sin^3\pi\alpha+\frac{f_yA_sr_s(\sin\pi\alpha+\sin\pi\alpha_1)}{\pi} \tag{2-16}$$

$$\alpha_1=1.25-2\alpha$$

式中　f_c——管桩中心增强混凝土轴心抗压强度设计值；

f_y——管桩中心增强钢筋抗拉强度设计值；

A_z——管桩中心增强混凝土截面面积；

r_z——管桩中心增强混凝土截面半径；

A_s——全部纵向增强普通钢筋截面面积；

r_s——纵向增强普通钢筋重心所在圆周的半径。

2.5.3 管桩锚杆复合支护技术

大直径钢筋混凝土灌注桩常以悬臂桩形式用于基坑支护，而未增强的PHC管桩抗弯能力低，采用悬臂PHC管桩作基坑支护既不经济也不安全。在软土中单独采用喷锚支护也往往由于坑底土体承载力低而发生坑底隆起导致边坡滑塌而限制使用。经验表明，采用管桩锚杆复合支护技术则可以扬长避短，既安全又经济地解决一般土质甚至软土中的深基坑支护技术难题。下面以武汉月湖文化艺术中心音乐厅基坑支护为例，介绍管桩锚杆复合支护技术及其应用特点。

(1) 工程简介及特点

该工程位于月湖之畔，与文化古迹古琴台隔湖相望，西面与已建的武汉琴台大剧院相邻，南侧距月湖约50m，北侧距汉江约130m。本工程基坑形状大致呈四边形，基坑面积为85m×95m＝8075m^2，基坑普遍深度为7.5m，电梯井承台底部深度为10.1m。地貌单元属长江、汉江冲积一级阶地，组成基坑边及坑底的土层主要为填土和软～流塑状的黏性土。场地地下水类型包括上层滞水和孔隙承压水。上层滞水主要赋存于第1层填土层中，主要接收大气降水和地表水及附近水体(如月湖)的渗透补给，无统一自由水面，水量同季节、周边排泄条件关系密切。孔隙承压水赋存于第3层单元粉土及砂土层中，与长江、汉江等地表水体及区域承压水体联系密切，水量丰富，观测到承压水稳定水位在孔口下5.0m。

该工程的特点主要有：①该基坑开挖深度范围内的表层人工填土为结构松散、透水性好、富含地表水的杂填土和素填土，场区内上层滞水主要赋存于人工填土中，含水量较大，而且距月湖和汉江较近，因此地下水对基坑稳定性影响较大。②由于拟建建筑物地下室埋深7.5～10m，地下室底板位于第(2-1)、(2-2)层饱和的软流塑及可塑黏土层上，因此土层性质对坡脚稳定不利。③工期紧，该工程为市重点工程，基坑工程施工时间只有20d，在20d时间内完成面积达8000m^2、深达10m的基坑施工，没有可行的支护方案和科学的施工组织是难以完成的。基坑支护设计时所采用的土层物理力学参数详见表2-13。

表 2-13　基坑支护设计土层物理力学参数

层号	土层名称	层厚(m)	重度 $\gamma(kN/m^3)$	黏聚力 $c(kPa)$	内摩擦角 $\varphi(°)$	压缩模量 $E_s(MPa)$	承载力 $F_{ak}(kPa)$
(1-1)	杂填土	5.0	17.5	6	16		
(1-2)	素填土	2.2	17.5	14	6		
(2-1)	黏土	5.0	17.1	10	8.5	3.0	60
(2-2)	黏土	3.0	18.0	22	10	5.5	110
(2-3)	黏土	3.5	18.4	30	11	7.0	150
(2-4)	黏土	6.0	17.5	15	9.5	4.0	80

(2) 基坑支护方案选择

目前,常用的基坑支护方法较多,该基坑开挖后组成边壁的土层主要为杂填土、素填土和黏土,坑底地层为黏土和粉质黏土夹粉土,工程地质、水文地质条件较差,但锚杆施工基本不受周边环境限制。因此根据本基坑工程特点,该基坑支护方案采用:卸载+预应力管桩+锚杆+网喷这一综合措施,由于组成边壁的土层富含地表水,因此锚杆采用一次性钢管锚杆。这里介绍其中的两个典型段面设计。

一般来说,对于河南黄土地区 10m 左右的深基坑边坡支护,可采用悬臂排桩、排桩+锚索、土钉墙(喷锚支护)等方案。首先,从支护效果来看,悬臂桩支护由于桩端变形,故常导致地面开裂,而且悬臂桩悬臂高度一般不宜太高。排桩+锚索支护结构是深基坑支护中常用的结构型式,特别是在地面环境复杂、土层较差的基坑支护中用得较多。土钉墙(或喷锚网支护)是一种将土体支护变被动为主动的支护方法,一方面锚杆抵抗主动土压力充分发挥了钢筋受拉的特点,另一方面锚杆注浆使边坡周边土体得到固结使土体变为支护结构的一部分。同时,喷射混凝土除起面板作用外还能封闭边坡土体起止水作用。第二,从经济方面来看,根据成本核算,喷锚网支护造价比桩或桩锚支护造价节约 20%～40%,比水泥土墙节约 20%。第三,从工期来看,无论是悬壁桩还是水泥土墙施工方案,除了需要专门的施工工期外,还需要养护时间。而喷锚网支护施工是紧跟基坑开挖进行的,它不单独占用工期,从而大大缩短了基础施工周期,赢得了宝贵的建筑时间。鉴于上述三点,综合考虑该基坑周边环境、目前基坑边坡现状、基坑安全、支护造价等因素,该边坡支护方案拟采用:锚杆+网喷＋钢筋混凝土格构梁边坡加固方案。边坡支护工程安全等级定为一级。

（3）深7.6m基坑支护

该部分基坑边承台比较稀疏，基坑计算深度按地梁底考虑，基坑挖深为6.6m＋1.0m＝7.6m。由于基坑外周边还有拟建楼房桩基础，其承台面标高为－1.40m，因此基坑地面按土体卸载至－1.40m，宽度大于4.5m，这样可以大大减小作用在支护桩上的主动土压力。从该段工程地质、环境、可行性考虑，开挖时按一级放坡，坡率为1∶0.75，坡高2.0m，中间设置马道，采用短锚杆加网喷护面；2.0m以下采用9m长预应力管桩（PHC500-AB型，间距0.8m）加一排10m长锚杆，锚杆间距1.2m，即3根桩施工2根锚杆。地面附加荷载按10kPa荷载考虑，经过计算，管桩的最大弯矩只有63kN·m，桩顶位移为10mm，满足管桩的抗弯、深层滑移、桩顶变形安全要求。锚杆参数见表2-14。

表2-14　锚杆参数（位置±0.0＝24.30点在地面）

位置(m)	锚杆长度(m)	水平间距(m)	倾角(°)	锚杆材料
－2.9	3	1.5	15	1Φ48花管
－5.4	10	隔一桩两锚杆	15	1Φ60一次性锚管

锚杆注浆采用P·O32.5级普通硅酸盐水泥，水灰比为0.45，外加早强剂及止水剂，注浆压力0.5MPa，注浆体强度为M15。桩外侧采用网喷以封闭土体并起止水作用。

喷射混凝土厚度为70±10mm，强度为C20，水泥采用P·O32.5普通硅酸盐水泥，混凝土配比约为水泥∶砂∶石＝1∶2∶2，外加速凝剂。坡面编网钢筋采用ϕ6.5圆钢，网格尺寸为200mm×200mm，桩间挂网采用预制菱形钢板网，以使整个喷锚网受力更加均匀。挂网土钉采用Φ22螺纹钢，长度为1000mm，间距1500mm×1500mm。加强筋采用Φ16螺纹钢筋，通长布置。

（4）深8.7m电梯筒支护

该部分包含东侧两个电梯筒及其之间段和西侧电梯筒。该段基坑边承台尺寸比较大，净间距小，因此基坑计算深度按承台底考虑。按最深承台底考虑则基坑开挖计算深度为8.1m＋2.0m－1.4m＝8.7m。为了减小主动土压力，按一级放坡设计，坡率为1∶0.75放坡，坡高2.0m，中间设置马道，坡面采用网喷护面；2.0m以下采用15m长预应力管桩（PHC500-AB型，间距0.8m）加二排12.9m长锚杆，锚杆间距1.2m，即3根桩施工2根锚杆。计算时，地面附加荷载按10kPa荷载考虑，经过计算，管桩的最大弯矩只有139kN·m，桩顶位移为21mm，满足管桩的抗弯、深层滑移、桩顶变形安全要求。锚杆参数见表2-15。

表2-15　锚杆参数(位置±0.0=24.30点在地面)

位置(m)	锚杆长度(m)	水平间距(m)	倾角(°)	锚杆材料
−2.9	3	1.5	15	1Φ48花管
−5.4	12	隔一桩两锚杆	15	1Φ60一次性锚管
−7.7	9	隔一桩两锚杆	15	1Φ60一次性锚管

冠梁尺寸为500mm×700mm，配2×5Φ20螺纹钢筋，管桩进入冠梁中约450mm，箍筋采用Φ8圆钢，两桩之间均布4根箍筋。钢围檩采用2[16槽钢。图2-40和图2-41给出了上述两个典型支护剖面的设计剖面，图2-42为竣工的管桩锚杆复合支护工程实景图。

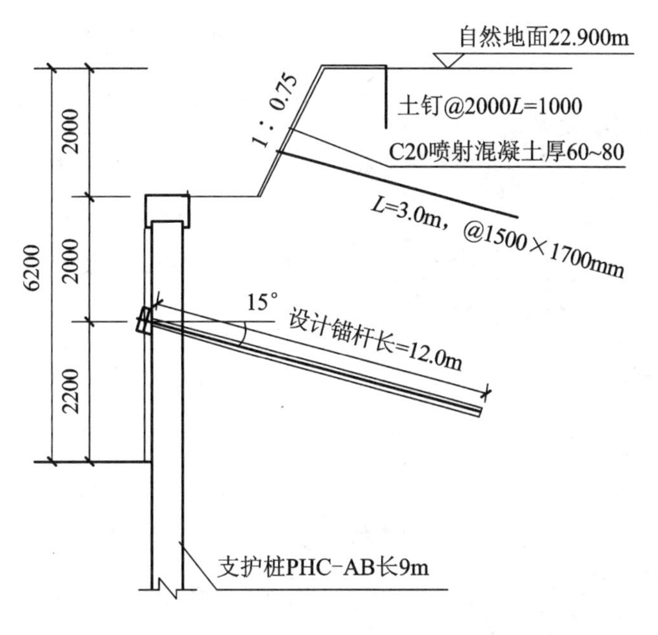

图2-40　深7.6m段支护剖面图

(5) 典型实测位移分析及结论

一般来说，基坑土体开挖后，由于土体中应力重分布以及水的流失，边坡及地面均会有变形发生。而且从对有关监测数据的分析可见，基坑边坡变形量除与支护形式有关外，与支护施工时间、挖土分层高度以及每层土方开挖支护施工间隔等有关。每一层土方开挖到支护完成，施工时间越短，变形则越小；支护后变形未稳定便开挖下一层土体，或不进行分层开挖，往往引起边坡位移增大，

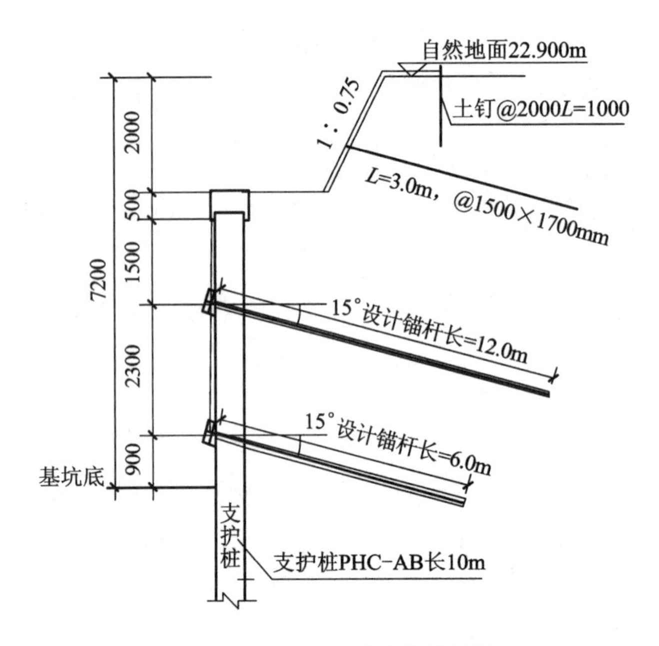

图 2-41　深 8.7m 段支护剖面图

图 2-42　管桩 PHC500-AB 型支护桩和锚杆实景图

在位移曲线上明显的标志是位移曲线没有明显的台阶。图 2-43 给出了两个最大位移点的位移-时间曲线图，从监测结果来看，位移的发展基本上是连续的，没有明显的稳定台阶。这主要是由于在施工过程中，为了赶进度，在开挖后第三天（桩间锚杆注浆后第二天）便进行下一层土体挖除。基坑挖到位后，位移变化基本停止，位移曲线出现平台，即基坑变形处于稳定状态。虽然最大变形没有超过二级基坑的允许范围，对基坑及环境无任何影响，但可以预料，如果桩间锚杆注浆达到规定强度后开挖，则位移值将会大大降低。另外从 A16 位移值来看，最大水平位移已达到 50mm，对于桩长只有 9m 的 PHC500-AB 型管桩来说，这个位移值是偏大的，但该位移值是一综合量，它不仅仅是桩本身的弯曲，而且还包含桩的刚性转动，因此虽然管桩桩顶位移偏大，但并不影响其使用。上述分析表明

PHC500 预应力混凝土管桩具有一定的抗变形能力，在基坑工程中可以作为围护桩使用，但必须慎用。

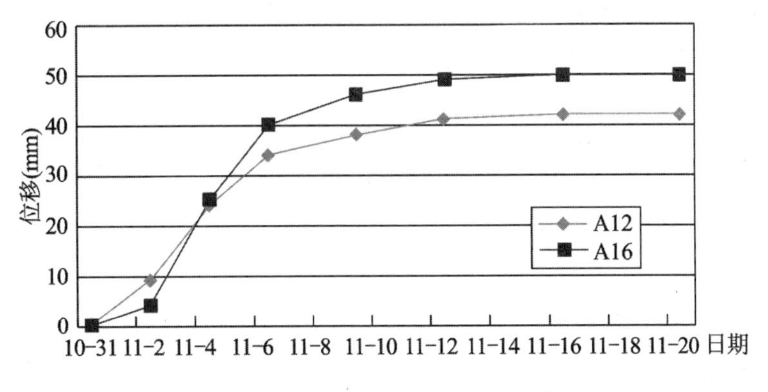

图 2-43　最大位移点的位移-时间曲线

2.5.4　结论

为了弥补管桩抗弯能力的不足，在已有的预制管桩中根据需要通过在管桩中放置钢筋笼并灌注混凝土的方法来增强管桩的抗弯能力，形成组合管桩，这是提高管桩在深基坑支护中应用的技术途径之一；此外，通过卸载和锚杆加固复合支护技术可以大大降低管桩所承受的弯矩。由于采用静压预制管桩，不需要单独施工和养护时间，管桩本身具有一定的抗弯能力，而锚杆又紧随土方挖运进行，因此管桩结合锚杆及喷锚支护无疑是一种比较好的复合支护方法，也是提高管桩在深基坑支护中应用的有效技术途径。

2.5.5　参考文献

[1]　李欢秋，唐传政，庞伟宾. 武汉汉飞青年城双层地下室基坑工程[M]//龚晓南. 基坑工程实例. 北京：中国建筑工业出版社，2006：107-112.

[2]　何新，谭先康，李欢秋，等. 预应力钢管锚杆在武汉国际会展中心深基坑围护中的应用[M]//黄熙龄. 地基基础按变形控制设计的理论与实践. 武汉：武汉理工大学出版社，2000：153-157.

[3]　李欢秋，吴祥云，袁诚祥，等. 基坑附近楼房基础综合托换及边坡加固技术[J]. 岩石力学与工程学报，2003，22(1)：153-156.

[4]　武汉市勘测设计研究院. 武汉月湖文化艺术中心及文化广场音乐厅岩土工程勘察报告[R]. 2006.

[5] 唐传政.武汉某建筑群粉土深基坑工程的设计施工与排险[J].岩土工程界,2003,6(11):42-44.

[6] 李欢秋,张福明,明治清.土层钢管锚杆加固试验研究及设计计算方法[M]//胡曙光主编.城市土木工程技术的研究与应用.武汉:武汉理工大学出版社,2003:280-283.

2.6 论文——不良地质环境中基坑边坡加固技术分析及其应用

张向阳,李欢秋,庞伟宾,等.不良地质环境中基坑边坡加固技术分析及其应用[J].岩土力学,2007,28(s1):663-668.

2.6.1 前言

淤泥土俗称"橡皮土",它具有强度低、流～软塑、高灵敏性等特点,是最难以治理的软弱土体之一。当边坡土体,尤其是边坡下部土体为淤泥时,由于淤泥土承载力非常低,如边坡支护方法不得当,基坑底板下土体常常变形过大甚至隆起,从而造成边坡深层滑移,使基坑周边环境遭到破坏,坑中的工程桩被推歪或推断。但如果采取合理、有效的加固措施,则可以减小土体变形,使淤泥质土质边坡保持稳定,使周边环境保持安全状态。

2.6.2 工程概况

2.6.2.1 周边环境

武汉市某房地产开发公司在汉口新华路附近兴建两栋31层的综合住宅楼,设一层满铺地下室,地下室为长方形,面积约60m×90m=5400m^2,地下室开挖深度为4.8～5.8m。地下室边线东侧距19层楼约15m,西侧距八层老楼房5m,南侧紧临道路,北侧距3层楼房约8m。整个地下室基坑周边环境及支护平面图如图2-44所示。

2.6.2.2 地质情况

根据地质报告,与基坑安全有关的土体由三部分组成:上部土体为杂填土,含有建筑垃圾,结构松散;中部土体为淤泥质土体,饱和、流塑;下部土体为稍密、饱和的粉土、粉砂。与基坑边坡安全相关的土体参数见表2-16。

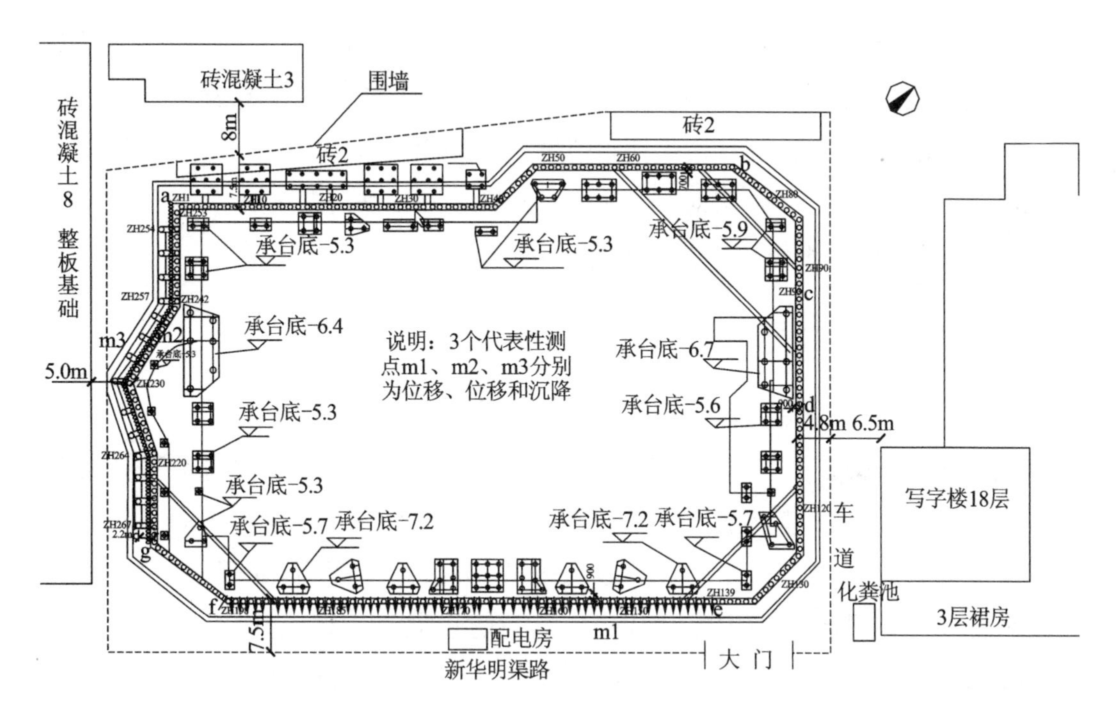

图 2-44　地下室基坑周边环境及支护平面图

表 2-16　土体参数

层号	土层名称	平均厚度(m)	重度(kN/m³)	黏聚力(kPa)	摩擦角(°)	压缩模量(MPa)	承载力(kPa)
(1)	杂填土	1.85	18.5	10	8	4.0	80
(2)	淤泥	2.15	17.6	6	5	2.5	60
(3-1)	淤泥质粉质黏土	5.1	18.2	10	4	3.5	80
(3-2)	淤泥质粉质黏土	7.05	18.0	12	8	4.0	100
(3-3)	粉土	1.5	19.1	0	16	9.0	120
(4)	粉砂夹粉土	1.55	19.2	0	20	12.0	160
(5-1)	粉砂夹粉土	1.0	18.7	14	18.6	8.0	130
(5-2)	粉砂	5.3	19.4	15	20.55	13.5	170

2.6.2.3　地下水情况

场地水文地质特征是：上部人工填土层赋存上层滞水，下部粉细砂层中的地下水为孔隙承压水。

① 上层滞水：主要赋存于杂填土中，地下水位埋深 0.5～1.1m 左右，受大气降水和地表水的补给，主要反映在地下水排泄与补给直接影响上层滞水的水位升降。

② 孔隙承压水：地下水位埋深 4.0m 左右，上部以淤泥层为相对隔水层顶

板，下部以志留系粉砂质页岩、泥质粉砂岩为隔水层底板；在上、下隔水层之间赋存砂性土层中的地下水，具有承压水性质，承压性与长江水有着密切互补关系；洪水期江水补给地下水，枯水期地下水补给江水。

由于下部淤泥土层为相对隔水层且厚度有10m左右，不会发生承压水上涌的情况，无须对地下承压水进行治理。

2.6.3 边坡加固方案设计

2.6.3.1 加固方案选择

虽然该基坑深度只有4.8～5.8m，但由于基坑周边环境复杂，地质条件很差，因此根据湖北省《基坑工程技术规程》(DB42/T 159—2012)，将本基坑重要性等级定为一级。因为淤泥质土承载力较低，为减小土压力，如现场条件允许，可以对边坡土体进行适当挖坡卸载；同时，为防止坡脚土体上隆，在基坑下部可以对坡脚进行反压，或采取加固措施。为给加固方案选择提供依据，首先根据基坑距周边构筑物的距离，初步采用的基坑边坡的坡面形式为：上部1.5m高的土体按1∶0.2的坡度开挖，用以卸载；然后留一宽为3.5m、高为3.3m的土台，用以反压坡脚。就该方案运用FLAC岩土工程专用程序对该坡面形式的边坡进行了数值模拟，分析时土体采取摩尔-库仑破坏准则，并在边坡顶部地面上作用附加荷载10kPa。经过计算，得到了如图2-45所示的自然边坡滑移面和边坡变形趋势(图中黑粗线即为滑移面，下同)。

从图中可以看出：自然边坡存在着深层滑移面，深层滑移面下端越过坡脚而延伸到了距坡脚一定距离的基坑底板下土体内[图2-45(a)]，从而形成基坑底板下土体上隆，最后导致牵引式滑坡的产生，图2-45(b)为基坑边坡变形矢量图。如用毕肖普条分法计算，得到的边坡最小安全系数在0.5左右[图2-45(b)]，远远没有达到一类基坑边坡所要求的最小安全系数1.32。图2-45计算结果表明虽然卸载后坡高只有3.3m，但仅采取卸载和压坡脚不能保证该基坑边坡稳定。

为保证边坡安全，采取的加固措施须满足两个要求：①将坡脚下深层滑移面截断，使边坡体内的滑移面不再向基坑底板下土体内延伸，从而不能形成上隆趋势；②减少边坡土体变形，防止出现因边坡变形过大而引起周围建筑物的开裂。对于存在上述破坏形式的软土地基边坡，采用的边坡加固方法有：桩排(钻孔灌注桩或人工挖孔桩和静压桩)加锚杆或加钢撑、地下连续墙加锚杆、水

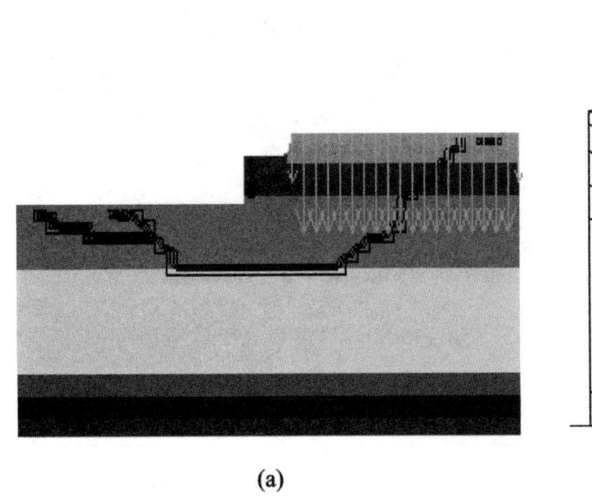

(a)

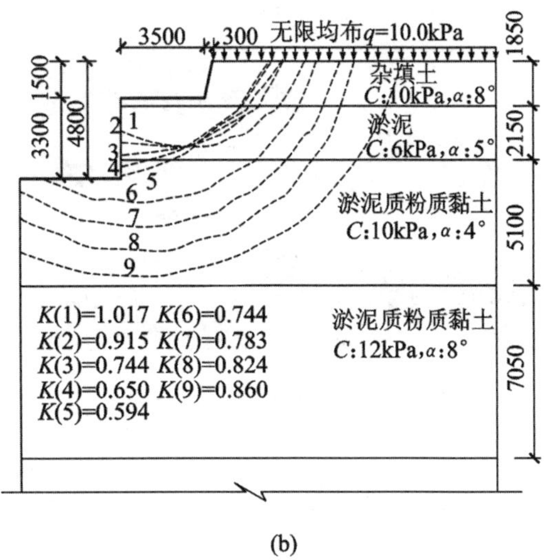

(b)

图 2-45　自然边坡滑移面和边坡变形趋势

(a)自然边坡滑移面;(b)基坑边坡变形矢量图

泥土墙加锚杆等方法。由于锚杆杆体通过注浆体与土体紧密结合在一起,尽可能地保持、最大限度地利用基坑边壁土体的固有力学性质,变土体荷载为支护结构体系的一部分,它与支护桩结合起来应用,将满足上述两个要求。再加上桩锚联合加固方案与其他方案相比,具有安全、经济、施工速度快等优点,因此,结合基坑周边情况,本基坑加固设计为:上部 1.5m 高土坡采取喷锚支护方案,下部 3.5m 宽、3.3m 高的土台采取桩锚支护或双排桩支护方案。

2.6.3.2　支护桩参数选择

一般情况下,采用一排抗滑桩或加桩间锚杆加固形成排桩加锚杆支护体系,即可满足支护安全要求。但在八层楼房侧,考虑到尽量不扰动楼房基础,因此该侧不考虑采用锚杆加固。数值计算表明,在八层楼房侧,基坑深度 5m,由于基坑底部淤泥土层厚度较大,楼房荷载取 8×15kPa=120kPa,一排支护桩不足以将深层滑移面截断,见图 2-46(图中的竖向黑线为支护桩,下同)。因此,该侧采用双排抗滑支护桩,桩顶(冠梁顶面)距地面下 1.5m,两排桩排距为 2.2m,第一排桩间距 1.1m,第二排桩间距 3.3m,两排桩用混凝土梁相连接。计算结果显示,双排抗滑支护桩彻底地将土坡内的滑移面截断在土坡土体内,滑移面不再向基坑底板底下的土体内延伸。基坑底板底下的部分浅层土体在开挖初期进入塑性状态,但由于桩的加固效应,经过应力调整后,该部分土体又重新进入弹性状态,因此八层楼侧基坑支护采用双排桩可以满足安全性要求,见图 2-47。

双排桩的具体设计参数见表 2-17。

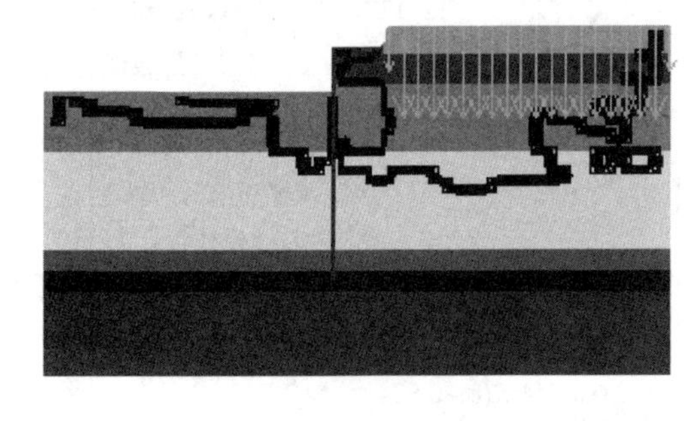

图 2-46 单根桩情况下的滑移面

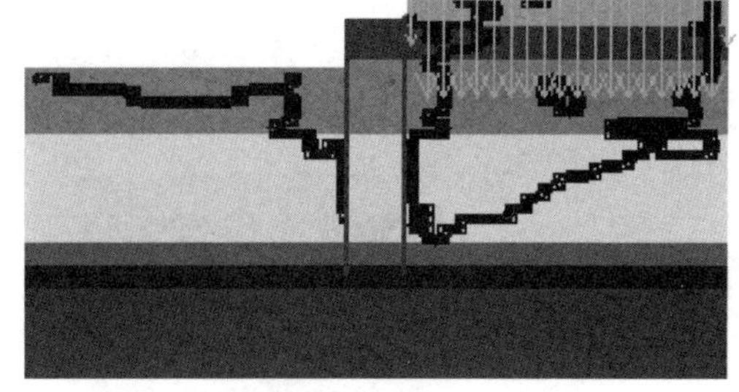

图 2-47 双排桩情况下的滑移面

表 2-17 双排桩的具体设计参数

参数	桩径(m)	桩长(m)	桩间距(m)	混凝土强度	主筋	箍筋	定位筋
参数值	0.8	17	1.1	C30	18Φ22	Φ8@200	Φ16@2000

在数值计算中,桩采用摩擦桩受力模型。桩身受的水平力为桩后土体的主动土压力,桩周所受摩擦力为:$\tau=c+\sigma\cdot\tan\varphi$,其中 c 为接触面黏聚力;σ 为接触面法向应力;φ 为接触面摩擦角。桩与周围土体之间的接触面计算参数,如摩擦角、黏聚力等参数,由于桩的加固作用,计算值均大于该层土体相应参数的 20%。

该计算方法与常用的弹性抗力法相比,能考虑抗滑桩与土体的共同作用,计算得到的桩身内力、桩的变形及其加固效果更能符合实际情况。抗滑支护桩的加固效果具体体现在边坡位移量的减少及最小安全系数的提高,详见表 2-18。

表 2-18 抗滑支护桩加固效果比较

效果参数值	坡顶水平位移(mm)	坡顶垂直位移(mm)	平台水平位移(mm)	平台垂直位移(mm)	最小安全系数
自然边坡	2000	4500	4000	8000	0.6
单排桩加固边坡	60	80	40	60	1.061
双排桩加固边坡	22	20	15	12	1.325
桩锚	30	40	22	32	1.323

2.6.3.3 桩间锚杆参数选择

由于基坑南侧距明渠路只有 7m 多,而基坑深度为 5.8m,由表 2-18 可以看出,尽管采用单排支护桩已使基坑的水平位移大幅度减少,最小安全系数值大幅度提高,但是,由于该基坑土质差,塑性变形大,仅采用悬臂桩,边坡的变形仍大于所规定的最大水平位移 40mm。因此,该侧基坑边坡还须采用锚杆加强加固措施,以减少其位移。在软土中采用桩锚支护结构,一般采用强桩弱锚型式。

具体措施为:在上部 1.5m 高的边坡上,设置一排锚杆,主要用于加固该部分的杂填土层;在 3.3m 高的土台,支护桩之间设置一排预应力锚杆,预应力大小为 50kN。该排锚杆外端部用 20 号槽钢连接在一起,为抗滑桩提供一个支撑点,减少抗滑桩的水平位移,从而减少边坡土体的位移。由于第二排锚杆(桩间锚)基本位于第二层淤泥土层中,为了使锚固段位于下部相对较好的土层内,提供较大的锚固力,因此,该排锚杆的下倾角较大,为 20°;同时,因为淤泥质土的结构性强,为避免钻孔向外排土而造成对该土的扰动,该排锚杆成孔采用“跟管钻进法”:将规格为 ϕ63×4 钢管挤压入土体内,然后在钢管内放置一根Φ 25 钢筋,作为杆芯,最后注浆,注浆体会通过钢管上的出浆孔渗入土体中,形成锚固体。锚杆设计参数见表 2-19。锚杆和抗滑桩的联合加固效果见表 2-18。由于桩间锚杆的作用是限制桩身位移,因此,桩间锚杆的受力是按锚杆结构与土体共同作用的方法来进行计算的,其相互作用示意图见图 2-48。

表 2-19　锚杆设计参数

位置	长度(m)	水平间距(m)	杆体材料	倾角(°)	预应力(kN)
第一排	6.0	1.5	ϕ48 钢管	10	0
第二排	25.0	1.1	ϕ63×4+ϕ25	20	60

锚杆的受力机理是当锚杆结构与周围土体产生相对位移时,锚杆结构体周边受到了来自土体的摩擦力,取长度为 dx 的一段锚杆结构体作为研究对象,如图 2-49 所示,则可得到 x 方向的平衡方程为:

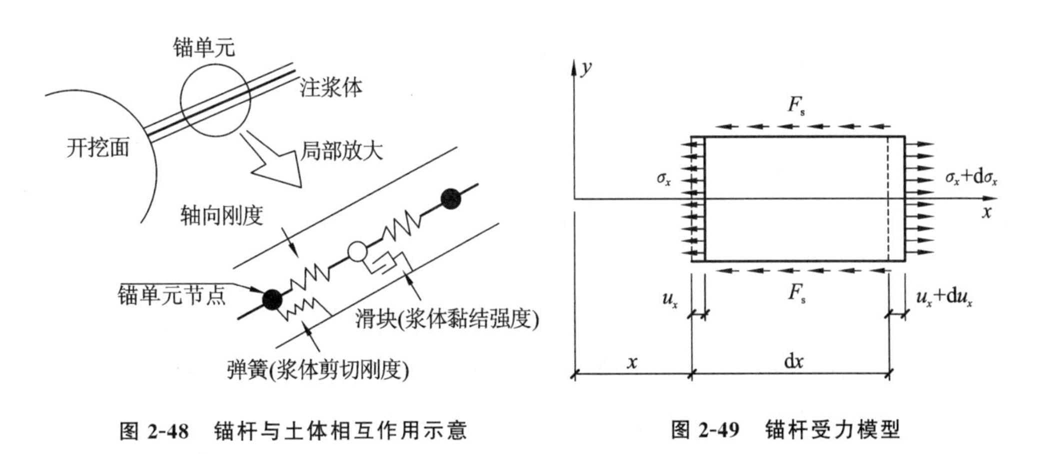

图 2-48　锚杆与土体相互作用示意　　**图 2-49　锚杆受力模型**

$$A \cdot E \cdot \frac{d^2 u_x}{dx^2} + k(u_x - u_r) = 0 \tag{2-17}$$

上式左侧第一项为锚杆结构体所受的轴力,第二项为锚杆结构体所受到的摩擦力。其中 A 为锚杆结构体的横截面积，u_x 为锚杆结构体轴向位移，u_r 为土体沿锚杆轴向方向的位移，E 为锚杆结构体的弹性模量。

$$k=\frac{E_bA_b+E_gA_g}{A_b+A_g} \tag{2-18}$$

其中 E_b 为锚杆杆体弹性模量，A_b 为锚杆杆体横截面积，E_g 为注浆体弹性模量，A_g 为注浆体横截面积，k 为锚杆与土体间的剪切刚度。

锚杆结构体与孔周边土体之间的极限黏结应力取：$\tau_{max}=c+\sigma\cdot\tan\varphi$，其中 c 为注浆体与土体间的黏聚力，σ 为注浆体与土体间接触面的法向应力，φ 为注浆体与土体间接触面的摩擦角。由于锚杆结构体的刚度远大于桩后面的土，因此，当土体变形时，土体便受到了来自锚杆结构体的限制土体向基坑方向变形的摩阻力，使土体变形减小，这等于提高了土体的力学参数，如变形模量等。应用该锚杆与土体相互作用理论，对支护桩之间采用锚杆再加固的基坑边坡进行了计算，计算得到的变形值及安全系数列于表 2-18。

从上述图表中可以看出，经过桩锚联合加固后，边坡土体的变形及最小安全系数均满足相关规定。对于自然边坡，由于处于破坏状态，其位移值已没有实际意义，但作为比较，也将其计算数值列于表中。典型支护设计剖面图如图 2-50所示。

2.6.4 边坡加固施工

2.6.4.1 桩施工

桩的抗滑加固作用对于整个基坑边坡的稳定起着关键作用，它的施工重点是保证桩要嵌入较好土层的深度，为提高支护桩的整体性，在桩的顶部施工一道钢筋混凝土冠梁，冠梁尺寸为 900mm×500mm。开挖边坡时，应避免开挖机械碰撞已施工的桩和扰动桩附近的土体。

2.6.4.2 锚杆施工

在基坑边坡开挖时，根据锚杆设置高度控制土体分层开挖高度并及时施工锚杆，以免土体变形过大，保证边坡土体与锚杆共同发挥支护作用，具体是每层土体的开挖深度比该层锚杆头部标高深 30cm 左右。锚杆施工是加固施工的重要环节，其中锚杆长度和注浆质量是保证边坡土体内活动区和稳定区成为一个整体的决定因素。在施工中要严格按照设计进行施工。

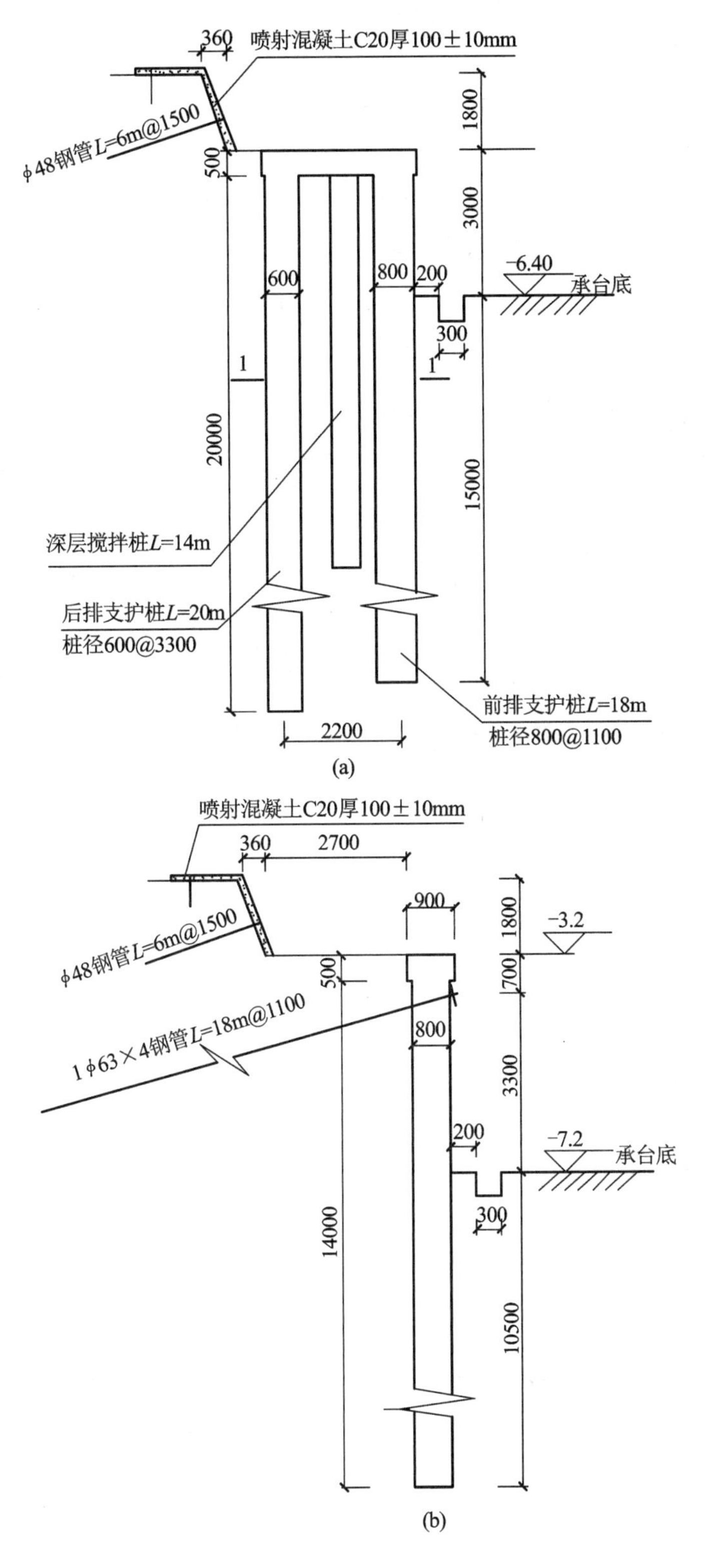

图 2-50　典型支护设计剖面图

(a) 八层楼位置支护剖面图;(b) 明渠路侧支护剖面图

2.6.5 边坡加固效果及评论

图 2-51 给出了明渠路侧和八层楼侧支护桩顶 m1、m2 点沉降时程曲线和八层楼距基坑边最近点 m3 沉降时程曲线。从曲线可见，基坑边土方是按 2～3 层挖除的，第一层挖至冠梁顶，施工 6m 长锚杆并网喷支护后，变形趋于稳定；双排桩侧第二层土体挖至承台底，在挖土过程中支护桩有少量变形，但挖到标高后，变形便停止，而明渠路侧第二层土体挖至桩间锚杆位置下 0.3m，施工桩间锚杆后变形趋于稳定；明渠路侧第三层土体挖至底标高过程中，支护桩顶变形比挖第二层土体变形小，而且这种变形很快趋于稳定，说明桩间锚杆比较好地起到了控制变形的目的。从地面宏观情况来看，虽然挖土和支护过程中地面出现了一些细微的裂缝，但没有异常沉降、裂缝等问题发生，没有影响基坑周边道路的正常通车和相临建筑物的正常使用。由此可见淤泥质土环境中采用双排桩或桩锚支护设计是合理的，施工是可行的，它可以比较好地控制基坑变形，对周边环境影响比较小。只是在淤泥质土环境中采用桩锚支护建议采用强桩弱锚型式，锚杆施加的预应力值不应过大，一般取设计值的 30%～50%。

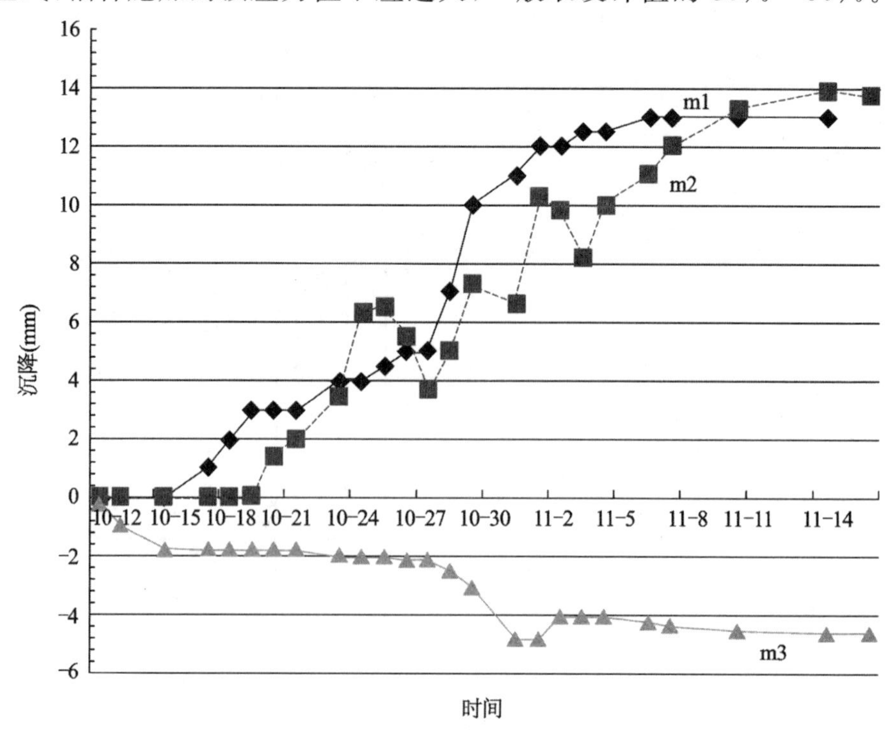

图 2-51 沉降时程曲线

2.6.6 参考文献

[1] 李欢秋,张福明,赵玉祥.淤泥质土中锚杆锚固力现场试验及其应用[J].岩石力学与工程学报,2000,19(s1):922-925.

[2] 张向阳,顾金才,沈俊,等.全长黏结式锚索对软岩洞室的加固效应研究[J].岩土力学,2006,27(2):294-298.

[3] 张发明,陈祖煜,刘宁.岩体与锚固体间黏结强度的确定[J].岩土力学,2001,22(4):470-473.

[4] 雷晓燕.三维锚杆单元理论及其应用[J].工程力学,1996,13(2):50-60.

第3章　地下连续墙锚设计与施工

3.1　概述

地下连续墙是指利用挖槽机械在地下挖出窄而深的沟槽，清槽后，在其内放置钢筋网或型钢，然后用导管法在其内浇筑适当的材料（通常为混凝土）而形成的一道具有防渗、防水、挡土和承重功能的连续的地下墙体。地下连续墙被认为是在深基坑工程中最佳的挡土及隔水结构之一，如图 3-1 所示，它具有如下显著的优点：

(a)

(b)

图 3-1　地下连续墙＋锚支护结构

(a) 某会展中心地下连续墙锚支护；(b) 地下商业街地下连续墙锚支护

(1) 地下连续墙具有刚度大、整体性好的特点，在基坑开挖过程中安全性高，支护结构变形较小，从而对基坑周边的环境影响小；

(2) 地下连续墙具有良好的抗渗能力，对于高水位地下工程可以起到隔水帷幕的作用，坑内降水时对坑外环境影响较小；

(3) 可作为地下结构的外墙，配合逆作法施工，可以缩短工程的工期，降低工程造价；

(4) 地下连续墙施工噪声低、震动小，对周边环境影响小。

但地下连续墙也存在弃土和废泥浆难处理、粉砂地层易引起槽壁坍塌及渗漏等问题，因而需采取相关的措施避免地下连续墙施工时泥浆对环境的污染，以及做好施工质量控制。

目前地下连续墙在基坑工程中已有广泛的应用，尤其在深大基坑、地质条件差和环境条件要求严格的基坑工程，以及支护结构、止水帷幕与主体结构相结合的“三墙合一”工程或支护结构与主体结构相结合的“二墙合一”的基坑工程中应用较广。支护结构、止水帷幕与主体结构相结合的工程类型主要有以下四类：

(1) 地下水位以上基坑，周边地下连续墙与主体结构外墙“两墙合一”结合坑内临时支撑或锚固系统；

(2) 地下连续墙支护结构一部分与主体结构一道形成单一墙、复合墙和叠合墙等，如图3-2所示；

(3) 地下连续墙支护结构与主体结构全面相结合工程；

(4) 地下水位以下支护结构、止水帷幕与主体结构相结合的“三墙合一”工程。

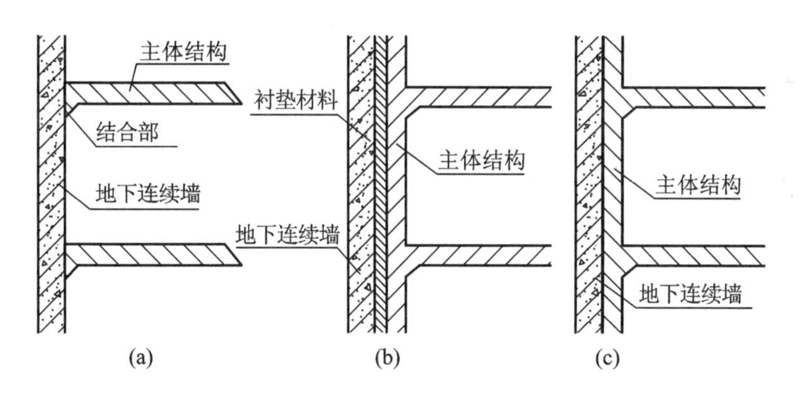

图3-2　地下连续墙的结合方式

(a) 单一墙；(b) 复合墙；(c) 叠合墙

单一墙即将地下连续墙直接用作主体结构地下室外墙，这种结合形式构造简单，地下室内部不需要另做受力结构层，受力明确。但这种方式主体结构的底板、顶板与地下连续墙连接的节点除须满足结构受力要求外，还需要满足结合部位防渗要求，地下连续墙槽段接头要有较高的抗变形能力和可靠的防水防渗性能。

复合墙是把主体结构的外墙重合在地下连续墙的内侧，在两者之间填充隔绝材料，使之成为仅传递水平力不传递剪力的结构形式。这种形式的地下连续墙与主体结构地下室所产生的竖向变形不相互影响,但水平方向的变形则相同。从受力条件看,这种结构还可以随着地下结构物深度的增加而增加主体结构外边墙的厚度,即使地下连续墙厚度受到限制时,也能承受较大应力,由于顶板和底板与外墙共同浇筑,因此地下室防水性能好。但是由于地下连续墙表面凹凸不平,对衬垫材料和主体外墙结构施工不利,衬垫材料厚度不等,可能使水平应力传递不均匀,竖向也可能存在应力传递。主体结构刚刚建成时地下连续墙内力是施工阶段墙体内力与建成后作用于主体结构上的外力产生的应力之和。由于地下连续墙与主体结构是分离的,应该按地下连续墙与主体结构相接触的状态来进行结构计算。但由于这种计算方法极为复杂,所以对于结合之后产生的应力,一般是先计算地下连续墙与主体结构外墙的截面积及其截面惯性矩,然后按刚度比例分配截面内力。

叠合墙是将地下连续墙与主体结构地下室外墙做成一个整体,两墙之间没有衬垫材料,即通过把地下连续墙内墙凿毛或用剪力块将地下连续墙与主体结构外墙连接起来,形成一个整体,使之在结合部位能够传递剪力。叠合墙结构形式的墙体刚度大,防渗性能比单一墙好,且框架节点处(内墙与结构楼板或框架梁)构造简单。该种结构形式地下连续墙与主体结构边墙的结合比较重要,一般在浇捣主体结构边墙混凝土之前,须将地下连续墙内侧凿毛,清理干净并用剪力块将地下连续墙与主体结构连成整体。此外新老混凝土之间因干燥收缩不同而产生的应变会使复合墙产生较大的内力,或墙面会出现裂纹,在施工中应特别注意后加的钢筋混凝土墙的养护。

3.2 设计计算方法简述

地下连续墙作为主体结构与单纯作为支护结构的区别就是受力方向与变形要求不同。地下连续墙作为主体结构除了满足水平荷载外,还要满足竖向荷载的要求,而作为支护结构则一般只要求满足水平荷载和嵌固深度要求。地下连续墙作为主体结构应严格控制连续墙的变形,并对连续墙进行裂缝宽度验算,按环境类别选用不同的裂缝控制等级及最大裂缝宽度限值。

从基坑支护角度考虑,两墙合一地下连续墙的设计与计算须考虑地下连续墙在施工期、竣工期不同的荷载作用状况和结构状态,应同时满足各种情况下承载力极限状态和正常使用极限状态的设计要求,应验算三种应力状态:

(1) 在施工阶段由作用在地下连续墙上的侧向土压力、水压力产生的应力,并按主动土压力计算;

(2) 主体结构竣工后,作用在墙体上的侧向土压力、水压力以及作用在主体结构上的竖向、水平荷载产生的应力、侧向土压力按静止土压力计算;

(3) 主体结构建成若干年后,侧向土压力、水压力以及从施工阶段恢复到稳定状态,土压力由主动土压力变为静止土压力,水位恢复到静止水位,此时只计算荷载增量引起的内力。

3.2.1 水平荷载作用下的内力计算方法

根据受力方向的不同,可分为水平和竖直两个方向,因此需要对地下连续墙在不同阶段和不同受力状态下的内力进行设计计算。

(1) 施工阶段

目前应用最多的是规范推荐使用的竖向弹性地基梁法。墙体内力计算应按照主体工程地下结构的梁板布置,考虑施工条件等因素,合理确定支撑标高和基坑分层开挖深度等计算工况,并按基坑内外实际状态选择计算模式,考虑基坑分层开挖与支撑进行分层设置及换撑拆除等在时间上的先后顺序和空间上的位置不同,进行各种工况下的连续完整的设计计算。首先计算作用到地下连续墙上的土压力,然后计算嵌固深度、墙体整体稳定性、结构内力、结构变形,这个计算与桩支护是一致的,只是这里可以选取1单位延长米或一个槽段进行计算。

(2) 正常使用阶段

与施工阶段相比,地下连续墙结构受力体系主要发生了以下两个方面的变化:

① 侧向水、土压力的变化:主体结构建成若干年后,侧向土压力、水压力已从施工阶段恢复到稳定的状态,土压力由主动土压力变为静止土压力,水位恢复到静止水位。

② 由于主体地下结构梁板以及基础底板已经形成,通过结构环梁和结构壁柱等构件与墙体形成了整体框架,因而墙体的约束条件发生了变化,应根据结构梁板与墙体的连接节点的实际约束条件进行设计计算。

在正常使用阶段,应根据使用阶段侧向的水、土压力和地下连续墙的实际约束条件,取单位宽度地下连续墙作为连续梁进行设计计算,尤其是结构梁板存在错层和局部缺失的区域应进行重点设计，并根据需要局部调整墙体截面厚度和配筋。正常使用阶段设计主要以裂缝控制为主，计算裂缝应满足相关规范规定的裂缝宽度要求。

3.2.2 地下连续墙竖向承载力与沉降计算

地下连续墙作为主体结构外墙应进行竖向承载力的计算，目前尚无详尽的设计规范，根据国内外关于地下连续墙承重的研究和大量的工程实践，一般参照桩基计算原则进行。

在已有的地下连续墙作为地下室外墙的具体工程设计中，地下连续墙竖向承重主要有两种形式：

第一种形式为地下连续墙仅作为地下室外墙，不直接承担上部结构的竖向荷载，仅承担自重和地下室楼板传递的一部分荷载，甚至当地下室设置边柱或底板下设置边桩时，则仅仅承受墙体自重。

第二种形式为上部结构的一部分竖向荷载（柱荷载或墙荷载）直接作用于地下连续墙墙顶，地下连续墙需承担自重。地下室楼板传递的一部分荷载和上部结构的竖向荷载，地下连续墙的竖向功能承载计算可采用桩基规范法、整体分析法等。

3.3 设计及技术要求

（1）两墙合一地下连续墙的钢筋、墙体混凝土和槽段接头的设计和施工应满足正常使用阶段防渗和耐久性要求，墙体混凝土抗渗等级不小于 P6，混凝土设计强度等级不低于 C30。

（2）墙体嵌固深度应满足支护结构整体稳定性、抗隆起、竖向承载力等要求。

（3）墙体承受竖向荷载时，应分别按承载能力极限状态和正常使用极限状态验算地下连续墙的竖向承载力和沉降量。有试验条件时，地下连续墙竖向承载力应由现场静荷载试验确定；无试验条件时，可参照确定钻孔灌注桩竖向承载力的方法选用。地下连续墙墙底持力层应选择压缩性较低的土层，且可以采取墙底注浆加固措施提高墙体承受竖向荷载能力。

（4）墙顶承受竖向偏心荷载，或地下结构内设有边柱与托梁时，应考虑其对墙体和边柱的偏心作用。墙顶圈梁(或压顶梁)与墙体及上部结构的连接处应验算截面受剪承载力。

(5) 地下连续墙内侧设置内衬墙时,对结合面能承受剪力作用的复合墙和结合面不能承受剪力作用的复合墙,应根据地下结构施工期和使用期的不同情况,按内外墙实际受载过程进行墙体内力与变形计算。进行复合墙的内力与变形计算以及截面承载力设计时,墙体计算厚度可取内外墙厚之和,并按整体墙计算。复合墙的内外墙内力可按刚度分配计算。

(6) 地下连续墙与地下结构内部梁板等构件的连接,应满足主体工程地下结构受力与设计要求,一般按整体连接刚性构造考虑。钢筋笼封头钢筋形状应与施工接头相匹配,接头处钢筋均应采用焊接或机械连接。地下连续墙墙体与地下结构底板连接处、地下连续墙墙体内有预埋件及连接地下结构的预埋锚筋处均应设置止水构造。

(7) 地下连续墙的倾斜度和墙面平整度,以及预埋件位置,均应满足主体工程地下结构设计要求。一般墙面倾斜度不宜大于1/300。在墙深范围内地层中有较厚的砂土或粉性土时,成槽前宜采取地基预加固措施,确保墙体质量和墙体竖向接缝处防渗性能。

(8) 地下连续墙厚度应根据墙体的受力、变形和防渗要求等进行确定,厚度一般不小于600mm,主筋混凝土保护层厚度内侧不小于50mm,外侧不小于70mm。

(9) 地下连续墙顶部应设置通长钢筋混凝土冠梁,以将各槽段地下连续梁连成整体,提高连续墙的整体性和抗变形能力。

3.4　工程实践

3.4.1　工程概况与周边环境

工程为单建式一层人防地下商业街项目,位于开封市的东起解放大道西至中山大道之间的鼓楼街、寺后街上(图3-3)。工程东西总长约790m,南北宽20m,最宽处在鼓楼广场位置,长约108m,宽约56.7m。采用筏板基础,框架结构。勘察采用的相对高程,以寺后街与中山路交叉路口为基准点,并以开封市

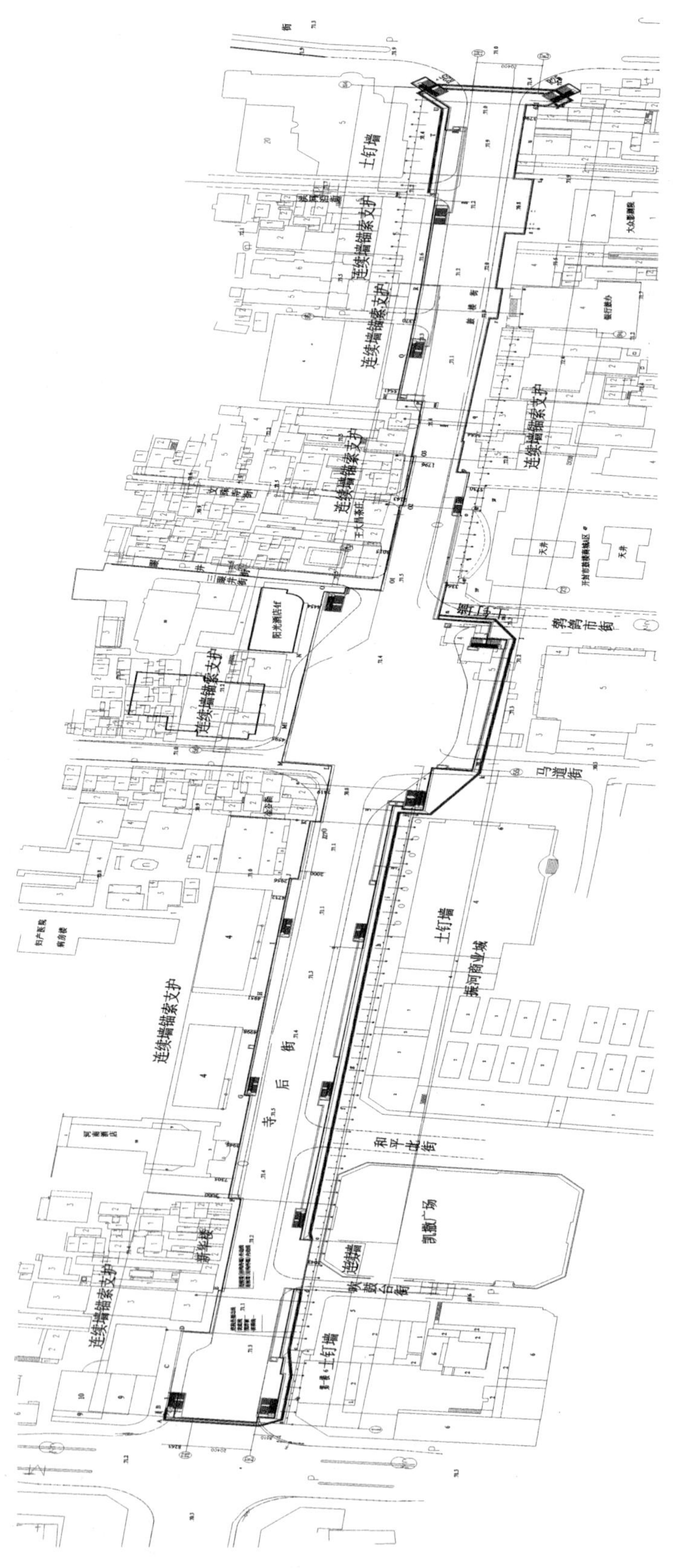

图3-3　开封地下商业街平面图

地形图查得该点为71.00m，场地周边自然地面各勘察孔孔口高程在70.45～72.01m之间，地势比较平坦，东、西端高程基本相同，均为71.2m。地下室顶板上表面距现路面1.50m，地下室结构顶板上表面至底板底上表面5.20m，底板厚度0.5m，垫层厚度均为0.1m，即基坑坑底距现路面1.5m＋5.2m＋0.5m＋0.1m＝7.3m。考虑到路边约0.2m高的人行道，因此基坑支护设计深度按7.5m考虑。

工程场地平坦，地面为柏油、水泥路面。拟建场地两侧多为1～9层民房，楼房距离基坑边2～13m不等。基坑南侧场地稍宽松，但基坑北侧距楼房较近，离基坑边最近的只有2～3m，影响最大的楼房自东向西分别有4处：三眼井街（即阳光酒店）以东约98.5m长的王大昌茶庄；鼓楼以西约27m长的老建筑金古斋；中山路以东约67m长的新华楼；鼓楼东段南侧约12m长的大众宾馆。

勘察表明，在场地内及其附近不存在对工程安全有影响的诸如岩溶、滑坡、崩解、塌陷、采空区、地面沉降、断裂等不良地质作用；也不存在影响地基稳定性的古河道、沟浜、墓穴、孤石及其他人工地下设施等对工程不利的埋藏物，场地内没有发现防空洞、空洞和地下管线存在。

由于地下往往设置有地下管网线，为了安全起见，基坑开挖前，建设单位或施工单位应对周边管线特别是煤气、电力、上下水管等进行探查，标明其走向、埋深、分布范围以及其对基坑开挖及边坡支护的不利影响，并提前进行妥善处理。

3.4.2　工程地质与水文地质条件

拟建场地地处豫东平原，黄河中下游大冲积扇南翼，属暖温带大陆性季风气候，四季分明，光照充足，气候温和，雨量适中。年平均气温14.24～14.50℃之间，无霜期213～215d，年均降雨量平均670mm，林木覆盖率高于全国平均水平。

根据其物理力学性质及工程地质特性，将本场地土划分为5个地质单元层，自上而下分层描述如下：

第①层，杂填土（近代Q^{ml}）：杂色、稍湿、稍密，主要以粉土、粉质黏土充填，上部含有大量砖块、小石子碎片等建筑垃圾，其中0～0.4m为柏油、水泥路面；

下部砖块碎片含量较少，但局部含量较多。该层普遍存在。层厚 2.60～3.70m，平均厚度 3.20m；层底埋深 2.60～3.70m，层底平均埋深 3.20m。

第②层，杂填土（Q_4^{al+pl}）：褐黄色、稍湿、稍密，主要以粉土组成，摇振反应迅速，干强度低，韧性低，土质不均匀，发育有少量锈黄色斑点，见少量小碎砖块及蜗牛壳碎片，局部见腐殖质，局部表现为粉质黏土，局部夹淤泥质粉质黏土。该层普遍存在。层厚 6.10～10.00m，平均厚度 8.79m；层底埋深 9.40～13.10m，层底平均埋深 11.99m。

第③层，粉土（Q_4^{al+pl}）：褐黄色～浅灰色，稍湿，稍密～中密，摇振反应迅速，无光泽反应，干强度低，无韧性，含有少量云母碎片，偶见蜗牛壳碎片，局部见腐殖质；局部夹有少量粉砂薄层。该层普遍存在。其比贯入阻力 P_s＝2.89MPa。层厚 6.50～8.70m，平均厚度 7.21m；层底埋深 18.80～19.80m，层底平均埋深 19.45m。

第④层，粉质黏土（Q_4^{al+pl}）：褐黄色～浅灰色，软塑～可塑，切面稍有光泽，无摇振反应，干强度中等，韧性中等，发育有少量锈黄色斑点，偶见蜗牛壳碎片、小姜石及瓦片碎片，局部表现为粉土。该层普遍存在。层厚 2.00～3.60m，平均厚度 3.05m，层底埋深 21.80～22.90m，层底平均埋深 22.53m。

第⑤层，粉砂（Q_4^{al+pl}）：褐黄色，饱和，中密～密实，主要矿物成分以长石、石英为主，含有云母碎片，砂质较纯，偶见蜗牛壳碎片。局部粉粒含量较高，局部夹少量细砂。该层普遍存在。本层在钻探深度范围内未揭透，最大揭露厚度 3.20m。

拟建场地地下水的类型为第四系孔隙潜水，局部略具承压性。勘察期间，地下水位在现自然地面下 4.50～5.00m，受大气降水和地表径流补给。该地下水位年变化幅度在±2.0m 左右，近 3～5 年历史最高水位为 1.0m。

该场地地下水抗浮设防水位为历史最高水位，按 1.0m 考虑。因为基础埋深约为 8.00m，因此基坑开挖深度超过水位深度，为满足基础施工的要求，应采取适当的降水措施。根据地层条件，勘察报告建议采用轻型井点结合管井法进行降水，渗透系数 K 值根据地区经验及土工试验对第①层的渗透系数取 0.27m/d，第②层的渗透系数取 0.27m/d，第③层的渗透系数取 0.56m/d，由此可见，土层渗水量不大。

该场地地下水对混凝土结构有微腐蚀性，在干湿交替的环境下，对钢筋混凝土结构中的钢筋有弱腐蚀性。

各土层基坑支护设计土层物理力学参数见表 3-1。

表 3-1　基坑支护设计土层物理力学参数

层号	土层名称	层厚度 (m)	重度 γ (kN/m³)	黏聚力 c (kPa)	内摩擦角 φ (°)	承载力 F_{ak}(kPa)	压缩模量 E_s(MPa)
①	杂填土	3.2	18.0	8.0	19.3	80	3.4
②	杂填土	8.7	18.0	13.4	12.9	95	4.6
③	粉土	7.2	18.5	12	20	120	7.1
④	粉质黏土	3.0				100	3.8

3.4.3　基坑边坡支护及地下水治理方案选择

对于 8m 左右的深基坑边坡支护，其基坑支护方法较多，一般可采用悬臂排桩（钻孔灌注桩或人工挖孔桩和静压桩）、排桩加锚杆或加钢撑、地下连续墙加锚杆、水泥土墙加锚杆、喷锚支护等方案。地质勘察报告建议采用土钉墙或喷锚支护，亦可两者结合使用，必要时可增设预应力锚杆。

当受场地周边环境限制，基坑周围建筑物比较复杂，使用外部支护结构受限制时，可考虑选用悬臂桩与内支撑组合方式，基坑面积较小或形状狭长时尤为适用。但该方法对基坑开挖及地下室施工影响大，施工进度慢，且造价高。

喷锚网支护或土钉墙以尽可能最大限度地利用基坑边壁土体的固有力学性质，变土体荷载为支护结构体系的一部分为基本原理，一方面锚杆抵抗主动土压力充分发挥了钢筋受拉的特点，另一方面锚杆注浆使边坡周边土体得到固结，使土体变为支护结构的一部分。从经济方面来看，根据成本核算，喷锚网支护造价比桩或桩锚支护造价节约 20%～40%，比水泥土墙节约 20%。从工期来看，无论是悬壁桩还是水泥土墙施工方案，除了需要专门的施工工期外，还需要养护时间。而喷锚网支护施工是紧跟基坑开挖进行的，它不单独占用工期，而且该支护施工不需要专门的场地和专门的养护时间，从而大大缩短了基础施工周期，赢得了宝贵的建筑时间。喷锚网支护面板厚度只有 100mm 左右，基本上不占场地，在场地环境紧张的条件下更显出其优越性。其具有施工简便、快速、机动灵活、适用性强、安全经济等特点。但该方法不能单独用于土质条件较差的情况，如由软土组成的基坑边壁，常常采用与水泥土搅拌桩、管桩和钢管桩等组成复合喷锚支护的方案。

地下连续墙方案是在作为地下结构外墙的同时，兼用于基坑开挖支挡、防渗。但其造价昂贵，一般多用于软土支护中，如上海等地常采用该支护方法。

桩锚支护或桩撑支护方法为复合支护方法，其适用范围广，在许多地区已成功地应用于大型深基坑支护工程中。特别是周边楼房紧临基坑，为了减小地面建筑物沉降和变形，常常采用桩锚支护或桩撑支护方法，该支护具有安全可靠、费用适中等特点。

该基坑土质主要为杂填土，基坑深度 7.5m 左右，但周围建筑比较复杂，特别需要保护的 2～3 层老建筑距离基坑边只有 3m 左右。根据安全性、工期和经济性比较，该基坑支护方案主要应根据基坑周边环境而采用不同的支护方案，其原则是周围建筑紧临的重要部位必须重点支护，环境宽松的地方则应尽量采用经济支护方案，并结合适当放坡，减少支护费用。具体为：对于基坑边壁紧临房屋（地下室外墙距房屋 3～6m 以内）的地段拟采用地下连续墙＋锚杆支护方案，并将连续墙作为地下室外墙；对于基坑边壁距房屋较远（地下室外墙距房屋 6.5m 以上）处拟采用 1∶0.3 放坡＋双排搅拌桩复合土钉支护结构，对于仅局部位置距房屋 6.5m左右处还将采用在搅拌桩中插入 ϕ270@1050 钢管桩增强方案。

基坑周边土体止水采用 1～2 排搅拌桩（粉喷桩）及地下连续墙止水，坑中上层潜水采用轻型井点降水结合管井降水措施进行疏干降水。

依据场地地质条件，基坑周边环境、深度和建筑基坑支护技术规程，该基坑工程安全等级定为一级深基坑。

3.4.4 支护结构设计

根据现场场地环境情况、楼房牢固情况、地层条件和开挖深度，本着安全、经济、节省工期和便于施工的原则，该基坑支护（分为 8 个支护段面）采用的支护方案见表 3-2。以下主要介绍有代表性的支护段面设计及施工情况（图 3-4）。

表 3-2　基坑支护段及支护方案

编号	支护方案	对应的段号	外墙到房屋距离/楼层数/q(kPa)
1	双排搅拌桩复合土钉支护	BAa/UVv/jklm	9.0m/3/45
2	双排搅拌桩复合土钉支护	fghij/STU	8.0m/4/60

续表 3-2

编号	支护方案	对应的段号	外墙到房屋距离/楼层数/q(kPa)
3	双排搅拌桩复合土钉支护	abcd/ef/mn	7.0m/4/60
4	连续墙＋锚杆	st(大众影院)	6.0m/3/45
5	连续墙＋锚杆	MM1/NO	5.0m/4/45
6	连续墙＋锚杆	PQRS	4.0m/6～7/15
7	连续墙＋锚杆	BCD/FGHIJK/M1N/de/pqr	4.0m/3～4/50
8	连续墙＋锚杆	DEF/KLM/OP/nop/rs/tuv	3.0m/3/45

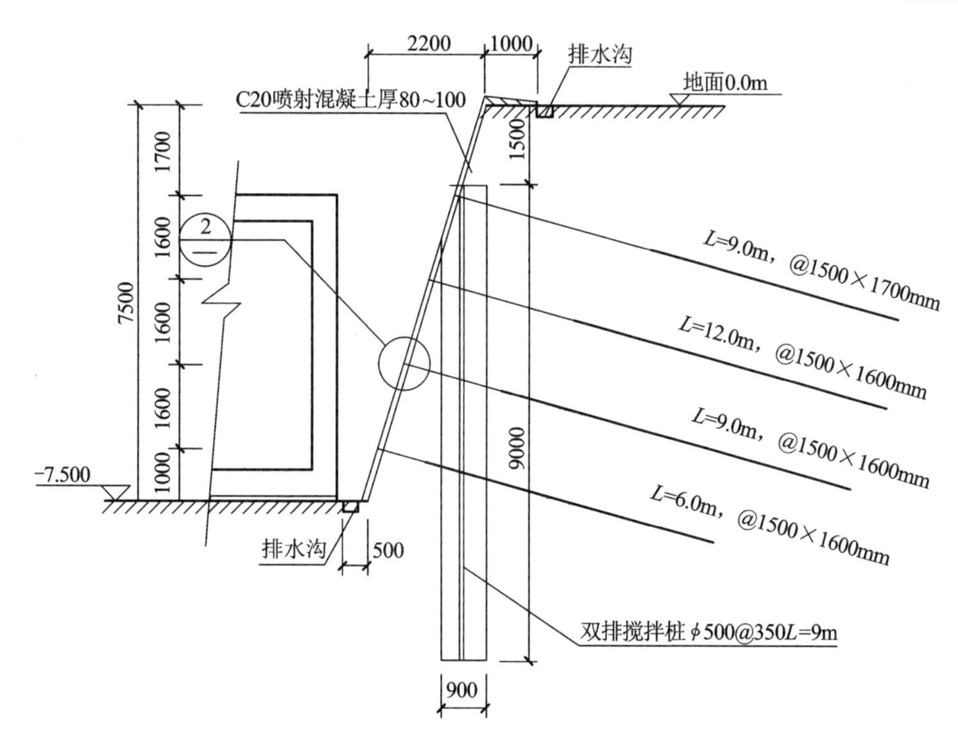

图 3-4　搅拌桩复合土钉墙支护设计图

(1) BAa/UVv/jklm 段复合土钉支护

这些地段基坑周边环境比较宽松，主要位于地下街的两端和广场南侧，有一定的放坡条件，附近楼房结构也比较好。基坑设计计算深度为 7.5m，从该深基坑工程地质、环境、安全性、经济性、可行性考虑，开挖时可以按 1∶0.3 放坡，即放 2.2m 宽的坡，采用锚杆＋网喷＋双排搅拌桩支护，计算时，基坑边部按 10kPa 荷载考虑，楼房按 3 层荷载计算。经过计算，按表 3-3 设置锚杆参数可以满足基坑边坡安全要求。

表 3-3 锚杆参数(位置 0.0 点在地面)

位置(m)	锚杆长度(m)	水平间距(m)	倾角(°)	锚杆材料
1.7	9	1.5	15	1ϕ48t3 钢管
3.3	12	1.5	15	1ϕ48t3 钢管
4.9	9	1.5	15	1ϕ48t3 钢管
6.5	6	1.5	15	1ϕ48t3 钢管

锚杆注浆采用 P·O32.5 普通硅酸盐水泥,水灰比为 0.45,外加早强剂及止水剂,注浆压力 0.5MPa,注浆体强度为 M15。

土方开挖后应及时喷射混凝土以保护土体,喷射混凝土厚度为 80～100mm,强度为 C20,水泥采用 P·O32.5 普通硅酸盐水泥,混凝土配比约为水泥∶砂∶石=1∶2∶2,外加速凝剂。编网钢筋采用Φ6.5 圆钢,间距 200mm×200mm,以使整个喷锚网受力更加均匀。锚杆头部采用Φ16 螺纹钢筋作为加强筋,挂网土钉采用Φ22 螺纹钢,长度为 1000mm,间距 1500mm×1500mm。锚杆注浆及网喷。以下均同此。

(2) st(大众影院)段支护

该地段只有约 30m 长,南距大众影院台阶约 7m,但考虑到大众影院前需要场地,支护长度不大,其邻近支护均须采用连续墙方案,从该处环境、安全性、经济性、可行性考虑,该段采用连续墙+锚杆支护方案。基坑设计计算深度为 7.5m。计算时,基坑边部按 15kPa 荷载考虑,楼房按 3 层荷载考虑。经过计算,按表 3-4 锚杆参数设置 1 排锚杆可以满足基坑边坡安全要求,连续墙参数见表 3-5。

表 3-4 锚杆参数(位置 0.0 点在地面)

位置(m)	锚杆长度(m)	水平间距(m)	倾角(°)	锚杆材料
2.5	19	1.5	10～15	1ϕ60t4 钢管+1Φ25 钢筋

表 3-5 连续墙参数

钢筋位置	钢筋级别	钢筋实配值	支护桩参数
竖向钢筋	HRB335	2Φ22@150	墙高 11m,墙顶标高−1.5m,墙底标高−12.5m,混凝土为 C30,墙厚度 600。
水平钢筋	HRB335	2Φ18@150	
拉筋	HRB235	Φ6@150	

(3) PQRS 段支护

该地段靠近解放路,其基坑北侧为 7 层商业银行、6～7 层新建居民楼和

6层瑞金医院，商业银行与地下室外墙距离约4.0m，新建居民楼裙楼和瑞金医院与地下室外墙距离4.5m，结构都比较好。但考虑到各建筑物长度不长，为了便于施工，该段还是采用连续墙支护为好(图3-5)。基坑设计计算深度为7.5m，计算时，基坑边部按10kPa荷载考虑，楼房荷载按15kPa考虑。经过计算，按表3-6中锚杆参数设置锚杆可以满足基坑边坡安全要求，连续墙参数见表3-7。

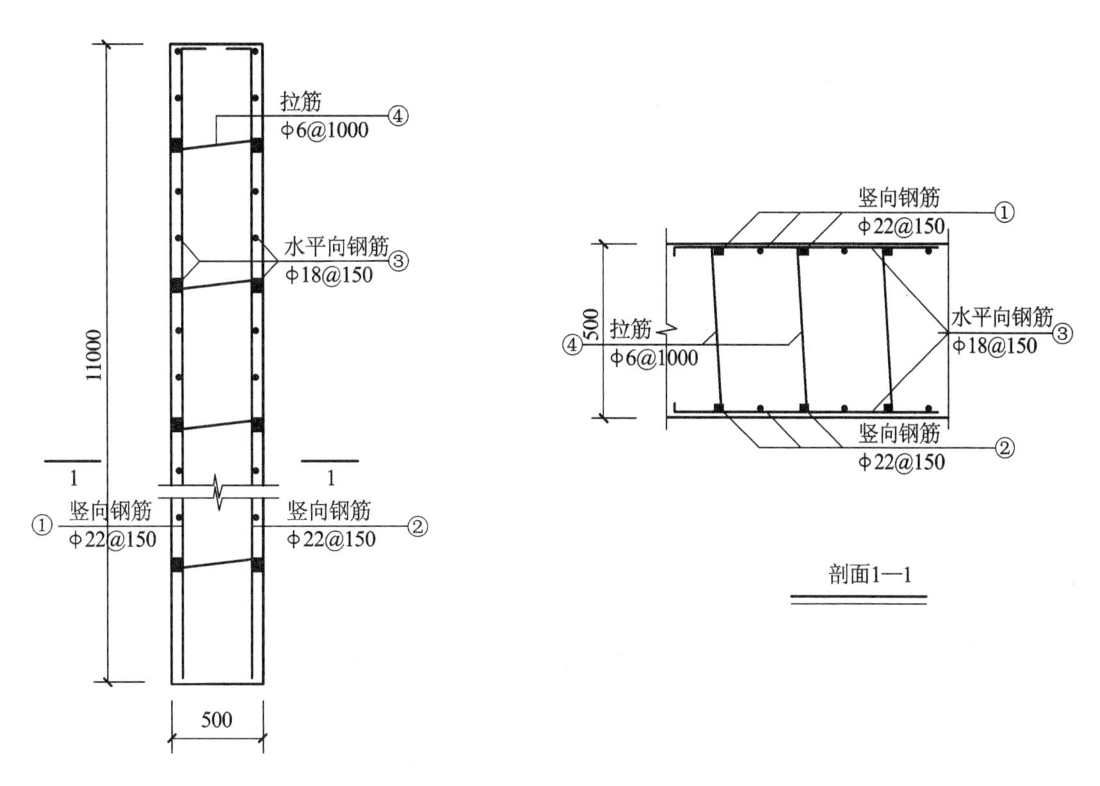

图3-5　地下连续墙配筋图

表3-6　锚杆参数(位置0.0点在地面)

位置(m)	锚杆长度(m)	水平间距(m)	倾角(°)	锚杆材料
2.5	19	1.2	10～15	1ϕ60t4钢管+1Φ25钢筋

表3-7　连续墙参数(位置0.0点在地面)

选筋类型	钢筋级别	钢筋实配值	支护桩参数
竖向钢筋	HRB335	2Φ22@150	墙高11m，墙顶标高－1.5m，墙底标高－12.5m，混凝土为C30，墙厚度600。
水平钢筋	HRB335	2Φ18@150	
拉筋	HRB235	Φ6@150	

3.4.5 DEF/KLM/OP/nop/rs/tuv 段连续墙＋锚杆支护计算

下面给出采用理正软件对连续墙＋锚杆支护进行计算的结果，从计算结果可见，墙顶位移为 12mm，墙身最大位移 18.12mm，发生在墙的中部偏下位置，满足变形要求，计算简图及相关系数分别如图 3-6 和表 3-8 所示。

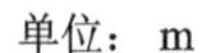

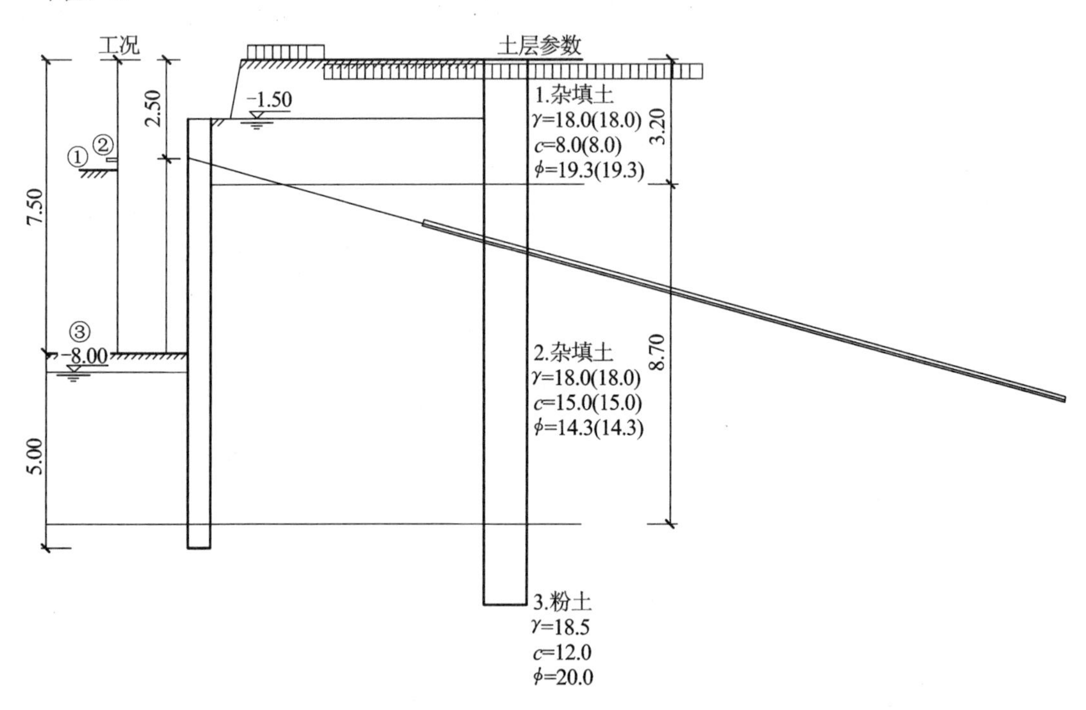

图 3-6 计算简图

表 3-8 相关系数表

层号	土类名称	层厚(m)	重度(kN/m³)	浮重度(kN/m³)	黏聚力(kPa)	内摩擦角(°)
1	杂填土	3.20	18.0	8.0	8.00	19.30
2	杂填土	8.70	18.0	8.0	15.00	14.30
3	粉土	7.20	18.5	8.5	—	—
层号	与锚固体摩擦阻力(kPa)	黏聚力水下(kPa)	内摩擦角水下(°)	水土	计算 m 值(MN/m⁴)	抗剪强度(kPa)
1	35.0	8.00	19.30	合算	6.32	—
2	40.0	15.00	14.30	合算	4.16	—
3	40.0	12.00	20.00	合算	7.20	—

（1）土压力及墙内力计算（图 3-7、表 3-9）

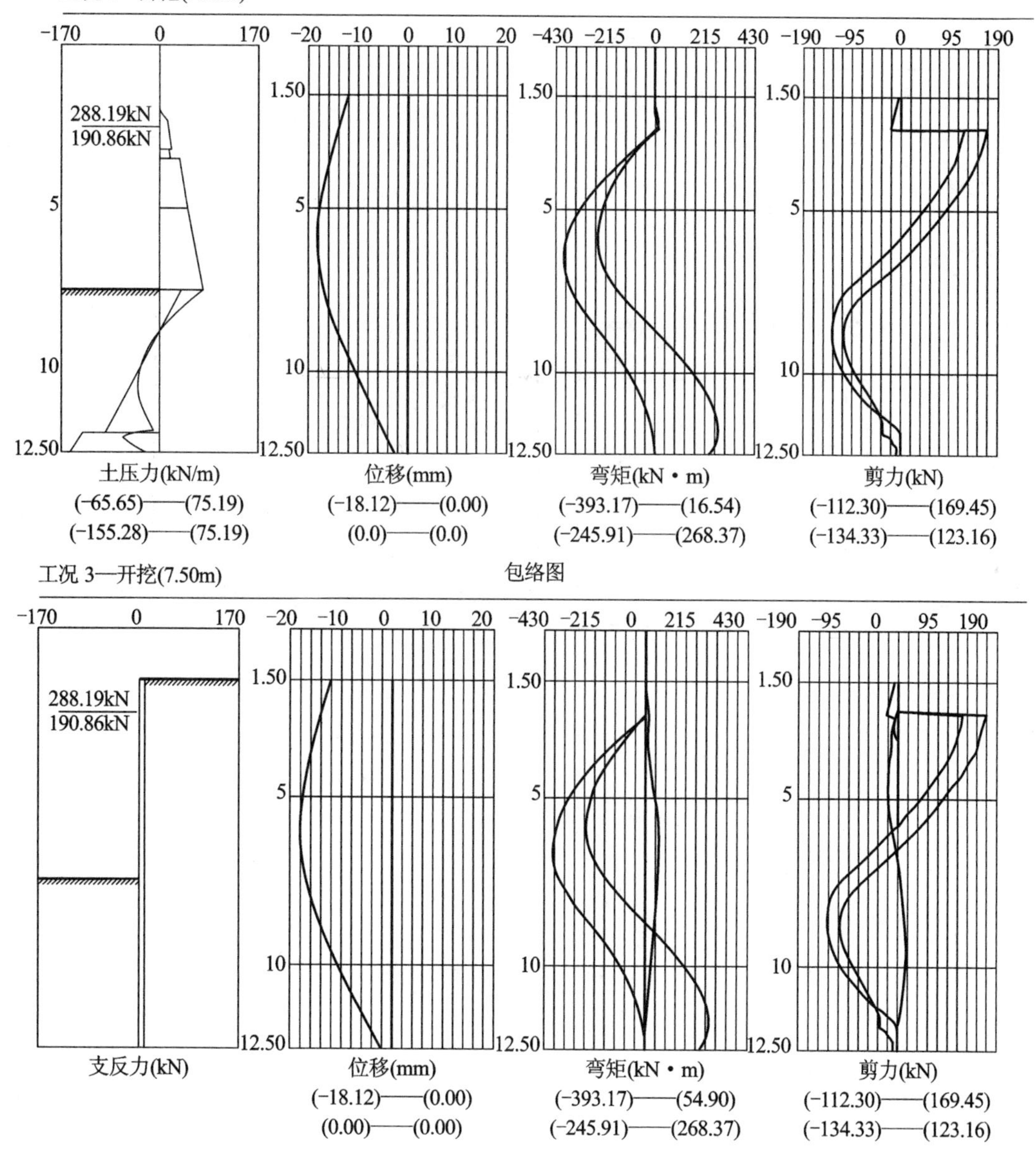

图 3-7　内位移包络图

表 3-9　内力取值

段号	内力类型	弹性法计算值	经典法计算值	内力计算值	内力实用值
1	基坑内侧最大弯矩(kN・m)	393.17	245.91	261.28	261.28
2	基坑外侧最大弯矩(kN・m)	54.90	268.37	285.15	285.15
3	最大剪力(kN)	169.45	134.33	167.91	167.91

(2) 锚杆计算

具体参见表 3-10 及图 3-8。

表 3-10 锚杆参数表

锚杆最大内力弹性法(kN)	锚杆最大内力经典法(kN)	锚杆内力设计值(kN)	自由段长(m)	锚固段长(m)	设计总长(m)
288.19	190.86	238.58	5.0	14.0	19

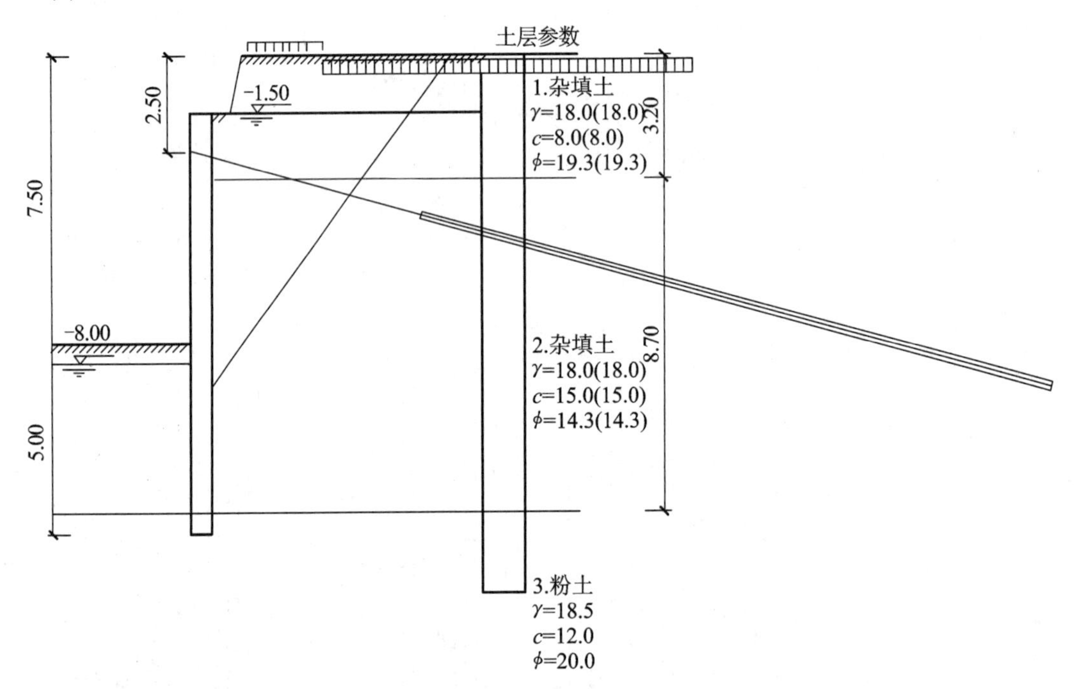

图 3-8 锚杆自由段长度计算简图

(3) 整体稳定验算(图 3-9)

计算方法:瑞典条分法

应力状态:总应力法

条分法中的土条宽度:0.50m

滑裂面数据

整体稳定安全系数 $K_s=1.270$

圆弧半径(m) $R=13.012$

圆心坐标 X(m) $X=-1.407$

圆心坐标 Y(m) $Y=7.856$

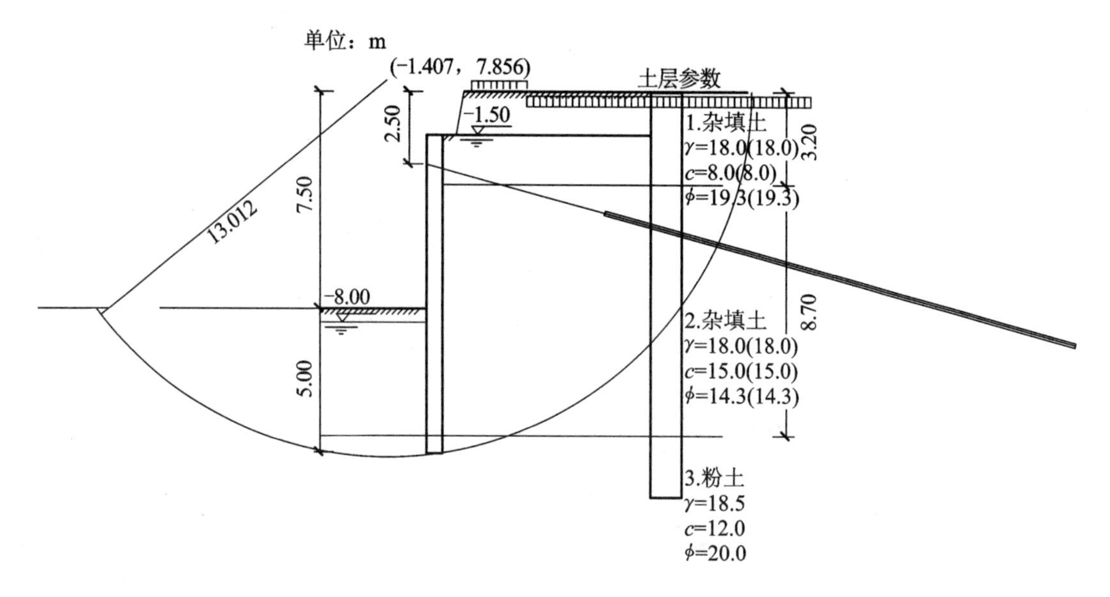

图 3-9　整体稳定验算简图

(4) 抗倾覆安全系数

$$K_s=\frac{M_p}{M_a}$$

式中　M_p——被动土压力及支点力对桩底的弯矩，对于内支撑支点力由内支撑抗压力决定，对于锚杆或锚索，支点力为锚杆或锚索的锚固力和抗拉力的较小值；

M_a——主动土压力对桩底的弯矩。

注意：锚固力计算依据锚杆实际锚固长度计算(表 3-11)。

表 3-11　参数表

支锚类型	材料抗力(kN/m)	锚固力(kN/m)
锚杆	227.326	219.911

$$K_s=\frac{1108.566+2124.182}{2613.912}=1.237\geqslant 1.200\text{，满足规范要求。}$$

(5) 抗隆起验算

根据 Prandtl(普朗德尔)公式

$$K_s=\frac{\gamma D N_q+c N_c}{\gamma(H+D)+q}$$

$$N_q=\left[\tan\left(45^\circ+\frac{\varphi}{2}\right)\right]^2 e^{\pi\tan\varphi}$$

$$N_c=(N_q-1)\frac{1}{\tan\varphi}$$

$$N_q=\left[\tan\left(45°+\frac{20.000°}{2}\right)\right]^2 e^{3.142\tan 20.000°}=6.399$$

$$N_c=(6.399-1)\frac{1}{\tan 20.000°}=14.832$$

$$K_s=\frac{18.060\times5.000\times6.399+12.000\times14.832}{18.027\times(6.000+5.000)+61.804}=2.906\geqslant1.1$$，满足规范要求。

如果采用 Terzaghi(太沙基)公式，则是：

$$K_s=\frac{\gamma DN_q+cN_c}{\gamma(H+D)+q}$$

$$N_q=\frac{1}{2}\left[\frac{e^{\left(\frac{3}{4}\pi-\frac{\varphi}{2}\right)\tan\varphi}}{\cos\left(45°+\frac{\varphi}{2}\right)}\right]^2$$

$$N_c=(N_q-1)\frac{1}{\tan\varphi}$$

$$N_q=\frac{1}{2}\left[\frac{e^{\left(\frac{3}{4}\times3.142-\frac{1}{18}\times3.142\right)\tan 20.000°}}{\cos\left(45°+\frac{20.000°}{2}\right)}\right]^2=7.439$$

$$N_c=(7.439-1)\frac{1}{\tan 20.000°}=17.690$$

$$K_s=\frac{18.060\times5.000\times7.439+12.000\times17.690}{18.027\times(6.000+5.000)+61.804}=3.398\geqslant1.15$$，满足规范要求。

注意：按以下公式计算的隆起量，如果为负值，按 0 处理。

$$\delta=\frac{-875}{3}-\frac{1}{6}\left(\sum_{i=1}^{n}\gamma_i h_i+q\right)+125\left(\frac{D}{H}\right)^{-0.5}+6.37\gamma c^{-0.04}(\tan\varphi)^{-0.54}$$

式中 δ——基坑底面向上位移(mm)；

n——从基坑顶面到基坑底面处的土层层数；

γ_i——第 i 层土的重度(kN/m^3)，地下水位以上取土的天然重度(kN/m^3)，地下水位以下取土的饱和重度(kN/m^3)；

h_i——第 i 层土的厚度(m)；

q——基坑顶面的地面荷载(kPa)；

D——桩(墙)的嵌入长度(m)；

H——基坑的开挖深度(m)；

c——桩(墙)底面处土层的黏聚力(kPa)；

φ——桩(墙)底面处土层的内摩擦角(°)；

γ——桩(墙)顶面到底面处各土层的加权平均重度(kN/m³)。

$$\delta=\frac{-875}{3}-\frac{1}{6}(135.0+61.8)+125\left(\frac{5.0}{7.5}\right)^{-0.5}+6.37\times 18.0\times 12.0^{-0.04}(\tan 0.35)^{-0.54}=8(\text{mm})$$

(6) 抗管涌验算(图3-10)

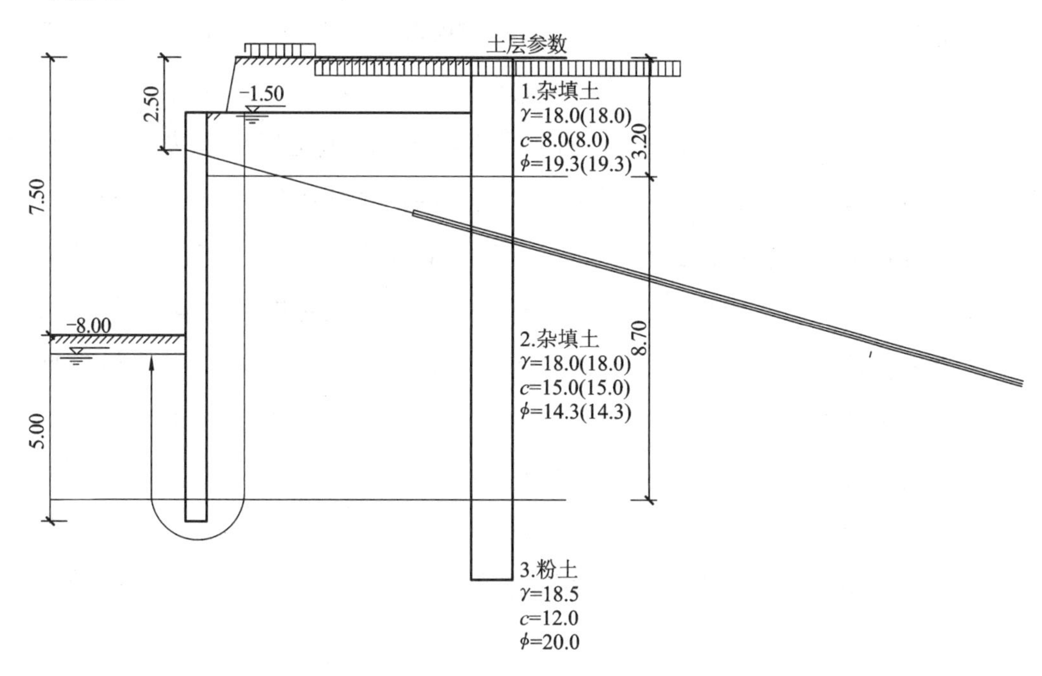

图3-10　抗管涌验算简图

抗管涌稳定安全系数($K\geqslant 1.5$)：

$$1.5\gamma_0 h'\gamma_w\leqslant(h'+2D)\gamma'$$

式中　γ_0——侧壁重要性系数；

γ'——土的有效重度(kN/m³)；

γ_w——地下水重度(kN/m³)；

h'——地下水位至基坑底的距离(m)；

D——桩(墙)入土深度(m)；

$K=2.227\geqslant 1.5$，满足规范要求。

3.4.6 地下水治理设计

勘察报告建议采用轻型井点结合管井法进行降水，渗透系数 K 值根据地区经验及土工试验对第①层的渗透系数取 2.51×10^{-4} cm/s，第②层的渗透系数取 3.15×10^{-4} cm/s，第③层的渗透系数取 6.50×10^{-4} cm/s。根据该工程地质水文及周边环境情况，该基坑地下水治理将采取侧壁隔水及坑底降水措施，在保证地下主体结构施工可行的条件下尽量减少抽水量，以免基坑附近楼房因抽水发生沉降。

（1）基坑侧壁封闭止水

基坑开挖时，由于组成边坡的土层主要为松散的杂填土，虽然含水量大，但渗透系数只有 3.15×10^{-4} cm/s(0.27m/d)，属于弱透水层，且可以不考虑承压水对基坑的突涌影响。为了减少因土方开挖时赋存于上部填土层中上表滞水失水过多造成周围建筑物沉降，基坑开挖前在放坡土钉墙支护段需要沿基坑边施工 2 排粉喷桩进行止水，粉喷桩参数为 $\phi500@350L=9$m，桩顶距地面 1.5m，连续墙支护段可以依靠连续墙防止周边水土流失。基坑开挖后应及时进行喷锚支护施工，避免水土流失。基坑坑内的水由明沟或盲沟将坑内水汇集到集水坑中然后由抽水机抽出。基坑开挖施工时应防止地表生活用水排入坑内，同时加强基坑积水的及时连续排放，保持基坑内无积水。加强地表水及上层滞水有组织排放是本工程排水的关键，也是基坑安全的重要保证。有场地条件的基坑四周可以设置明沟截排水，每隔 30～40m 设置集水井，作地表面排水，保持基坑内及地面不受雨水浸泡，在每个集水井内设置一台抽水机，并指定专人及时排水。

（2）降水设计

根据地质报告提供的土层渗透系数 K 值，第①层的渗透系数取 2.51×10^{-4} cm/s(0.22m/d)，第②层的渗透系数取 3.15×10^{-4} cm/s(0.27m/d)，第③层的渗透系数取 6.50×10^{-4} cm/s(0.56m/d)，属于弱透水层，且水压力比较小，因此采用轻型井点结合管井法进行降水，可以达到减压疏干降水的目的。

采用理正软件对广场部分基坑进行降水计算，计算结果表明，广场部分基坑涌水量为 $396\text{m}^3/\text{h}$，只需采用 11 口 $40\text{m}^3/\text{h}$ 的抽水泵，考虑到单泵的抽水半径和降水经验，广场部分基坑拟设置 12 口降水井。通过计算，广场部分设置 12 口井降水，在满足降深条件下，基坑周边地面沉降一般为 20mm，满足周边环境的安全要求。根据经验和计算,可以沿基坑南北两侧设置管井降水井,降水井间距控制在25m左右,降水井井位可以根据具体情况布置。井孔采用ϕ600,井深12m。井管采用ϕ400的水泥碎石管或由钢筋做骨架的钢筋笼和尼龙布钢丝网一道制成滤水管,管井过滤器长度宜与含水层厚度一致。采用扬程20m,流量$30m^3/h$的潜水泵。由降水井抽出的水必须通过设置在地面上的排水管排入市政雨水管网,不得通过明沟排水。

轻型井点降水可采用真空井点降水方法,真空井点的过滤器长度不宜小于含水层厚度的1/3;滤管直径可采用38～110mm的金属管,管壁上渗水孔直径为12～18mm,呈梅花状排列,孔隙率应大于15%;管壁外应设两层滤网,内层滤网宜采用30～80目的金属网或尼龙网,外层滤网宜采用3～10目的金属网或尼龙网;管壁与滤网间应采用金属丝绕成螺旋形隔开,滤网外应再绕一层粗金属丝;当一级井点降水不满足降水深度要求时,亦可采用二级井点降水方法;井点管可采用射水法、钻孔法和冲孔法成孔,井孔直径不宜大于300mm,孔深宜比滤管底深0.5～1.0m。在井管与孔壁间及时用洁净中粗砂填灌密实、均匀。投入滤料的数量应大于计算值的85%,在地面以下1m范围内应用黏土封孔;井点使用前,应进行试抽水,当确认无漏水、漏气等异常现象后,应保证连续不断抽水;在抽水过程中应定时观测水量、水位、真空度,并应使真空度保持在55kPa以上。

沿道路设置的管井降水井均在基坑内布置,井间距在20m左右,在地下水补给方向的北侧应适当加密。当基坑开挖第一层土体后,约挖3m深后可以进行降水井施工并进行降水。基坑降水时应由专人、专班24h负责,密切关注地下水质及地基土的变化,发现异常应会同各方立即处理。降水施工时基坑边界周围地面应设排水沟,避免地表水渗入坑内;降水过程中要派人巡视,防止抽浑水,防止土颗粒流失,以免造成工程损失。降水时一定要注意降水速率,不能短时间内降深过大、抽水量过快,同时要监测坑内地下水位情况,降水深度在保证基坑土方开挖和主体结构施工可行的条件下尽量减少抽水量,以减小因抽水而发生的地面沉降。

3.4.7 施工情况

(1) 正常施工情况

按上述设计进行基坑支护和降水施工,比较顺利地完成了基坑开挖和地下结构施工,周边环境基本稳定。基坑开挖后地下连续墙墙面绝大部分平整,但由于地下杂填土层土质不均匀，地下连续墙施工时存在混凝土局部凸出，基坑开挖后需要采用风镐或钢钎进行找平。地下连续墙接头部位比较平齐，没有发现渗水现象，基坑施工实景图如图 3-11 所示。

图 3-11　地下连续墙基坑施工实景图

（2）工程局部连续墙倒塌事故分析

对于杂填土中 7.5m 深的基坑支护采取地下连续墙加一排锚索形成墙锚支护结构，从设计计算和工程类比来说，属于安全系数较高的支护结构型式。但是，在一处酒楼位置基坑开挖时，却发生了约 15m 长地下连续墙倒塌事故，如图 3-12 所示。幸运的是该处基坑倒塌对邻近楼房影响不大。到现场查看后，经过分析，认为出现地下连续墙倒塌主要有三方面的原因，一是紧邻基坑边有一根污水管漏水，造成该处土压力增大。二是该处锚杆没有按设计要求进行施工，造成已施工锚杆长度未满足设计要求，据说是锚杆施工时遇到地下楼房基础障碍，施工人员未向设计人员反映，私自缩短锚杆；墙面上有的预留锚杆孔根本没有钻孔迹象，即应该施工锚杆的位置根本没有锚杆。三是部分施工人员及管理人员认为对于 7.5m 深的基坑采用地下连续墙＋锚杆支护结构太强，在遇到地下障碍不便施工时，便私自做主没有按设计要求施工预应力锚杆。由于上述原因，该处基坑边坡地下连续墙支护倒塌。

通过该工程事故教训可知，基坑支护确实是风险性很大的工程，基坑支护

(a)

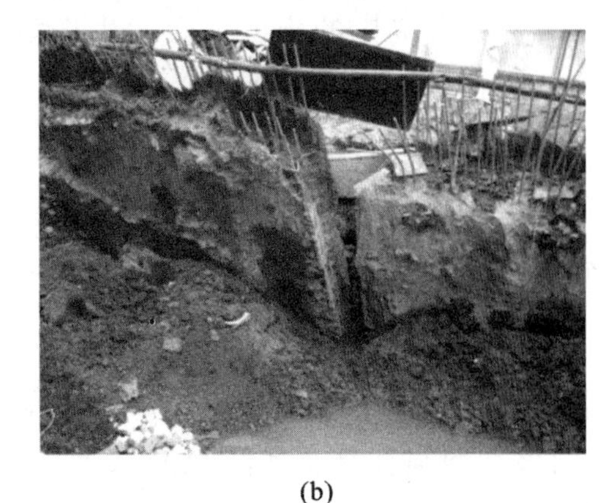
(b)

图 3-12　地下连续墙局部倾倒图

(a)倒塌情况；(b)连续墙墙面情况

工程安全不仅仅是由设计确定，更应该是由支护设计、施工过程控制、施工单位经验等三方面决定，即使有一个安全、可行的支护设计，还必须严格按设计要求进行施工，否则安全性很高的支护结构也会出现安全事故。

3.5　论文——预应力钢管锚杆在武汉国际会展中心深基坑围护加固中的应用

何新，谭先康，李欢秋，等. 预应力钢管锚杆在武汉国际会展中心深基坑围护加固中的应用[M]//黄熙龄. 地基基础按变形控制设计的理论与实践. 武汉：武汉理工大学出版社，2000：153-157.

3.5.1　前言

在含水量较大的填土、软土、粉土、粉细砂等土层或有承压水的地层中使用锚杆技术，往往因锚杆成孔时孔壁塌落、水土流失及缩孔等现象而造成周围地面开裂和沉降，从而造成对周围建筑物及环境的破坏。为了避免这种现象发生，有时可采用套管跟进成孔方法，以保护孔壁，但这种方法需要专用钻机及拔管机，工艺比较复杂，造价也较高，而采用钢管锚杆则可解决上述问题。钢管锚杆是用钢管如 ϕ48 钢管、ϕ63 钢管等代替钻杆和锚杆杆体一部分或全部，用钻机直接将带出浆孔的钢管钻入土层中。钢管代替钻杆具有以下几个优点：①节省钻杆；②钢管在钻进过程中对土体扰动较小，钻进速度快；③钻进过程中起到护壁作用，孔壁周围的土体不会发生塌落、水土流失及缩孔等现象；④当锚杆设计吨位较高，仅靠钢管不能完全承担拉力时，不足部分可通过在钢管中放置钢筋予以解决。由此可见，钢管锚杆应用比较经济、可靠及灵活，可广泛应用于流塑性软土及易流失的砂土中。该锚杆技术在汉口地区的深基坑支护中取得了许多成功经验，如建银大厦、青年广场、沿江大道上的新世纪大厦等深基坑桩锚工程中，均采用了预应力钢管锚杆技术，这些均说明在一些复杂地层中已越来越多地应用钢管锚杆。因此研究钢管锚杆承载力及其计算方法对于更好地推广应用该类型锚杆具有实际意义。

3.5.2 钢管锚杆承载力计算

钢管锚杆承载力计算可按普通成孔锚杆进行，只是钢管锚杆注浆时采用了封闭压力注浆，故计算锚固体直径须考虑注浆有效扩散半径。锚杆极限承载力为

$$T=\pi DL_i\tau_i \tag{3-1}$$

式中 D——锚固体直径(m)；

L_i——锚固段长度(m)；

τ_i——土体与砂浆体之间或砂浆体周围土体的极限摩阻力(kPa)。

目前计算 T 时，τ_i 通常取原状土层的极限摩阻力，而 D 则取钻杆的直径或成孔的直径，这样取值适宜于岩石锚杆，但在土层锚杆中由于未考虑浆液对土体强度的提高，故使 T 的计算值偏小，这种偏差在钢管锚杆中更明显。工程实践表明，计算钢管锚杆的承载力应考虑浆液的扩散半径，而浆液扩散半径与注浆压力、注浆时间、浆液黏度、土体的空隙以及土体的渗透性等因素有关。当假设浆液为牛顿流体并按柱体扩散时，对于假定为均质和各向同性的砂土，可以根据 Reffle 公式计算浆液的扩散半径；对于粉土、粉质黏土等可参考 Reffle 公式进行估算，然后根据实际注浆效果进行调整。其公式为

$$t=\frac{n\beta r^2\ln(\frac{r}{r_0})}{2K} \tag{3-2}$$

式中 t——在注浆压力下的注浆时间(s)；

n——砂土空隙率；

β——浆液黏度对水的黏度比；

r_0，r——注浆管、浆液扩散半径(cm)；

K——砂土的渗透系数(cm/s)。

由此可见，当浆液材料、土质、注浆压力一定时，浆液扩散半径可通过控制注浆时间来达到，然后通过现场试验确定最后的注浆时间。

3.5.3　工程中的应用

(1) 工程概况

武汉国际会展中心位于汉口解放大道武汉商场东侧，工程分为拥有地下室的广场部分和主楼两部分，广场地下室处基坑开挖深度为 11.9～16.2m，基坑围护部分在 1997 年完成了地下连续墙施工后整个工程处于停工状态，1999 年开工后，考虑到在地下水位较高的砂性土中进行锚杆成孔施工，将导致流砂现象，故在不改变原设计承载力条件下将未施工的锚索改为预应力钢管锚杆。

该工程周边环境比较复杂，特别是北侧距解放大道上地下箱涵和高架桥较近，基坑施工中必须严格限制边坡变形和水土流失，以确保箱涵和高架桥的安全。与基坑开挖及锚杆施工相关的土层主要为：

① 松散的杂填土，厚度为 0.5～3.4m；

② 黏土：厚度 0～8.2m，平均 4.6m；

②a 淤泥质土黏土粉质黏土互层：厚度 0～7.5m，平均 1.4m；

③ 粉土：厚度 1.1～8.1m，平均厚度 4.6m；

④ 粉砂：厚度 6.4～16.5m，平均厚度 11m；

⑤ 粉细砂：平均厚度 15.6m。

上部填土层中含丰富的上表滞水，粉土为过渡性土层，在丰水期，承压含水层的水头在地面下约 2m。由此可见，上部①～③层构成基坑的侧壁，④层构成基坑坑底。土层物理力学参数见表 3-12。

表 3-12　土层物理力学参数

土层	厚度(m)	c(kPa)	φ(°)	γ(kN/m³)	f_k(kPa)	E_s(MPa)	孔隙比	K(cm/s)
①杂填土	1.7	0	20	19.0				
②黏土	4.6	20	15	18.5	150	5.6	0.95	3.62×10^{-8}
②a淤泥质土黏土粉质黏土互层	1.4	20	15	18.5	100	3.5	1.10	

续表 3-12

土层	厚度(m)	c(kPa)	φ(°)	γ(kN/m³)	f_k(kPa)	E_s(MPa)	孔隙比	K(cm/s)
③粉土	4.6	20	18	19.3	150	6.5	0.79	1.41×10^{-5}
④粉砂	11	0	32.5	19.5	200	13	0.83	2.97×10^{-4}
⑤粉细砂	15	0	32.5	19.5	270	13	0.79	1.26×10^{-3}

该工程深基坑支护原方案为地下连续墙加预应力锚索支护体系，深井降水。第一排锚索设计长度为28m，锚固力为360kN。由于锚索施工在成孔过程中容易造成水土流失，引起地面沉陷，易对周边环境造成不利影响，因此继续施工将采用预应力锚杆施工新技术——成孔送锚一次性完成的钢管锚杆。以解放大道侧为例，其锚杆设计参数为：设置两排锚杆，锚头位置在－4.2m、－7.2m处，长度均为28m，设计锚固力为350kN，倾角18°，水平间距分别为1.1m和1.3m，锚杆受拉筋采用ϕ63×4无缝钢管＋2Φ20螺纹钢筋（抗拉力424kN＞350kN），外锚采用300mm×300mm×10mm钢板和45号钢的M42×300螺杆及相应的螺母，注浆采用纯水泥浆，水灰比约为0.45，外加早强剂，注浆压力1～1.2MPa，锚杆锁定荷载为设计荷载的7/10。加固结构剖面图如图3-13所示。

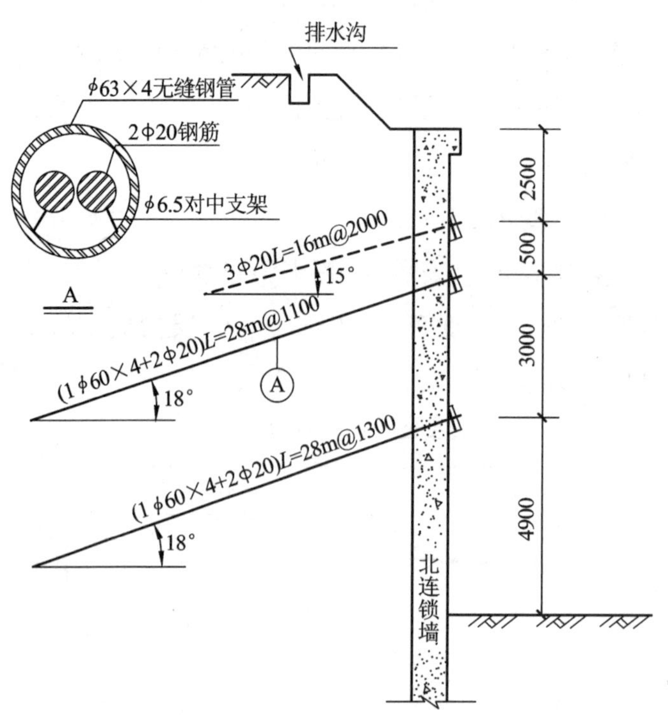

图 3-13 加固结构剖面图

（2）锚杆设计计算

对于解放大道侧第一排锚杆，锚固段位于粉土和粉砂中，取介质的渗透系数 $K=1.41\times10^{-5}$cm/s，$n=1$，$\tau=35$kPa，注浆参数 $\beta=2$，$P=1$MPa，注浆管半径 $r_0=5.35$cm。设计锚杆长度为 28m，锚固段长度为 22m，锚固力为 350kN，根据 Reffle 公式计算得浆液扩散半径为 7.25cm，由公式(3-2)计算得注浆压力达到 1MPa 时还需稳压注浆约 2min。同样可计算其他位置的锚杆注浆参数。

（3）锚杆施工

钢管锚杆施工的主要内容包括锚杆制作、锚杆孔位及倾角的确定、在 800mm 厚的钢筋混凝土连锁灌注墙中开孔、钢管钻进、清水冲洗钢管、送钢筋、注浆、制式钢垫墩的安装和张拉锁定。

首先在钢管的锚固段部分按设计长度均匀布置出浆孔，以便浆液渗入土层，出浆孔间距为 600mm，孔径 8mm，对称梅花形布置。螺纹钢筋用电弧对焊技术接长至锚杆设计长度，并将两根螺纹钢筋平行放置，通过对中支架点焊在一起，钢筋对焊时除了保证对接强度外，还必须保证两根钢筋为轴线对接。

根据设计要求在连锁墙上标出锚杆开孔孔位，在锚杆孔位首先采用岩石潜孔钻将 800mm 厚的钢筋混凝土连锁墙凿出 ϕ70 孔，然后用锚杆钻机将钢管钻进到设计深度。由于钢管在钻进过程中，会有许多砂土通过出浆孔进入钢管中，为了保证注浆效果，钢筋送入前需要先用压力水将管内的砂土冲洗干净，直到返回的水变清为止，同时检查钻进深度是否达到设计要求，然后再将加工好的钢筋送入管中。

浆液材料为 425 号普通硅酸盐水泥，水灰比为 0.5，外加 0.5%的三乙醇胺早强剂。采用封闭式压力注浆，注浆压力为 1.0～1.2MPa，通过控制注浆压力、注浆时间和注浆量来确保注浆的饱满，并使浆液通过钢管上的出浆孔渗入周围地层达到预期的扩散半径，保证锚杆的锚固力。根据上述计算，当注浆压力达到 1.0MPa 时，还需再注浆 2min。

锚杆浆体龄期达到 7d 时，对锚杆施加预应力并锁定。为了确保施加应力的准确性，张拉系统在使用前进行了严格的标定。

（4）锚杆锚固力检测及锚杆加固效果

锚杆抗拔试验也是在龄期达到 7d 后进行的，目的是检查这种钢管锚杆能否达到预定的设计拉拔力，以便为后续锚杆施工提供依据。锚固力检测试验设备为 YCW-150 型穿心油压千斤顶，其行程为 150mm，电动油泵加载，千分表和游标卡尺测量锚杆头位移。锚杆抗拔试验时,锚杆是否破坏主要是以油泵压力表和千分表读数来确定的,锚杆破坏表现为锚头位移速率变大、锚头位移不稳定,或荷载加不上。分别对两根锚杆进行了拉拔试验,结果如表3-13所示。其中45kN为压紧垫板所需的力,锚头无位移,位移单位为mm。从表3-13可见,当拉力达到设计拉力350kN时,锚头位移分别为19mm和22mm,此时压力表稳定,5min内三次锚头位移读数基本一致,说明该钢管锚杆施工达到了设计要求。锚杆拉力达到设计值后,仍可继续加载,当拉力达到1.1倍的设计值时锚头变形仅为24mm和25mm,锚头位移读数稳定,说明还未达到锚杆的极限承载力。由此说明,钢管锚杆设计时考虑浆液扩散对周围一定范围的土体加固作用可以更准确地反映该种锚杆的受力性能。

表3-13 土中钢管锚杆拉拔试验结果

锚头位移(mm) 拉力(kN) 编号	45	89	178	222	267	312	356	400
T1	0	1	4	5	10	16	22	24
T2	0	2	5	8	11	14	19	25

从解放大道侧原已施工第一排锚索的A2点和与A2点对称的未施工锚索改用钢管锚杆的A8点位移监测数据来看,当第一排锚杆完成施工后向下挖3m至第二排锚杆施工标高(－7.7m)时,A2点位移增量明显大于A8点,而且A2点位移呈不收敛趋势,而A8点位移在挖土后仅增加4mm便稳定下来,附近地表面无任何裂缝,说明新施工的钢管锚杆锚固效果是比较明显的,所施加的预应力可以较好地控制边坡位移,钢管锚杆施工达到了设计要求。原施工的锚索由于历时两年,造成锚杆承载力降低及预应力损失,锚固力达不到原设计值,因此土体下挖3m后该处位移较大、不收敛,在锁口梁上出现数道明显的斜裂缝,经在原锚索上部0.5m处紧急施工一排锚杆后,位移便稳定在69mm。第二排锚杆仍为钢管锚杆,锚杆施工完成后,基坑顺利挖到设计标高－11.9m。

3.5.4 结束语

钢管锚杆作为土中锚杆的一种新类型已越来越多地应用于比较复杂的土层中,特别是应用于软土、粉土、粉细砂等土层中更能体现出其优越性。钢管锚杆的承载力计算除了需要考虑锚杆的锚固长度及钢管直径外,还应考虑浆液的扩散半径。本文工程实践表明,对于粉土、粉质黏土等土体,浆液的扩散半径可参考 Reffle 公式进行估算，然后根据实际注浆效果进行调整，这样计算得到的锚杆承载力比较符合实际情况。武汉建筑工程质量检测中心对基坑变形进行了监测，提供了可靠的数据，在此表示感谢。

3.5.5　参考文献

李欢秋，赵玉祥，张福明．淤泥质土中锚杆锚固力现场试验及其应用[J]．岩石力学与工程学报，2000，19(s1)：922-925.

3.6　论文——地下商业街深基坑工程"三墙合一"技术及应用

李欢秋，张 仕，连洛培，等．地下商业街深基坑工程"三墙合一"技术及应用[J]．建筑科学，2016，09：156-160.

3.6.1　引言

近年来，随着以城市轨道交通、人防地下商业街及地下综合管廊为代表的地下空间开发建设力度逐步加大，地下空间资源的开发利用已经成为我国城市现代化规划建设的新领域、新热点，而地下工程建设技术也得到了较快发展。地下工程建设一般采用明挖方式、暗挖方式或明挖暗挖结合方式进行。明挖方式就是从地面开始到主体结构基础底的基坑土方开挖方式，该方法又分为盖挖法、半盖挖法和大开挖方式等。地下空间开发特别是在地下工程近接施工、基坑开挖支护和地下水治理、桩土相互作用等方面存在诸多关键技术问题，如果这些问题得不到有效解决，则极不利于城市地下空间开发工作的顺利开展，也将严重影响地下空间开发及人防工程建设的顺利进行。对于城市繁华街道的道路下地下通道和地下商业街等窄长形地下工程，通常道路两旁新旧楼房林立，管线复杂，地质条件复杂，传统的支护方法很多，而且各有优缺点。目前，随着建筑技术的发展，地下连续墙工艺已在我国深基坑工程施工中得到了大量应用，有的地下连续墙单纯用作支护结构，有的既作支护结构又作地下室结构外墙。3.6.6 节中文献[4]提出地下连续墙宜同时用作主体地下结构外墙，也可同时用于截水，即实现"三墙合一"。本文结合某人防地下商业街工程开展地下连续墙支护、结构外墙及截水"三墙合一"技术研究，以解决城市繁华地带道路或广场下开发人防地下空间涉及的地下工程近接处理和基坑开挖支护等设计施工关键性技术问题，为相关工程提供工程应用实例。

3.6.2 工程概况

开封市某人防地下商业街平面形式为长方形，东西总长约790m，南北宽20m，最宽处在鼓楼广场位置，长约108m，宽约56.7m。本工程采用筏板基础，框架结构。场地地势比较平坦，东、西端高程基本相同，道路无较大坡度。地下室顶板上表面距现路面1.50m，基坑坑底距现路面7.3m。考虑到路边约0.2m高的人行道，因此基坑支护设计深度应按7.5m考虑。开封是古都，周边建筑多数为古建筑，具有重要的文化价值。场地两侧多为2～9层新旧民房，楼房距离基坑边2～10m不等。基坑南侧场地稍宽松，但基坑北侧距楼房较近，离基坑边最近的也是影响最大的老建筑，共有4处，因此，该基坑周边环境比较复杂，地下工程施工过程中对古老建筑物的保护显得非常重要。

开封市地处豫东平原，黄河中下游大冲积扇南翼。与基坑开挖关系密切的土层自上而下主要有杂填土、粉土和粉质黏土等，土层物理力学参数见表3-14。从表中可以看出，组成基坑边壁的土层主要为杂填土，第一层杂填土为近代填土，以粉土、粉质黏土充填，上部含有大量砖块、小石子碎片等建筑垃圾，第二层杂填土为Q_4填土，主要以粉土组成，摇振反应迅速，发育有少量锈黄色斑点，见少量小碎砖块及蜗牛壳碎片，局部见腐殖质。因此组成基坑边壁的土质较差，土承载力和压缩模量均比较低，属于软土范围。

表3-14 基坑支护设计土层物理力学参数表

层号	土层名称	厚度(m)	重度γ(kN/m^3)	黏聚力c(kPa)	内摩擦角φ(°)	承载力F_k(kPa)	压缩模量E_s(MPa)	水平渗透系数K(cm/s)
①	杂填土	3.2	18.0	8.0	19.3	80	3.4	2.36×10^{-4}
②	杂填土	8.7	18.0	13.4	12.9	95	4.6	3.04×10^{-4}
③	粉土	7.2	18.5	12	20	120	7.1	5.53×10^{-4}
④	粉质黏土	3.0	18.2	15	17	100	3.8	

场地地下水的类型为第四系孔隙潜水，局部略具承压性。地下水位在现自然地面下4.50～5.00m，比基坑底高出3m左右。由于杂填土的渗透系数较大，地下水位较高，因此基坑支护除了要考虑边坡支护外还应考虑降水及地下水对土层力学参数的影响，考虑土体渗流的影响。

为了使地下人防商业街有一个较好的运行环境，要求建筑设计截面宽度尽量大，因此地下街道外墙距地面建筑物水平距离一般都比较小，地下施工时往往只考虑地面人行宽度 2.0m 左右。为了确保基坑开挖中周边建筑物的安全稳定，而又尽量使围护结构不过多地占用空间，经济合理、安全可行的支护结构设计是地下人防商业街开发需要解决的关键技术问题。

根据上述条件，经过综合比较，选用以下支护方案：对于基坑边距房屋较远（地下室外墙距房屋 6.5m 以上）处采用 1∶0.3 放坡＋双排搅拌桩＋喷锚网的复合支护结构，双排搅拌桩起到侧向止水帷幕和边坡超前加固作用；对于基坑边壁紧临房屋（地下室外墙距房屋 2.5～6.0m）的地段则采用钢筋混凝土连续墙＋预应力锚杆支护方案，并将连续墙作为地下室外墙和止水帷幕。基坑中上层潜水采用止水帷幕和轻型井点降水相结合的地下水治理措施。

3.6.3　支护结构设计分析

(1) 地下连续墙“三墙合一”的优势

地下连续墙（简称地连墙）是指利用挖槽机械，在地下挖出窄而深的沟槽，并在其内浇注混凝土或钢筋混凝土等材料而形成的一道具有防渗、防水、挡土和承重功能的连续的地下墙体。在它的初期阶段，主要用于坝体防渗、水库地下截流，后来在挡土墙、地下结构等方面也得到应用，经过几十年的发展，地连墙施工技术已比较成熟，目前地连墙除了作为防渗墙或临时挡土墙外，已更多地被考虑用于作为具有防渗、防水、挡土和承重等多种功能的地下墙体。地连墙作为支护结构设计时，除作为支护挡土墙外，同时兼作止水帷幕和主体结构外墙，实现了挡土墙、防水墙与结构外墙的三墙合一，由此解决了以下问题：①解决了土质条件比较差，且地下水位较高的杂填土中基坑支护问题，地连墙强度和刚度大，抗变形能力强，基坑土方开挖对邻近建筑物危害小；②地连墙可防止基坑开挖时侧壁水土流失，而且由于地连墙具有一定的嵌入深度，实现地下截水，对基坑降水也起到有利的作用，此外地连墙厚度一般大于主体结构厚度，因此对主体结构防水更加有利；③解决了距离建筑物较近，周围管线密集，对建筑物变形控制比较严格情况下的垂直开挖问题；④地连墙作为地下室外墙结构，不需要支护面与外墙之间的施工间距，增加了狭窄场地地下室宽度，提高了地下面积的利用率和经济效益。

（2）地连墙强度及刚度要求

地连墙只作支护结构时，一般通过设置锚杆或支撑结构减小地连墙弯矩，限制地连墙的变形。当地连墙兼作支护结构和结构外墙时，施工阶段一般考虑锚杆或内支撑的作用，如果条件许可，可以利用主体结构的顶板或楼板作为地下连续墙的内支撑。地下连续墙作为主体结构外墙使用阶段则不考虑锚杆或内支撑的作用，主要考虑墙体在只有主体结构顶板和底板约束的条件下，侧墙的强度和变形。为了保证外墙强度，要求墙体厚度或配筋率较大，这样往往造成工程造价偏高。一般可依据地下结构梁板布局、地连墙高度等设计合理的地连墙厚度及配筋，以满足地连墙强度要求和经济性。

（3）地连墙抗变形要求

提出地连墙的抗变形要求主要是控制墙体变形以及基坑周边建筑物的变形。虽然地连墙刚度比较大，但由于地连墙是分段施工，一般情况每幅5～6m长，每幅墙体之间一般通过圆形锁口管接头或波纹管接头、楔形接头、工字形钢接头等柔性形式连接，因此地连墙整体性差，抗变形能力弱，在接头位置容易渗漏水。当地下连续墙作为主体结构外墙，且需要形成整体墙体时，一般采用一字形或十字形穿孔钢板接头、钢筋承插式接头等刚性接头。为了提高地连墙的整体性和刚度，常在地下连续墙顶设置通长的冠梁、在墙壁内侧槽段接缝位置设置结构壁柱、对基础底板与地下连续墙采取刚性连接等。

（4）地连墙及锚索设计计算

本工程地连墙锚索支护设计参数见表3-15，支护剖面图如图3-14(a)所示。设计计算时分别按地连墙支护挡土阶段和使用阶段进行强度和刚度验算。挡土结构计算时按单幅墙或每延米进行分析，地连墙外侧土压力计算宽度相应地取包括接头的单幅墙宽度或每延米宽度，土压力强度标准值按朗肯土压力计算确定，锚杆或支撑对地连墙约束作用应按弹性支座考虑。锚固力和地连墙位移内力计算结果见图3-15，因此可见地连墙最大变形为18.12mm，满足变形要求。地连墙配筋见图3-14(b)。

表3-15　地连墙锚索支护设计参数

编号	支护方案	地连墙厚度/长度(m)	锚杆(锚管)长度(m)	外墙到房屋距离/楼层数/q(kPa)
1	连续墙＋锚杆	0.6/11	22	3.0m/3/45
2	连续墙＋锚杆	0.6/11	19	5.0m/4/60

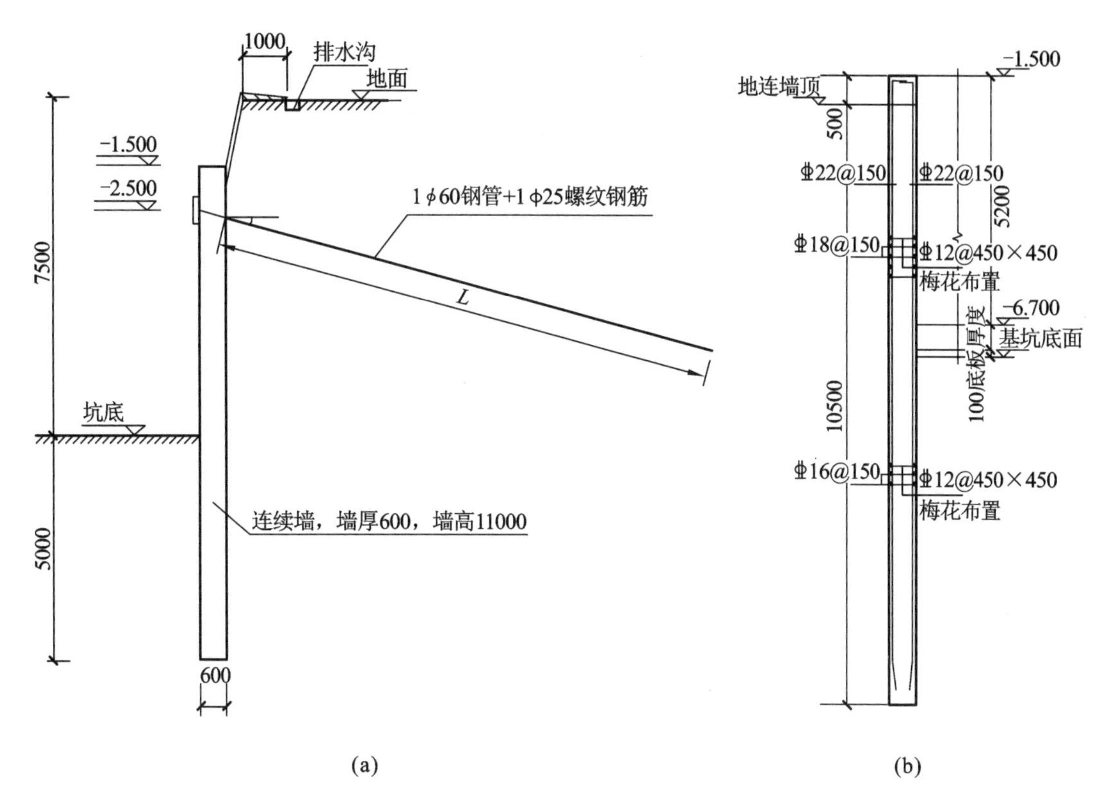

图 3-14　地连墙与锚杆支护断面示意图

(a)支护剖面图；(b)地连墙配筋图

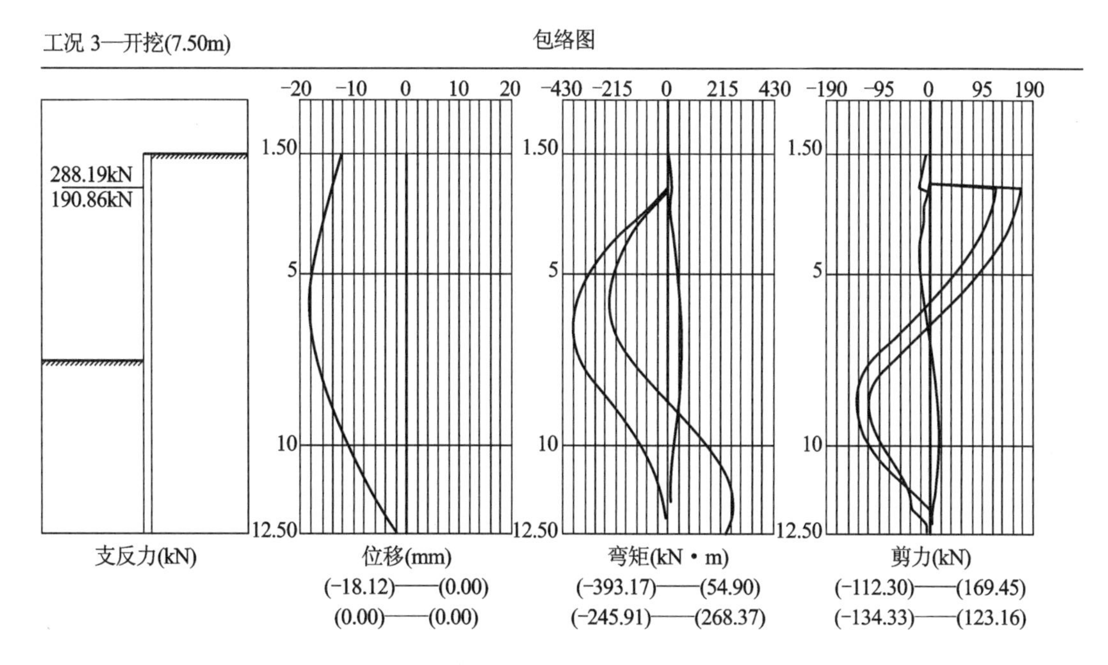

图 3-15　锚索锚固力和地连墙位移内力计算结果

地连墙作为主体结构外墙，按规范要求应将其作为永久性结构纳入主体结构范畴，同时满足支护结构和主体结构的要求，地连墙配筋应选取支护结构配筋和主体结构外墙配筋的最大配筋值，混凝土抗渗等级不小于P6级。为保证地连墙刚度，分别采用以下解决办法：①选取地连墙厚度为600mm，嵌入工程底板以下5m深度，地连墙配筋中竖向筋均为双排直径22mm、间距150mm，底板上部水平筋为双排直径18mm、间距150mm，底板下部水平筋为双排直径1mm、间距150mm。钢筋均为HRB400级钢筋，各排钢筋之间设拉结筋，梅花形布置。②在地连墙上部，相对自然地面2.5m处，采用一排预应力锚杆，锚索水平间距1.5m，预应力为设计拉力的60%。通过对锚索进行预应力张拉，控制地连墙顶端变形，满足地连墙刚度及受力要求。

3.6.4 几个关键技术问题处理

（1）地连墙兼作结构外墙时与工程底板钢筋衔接问题

地连墙作为主体结构外墙时需要与顶板及底板或楼板相连接，由于是先施工地连墙，后施工底板（楼板），因此底板（楼板）与外墙衔接时，钢筋需满足一定的锚固长度。本工程设计要求施工地连墙时在底板相应位置预埋底板钢筋并满足锚固相关要求，在墙体内侧填挤塑板，用ϕ4网片与墙筋固定焊牢。底板采用直螺纹接驳器衔接，接驳器口部采用胶带封堵，便于后续去掉与底板钢筋衔接，衔接处应做好防水处理。具体衔接示意图见图3-16。

（2）地连墙接茬处理

地连墙钢筋混凝土施工接头通常有：接头管接头、接头箱接头、钢筋搭接接头、隔板式接头、钢板组合接头及预制块接头。地连墙作为主体结构外墙时应采用刚性接头，以方便设计中采用钢筋搭接接头，具体的成槽接茬施工工艺示意见图3-17。在接茬处施工时应注意施工质量，严格按照相关规范要求施工，确保地连墙施工质量，防止接茬漏水。对于钢筋笼的接头处理，通常采用咬合式接茬，后续钢筋笼吊装时与前期扣接咬合，在放钢筋笼时定位必须准确，以保证两次钢筋笼之间迅速充分咬合，保证工程质量。

（3）地连墙与锚杆结合处理

在施工地连墙时，不能同时施工预应力锚杆，只能通过预留锚杆孔洞，后续施工锚杆。因此，在地连墙钢筋笼制作时，应根据锚杆位置间距预留锚杆孔洞，

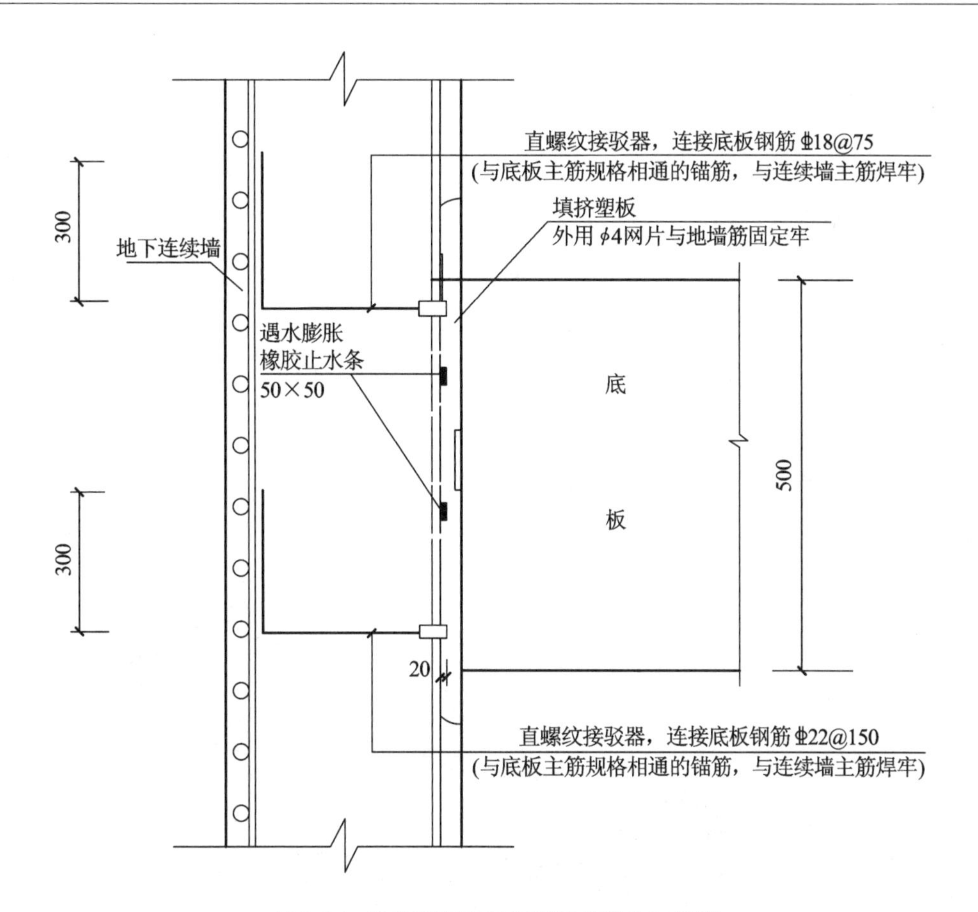

图 3-16　地连墙与底板钢筋衔接做法示意图

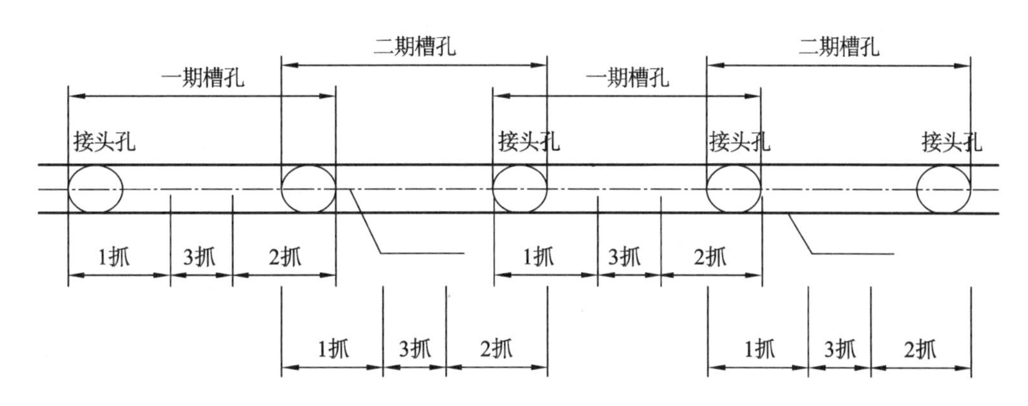

图 3-17　地连墙成槽接茬示意图

通常采用预留钢套管办法，钢套管直径应满足锚杆成孔及张拉要求。钢套管壁厚不小于 5mm，周边应焊接止水翼环，翼环大小应符合相关规范要求，确保工程防水。在锚杆施工时，应确保注浆压力及注浆密实程度，同时在地连墙处预留注浆管，待锚杆预应力张拉完毕后，二次压力注浆，浆体中掺加防水剂，充分注浆，以达到防水效果。

(4) 施工中易出现的问题及处理

① 地连墙锚杆施工达不到设计要求，易造成地连墙变形过大，接茬处出现裂缝漏水，严重时可能导致地连墙倾斜和倒塌。

② 地连墙与锚杆结合处，止水环必须按地下穿墙管要求安装，锚杆注浆必须密实，否则在锚杆孔处容易发生漏水现象。

③ 如果地连墙接茬处混凝土浇筑不密实，则容易造成接茬处漏水，需要另外采取堵漏防渗措施。

④ 地连墙泥浆护壁虽可保证一定垂直度，但不够光滑，当兼作结构外墙时，需加工处理或另做衬壁(图 3-18)。

图 3-18　已施工完成的地连墙

3.6.5　结语

城市地下商业街基坑支护中面临的各种因素复杂，对于开挖面较大、地质情况较差、地下水位较高、稳定性要求较高的深基坑，特别是位于城市古老繁华街道下的深基坑工程，采用传统单一的支护方法往往不能解决开挖过程中面临的多重问题。地连墙与锚杆相结合的施工支护方法无疑是一种比较合理的支护方法，如果将地连墙(挡土墙)作为主体结构的外墙及抗渗墙，实现三墙合一，必将大大降低工程造价，且非常有利于工程安全和缩短工期。同时在地连墙与锚杆结合支护中，均应把握工程关键环节，针对工程中可能出现的问题，提前做好设计及施工预案，确保整个工程质量。该基坑支护工程在老旧楼房附近采用地连墙技术，成功实现了支护结构、主体结构的外墙及抗渗墙“三墙合一”，这无疑为相关人防地下商业街工程的建设提供了很好的技术措施。

3.6.6 参考文献

[1] 张仕,李欢秋,王爱勋.提高 PHC 管桩在深基坑支护中应用的技术途径[J].地下空间与工程学报,2011,7(s2):1643-1647.

[2] 张向阳,李欢秋,吴祥云,等.不良地质环境中基坑边坡加固技术分析及其应用[J].岩土力学,2007,28(s1):663-668.

[3] 王德才.地下连续墙与逆作法施工[J].科技风,2011(2):175.

[4] 马占森.旋流井地下连续墙支护及井壁逆作法施工技术[J].工业建筑,2011(s1):872-874.

第 4 章　基坑施工近接工程基础托换技术

4.1　近接工程影响范围分析

城市建筑基坑周边环境比较复杂，基坑往往邻近楼房或地下管网线，特别是修建在繁华街道下的地下商业街或地下综合管廊，两侧新老建筑密集，地面和地下建（构）筑物与新建地下工程距离很近。基坑工程土方开挖势必引起周围地基地下水位的变化和应力场的改变，导致周围地基土体的变形，对周围建（构）筑物和地下管线产生影响，严重的将危及其正常使用或安全；另一方面，新建地下工程有可能会改变邻近既有建（构）筑物的受力状态，出现非对称加载或卸载、局部基础变位、传力路线及结构受力模式变化等，从而对四周既有建（构）筑物、道路、地下设施、地下管线、岩土体及地下水体等产生不利影响，这就是所谓的地下工程近接问题。地下工程近接工程示意图如图 4-1 所示。

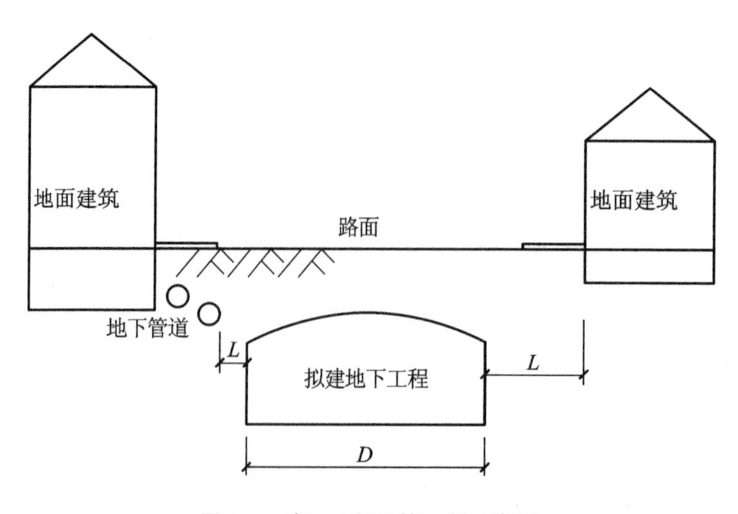

图 4-1　地下工程近接工程示意图

为了探讨地下工程基坑开挖或地下洞室开挖对附近环境的影响范围，为简化起见，先通过考虑一带有圆孔的无限大板上圆孔的应力集中问题来分析，如图 4-2 所示，大板内有小圆孔，半径为 a，假设大板边长 $B \gg a$，在无限远处有均

匀拉应力 q_1 和 q_2 作用。通过分解，分别求出两种受力情况下的基尔斯解，然后进行叠加得到圆孔附近应力。

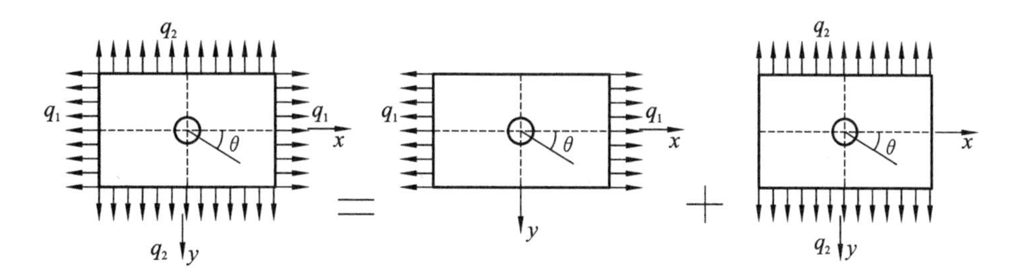

图 4-2　有圆孔的无限大板

上面的问题叠加后的应力解为

$$\begin{cases} \sigma_{\mathrm{r}}=\dfrac{q_1+q_2}{2}\left(1-\dfrac{a^2}{r^2}\right)+\dfrac{q_1-q_2}{2}\left(1-\dfrac{a^2}{r^2}\right)\left(1-\dfrac{3a^2}{r^2}\right)\cos 2\theta \\ \sigma_\theta==\dfrac{q_1+q_2}{2}\left(1+\dfrac{a^2}{r^2}\right)-\dfrac{q_1-q_2}{2}\left(1+3\ \dfrac{a^4}{r^4}\right)\cos 2\theta \\ \tau_{\mathrm{r}\theta}=\tau_{\theta\mathrm{r}}=-\dfrac{q_1-q_2}{2}\left(1-\dfrac{a^2}{r^2}\right)\left(1+3\ \dfrac{a^2}{r^2}\right)\sin 2\theta \end{cases} \tag{4-1}$$

应力集中问题关键是要考虑孔边的应力情况(图 4-3)，当 $r=a$ 时孔边径向应力 σ_{r}、剪应力 $\tau_{\mathrm{r}\theta}$ 均为零。对于 σ_θ，下面分情况讨论：

(1) 沿孔边，$r=a$，环向正应力 $\sigma_\theta=(q_1+q_2)-2(q_1-q_2)\cos 2\theta$。

又当 $\theta=0$，$\sigma_\theta=3q_2-q_1$；当 $\theta=90°$，$\sigma_\theta=3q_1-q_2$，即孔边环向应力与两个方向的拉力有关。

(2) 沿 y 轴，$\theta=90°$，环向正应力 $\sigma_\theta=q_1\left[1+\dfrac{1}{2}\left(\dfrac{a}{r}\right)^2+\dfrac{3}{2}\left(\dfrac{a}{r}\right)^4\right]+q_2\left[\dfrac{1}{2}\left(\dfrac{a}{r}\right)^2-\dfrac{3}{2}\left(\dfrac{a}{r}\right)^4\right]$。在 $r=a$ 时，$\sigma_\theta=3q_1-q_2$。

(3) 沿 x 轴，$\theta=0$，环向正应力 $\sigma_\theta=q_1\left[\dfrac{1}{2}\left(\dfrac{a}{r}\right)^2-\dfrac{3}{2}\left(\dfrac{a}{r}\right)^4\right]+q_2\left[1+\dfrac{1}{2}\left(\dfrac{a}{r}\right)^2+\dfrac{3}{2}\left(\dfrac{a}{r}\right)^4\right]$。

$q_2=0$ 的情况下，$r=a$ 时，$\sigma_\theta=-q$；$r=3^{\frac{1}{2}}a$ 时，$\sigma_\theta=0$。即仅在 x 向拉力作用下，在距孔边处环向应力最大为 $-q$，在 0.73 倍的孔半径处，环向应力为零。

因此地下洞室开挖对周围应力场的影响范围是有限的，如果处于弹性状态，则只与洞室开挖尺寸有关，但是对于岩土工程，洞室开挖后其周围岩土均不

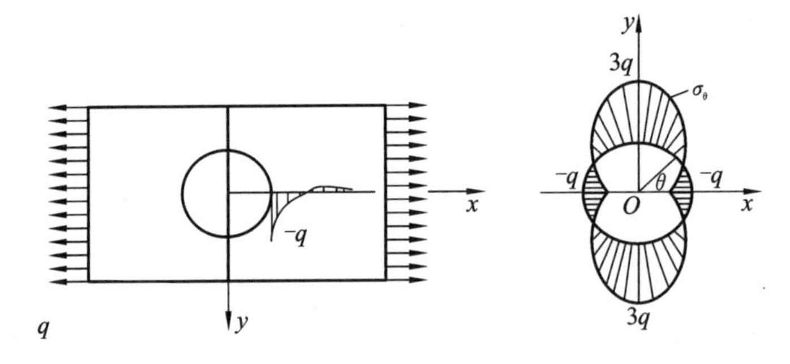

图 4-3　孔边应力分布图

可能处于弹性状态，此时地下洞室开挖对周围应力场的影响范围不仅与洞室开挖尺寸有关，与地质条件也关系密切。在洞室与地面建筑近接施工时，新建地下结构的受力模式不同于半无限体或无限体中修建单一洞室的一般状况，其初始应力场往往经过多次扰动，施工将引起再次扰动，其受力往往是非对称的。根据有关计算，在静水应力场下，开挖地下圆形洞室，若二次应力场处在弹性应力状态，则孔边环向应力大于或等于 1.1 倍初始应力的范围为 2.67 倍洞室半径的圆形区域。在静水应力场下，开挖地下圆形洞室，若二次应力场处在塑性应力状态，则对于不同类型的围岩，其塑性区范围不同，对于Ⅳ类围岩，其塑性区半径为 1.146r，对于Ⅵ类围岩，其塑性区半径为 2.125r。一般来说圆形洞室开挖影响范围可考虑在 1～3 倍洞室半径的范围，地质条件越差，影响范围越大。楼房与地下洞室近接距离越近，洞室周边的应力越大，从而引起洞室周围应力重分布发生恶化。正是这种应力场的不对称性导致了既有结构和新建结构的受力变异，造成既有结构的安全性和新建工程施工的复杂性问题。

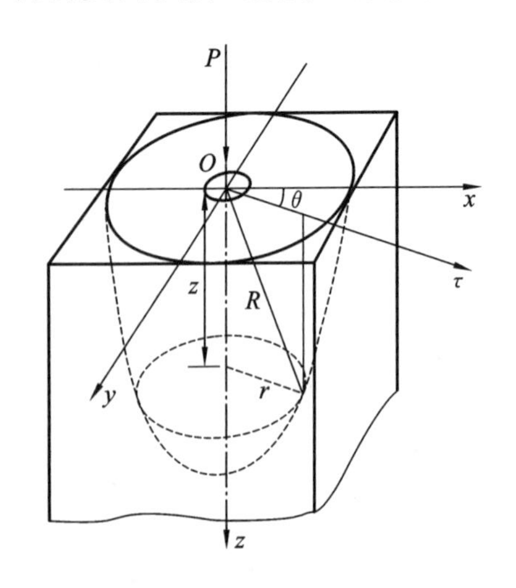

图 4-4　半空间体受集中力作用

地下工程开挖对已建近接工程有影响，同样，已建近接工程对正在施工的地下工程也有影响，从力学上讲，这种影响主要表现在近接工程荷载引起的地基附加应力对拟建地下工程的影响。为了简化起见，可以将近接工程荷载简化成竖向集中荷载 P，见图4-4，则在该集中荷载作用下，深度 z 处的竖向应力可以由弹性力学方法求得：

$$\sigma_z = \frac{3Pz^3}{2\pi R^5} \tag{4-2}$$

$$R^2 = r^2 + z^2 \tag{4-3}$$

上述公式中，P 为集中力，单位为 kN，r、R、z 等单位为 m，则应力 σ_z 单位为 kN/m^2(即 kPa)。由上述公式可见，集中荷载产生的竖向应力存在着如下规律：

(1) 竖向应力与弹性常数无关，只与荷载和深度有关。

(2) 在 $r>0$ 的竖直线上，竖向应力从零逐渐增大，至一定深度后又随着 z 的增加而逐渐变小。

(3) 在集中力 P 的作用线上，即 $r=0$，$\sigma_z=3P/(2\pi z^2)$，竖向应力沿 P 作用线上的分布随深度增加而呈抛物线式递减。当深度 $z=3.16$m，竖向应力降至地面应力的 10%；当深度 $z=4.47$m 时，竖向应力降至地面应力的 5%；当深度 $z=10$m 时，竖向应力降至地面应力的 1%(图 4-5)。

(4) 在 z 为常数的水平面上，随着深度 z 的增加，集中力作用线上的竖向应力减小；竖向应力随 r 的增加也逐渐减小。

若在空间将竖向应力相同的点连成曲面，就可以得到竖向应力的等值线，其空间曲面的形状为橄榄球状(图 4-6)。由此可见，已建近接工程荷载对新建地下工程的影响范围可以按图 4-5 近似地来确定。

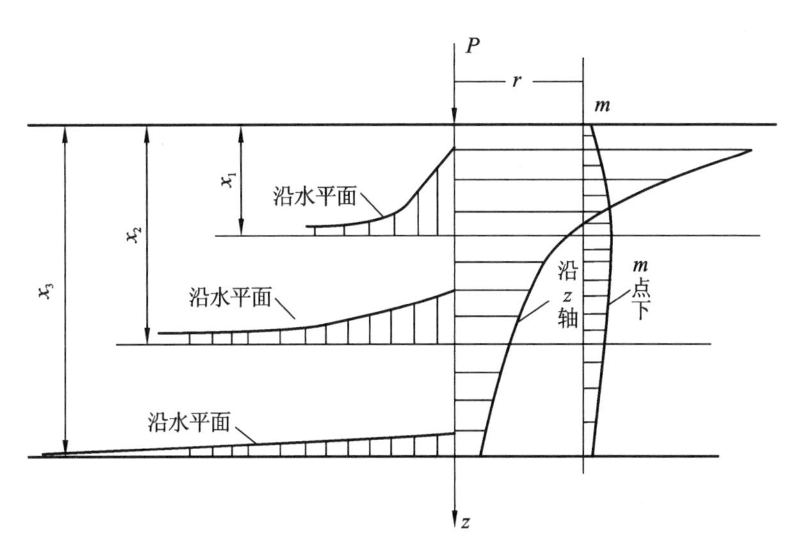

图 4-5　竖向应力分布图

4.2　近接工程保护措施

地下工程近接工程保护措施主要是针对难度不同的近接施工采取不同的

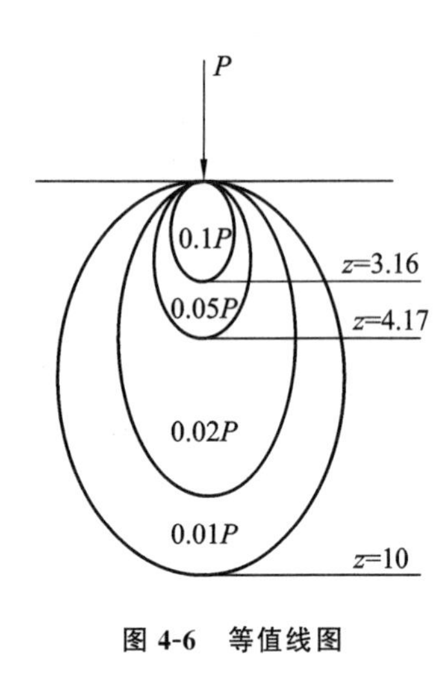

图 4-6　等值线图

对策，目的是在保证安全的条件下，尽量满足经济性要求。地下结构近接施工的研究中，日本研究较早，对此已相继制定了铁路、公路和电力等各行业的近接施工指南，并在相应的规范中有专门的条文说明，对近接施工类问题做了较系统的论述，提出了近接度和影响分区等概念，并根据相互之间的距离确定限制范围、要注意范围和无关范围。国内最新出版的有些规范和专著中也有了关于近接施工的相关内容，如《公路隧道设计规范》(JTG D70—2004)中专门列入了小净距隧道(所谓小净距隧道是指上下行双洞洞壁净距较小，不能按独立双洞考虑的隧道结构)的内容，并提出了控制最小净距原则。对于Ⅳ级围岩(压密或成岩作用的黏性土及砂性土、Q_1Q_2黄土、一般钙质铁质胶结的碎石土和卵石土等)，最小距离为 2.5 倍的洞室跨度；Ⅴ级围岩(一般第四系半干硬至硬塑的黏性土及稍湿至潮湿的碎石土、圆砾、角砾土和卵石土、Q_3Q_4 黄土等)，最小距离为 3.5 倍的洞室跨度；Ⅵ级围岩(软塑状黏性土及潮湿、饱和粉细沙层，软土等)，最小距离为 4.0 倍的洞室跨度。小于最小距离的洞室则应按小净距隧道方式进行充分的技术论证，遵循“少扰动、快加固、勤量测、早封闭”设计和施工原则。对于有偏压的小净距隧道，支护参数、施工方法和施工顺序宜进行特殊设计。仇文革通过理论分析和有限元计算，阐明了地下结构近接施工的力学原理，并按受力特征属性，对地下结构近接施工进行了分类，提出了近接程度的量化指标，近接度共分五度，即 0～4°，近接度越高，表明距离越小，影响越大。

为了便于指导近接工程设计和施工，本书本着简单、便于掌握和应用的原则，根据上述对近接施工影响区的分析，参考有关规范，确定地下工程近接施工影响范围可按 3 个影响区进行处理。

无影响区：地下工程施工对周围环境基本没有影响，加固施工主要是确保地下工程施工本身安全。

弱影响区：地下工程施工对周围环境有一定的影响，应调查近接工程结构物的档案、施工记录等确认结构的状态，并进行相应的目视检查。加固施工除了要确保地下工程施工本身安全外，还需要考虑对近接工程的影响，有必要对近接工程进行适当的加固处理。

强影响区:地下工程施工对周围环境影响严重,应详细调查近接工程结构物的档案、施工记录和基础形式等来确认结构的状态,并进行相应的目视检查和仪器检测。加固施工除了要确保地下工程施工本身安全外,还要专门考虑地下工程施工对近接工程的影响,在地下工程施工前必须对近接工程进行加固处理,有的需要在拟建工程和近接工程之间进行工程隔断,以确保拟建地下工程施工不会危及近接工程的安全和正常使用。

近接工程影响区的划分主要依据地质条件、近接距离、近接度以及建(构)筑物的特点等。这里所谓的近接距离是指建(构)筑物承重结构外侧到洞室毛洞边线的水平距离,用L表示,近接距离越大,则对近接工程的影响越小;近接度是指近接距离与洞室毛洞直径或邻近的边墙高度(D)之比,用K_D表示。

$$K_D=L/D \tag{4-4}$$

近接度越大,则对近接工程的影响越小。根据上述分析、浅埋暗挖施工方法及有关工程经验,本书针对不同类型土给出了近接度与影响程度的关系,见表4-1。

表4-1 近接度与影响程度关系

影响程度	近接度		
	一类土(Ⅵ级)	二类土(Ⅴ级)	三类土及以上(Ⅳ级)
无影响区	$K_D>3.0$	$K_D>2.5$	$K_D>1.5$
弱影响区	$2.0<K_D\leqslant3.0$	$1.0<K_D\leqslant2.5$	$0.5<K_D\leqslant1.5$
强影响区	$K_D\leqslant2.0$	$K_D\leqslant1.0$	$K_D\leqslant0.5$

对于近接工程,划定影响区后,则可以根据所确定的影响区采取相应的措施,本书主要是从三方面着手:

一是地下工程施工在无影响区和弱影响区范围内时,对于明挖工程应采取一定的边坡加固措施以保持边坡的稳定,例如采取土钉墙、复合土钉墙或水泥土墙等措施。

二是地下工程施工在邻近弱影响区时,基坑支护可采取复合土钉墙、加筋水泥土墙或钢筋混凝土灌注桩等措施,既要保持边坡的稳定,又要控制好边坡及周边地面的变形;如果建筑物结构整体性较差、基础较浅,则需要加固建筑物基础。

三是地下工程施工在强影响区时,应在既有结构和拟建地下工程之间采取工程隔断措施,主要是在地面沿地下工程外边线施工强支护结构,如地下连续墙、钻孔灌注桩或钢板桩等，将邻近建筑物和地下工程影响区隔开，严格控制基坑边坡变形及对环境的影响。如果土质较差，还应在地面及坑内实施超前注浆以加固土体，在基坑土方开挖过程中增加内支撑或锚杆以防止边坡和周边地面变形；如果邻近建筑物基础较浅、建筑物结构整体性较差，则需对建筑物结构和基础进行加固，例如采取基础托换、树根桩法等措施。

此外，城市地下商业街工程一般位于繁华街道下，道路路面下不可避免地存在各种市政管线。地下开挖会使周围地层和地面产生变形，严重者会影响到管线的正常使用。因深基坑施工时边坡或地面变形过大而造成的管线开裂甚至断裂、渗水涌水、道路中断、房屋倾斜等工程事故时有发生，所以，解决近接工程施工中地下管线的安全保护技术问题应成为地下工程施工的重中之重。对邻近管线的保护应作为一项系统工作来做，主要内容包括施工前由勘察设计单位进行的地下管线调查、管线受施工影响的安全性评价、管线变形监测及施工技术控制措施的制定；施工时，施工单位进一步复核地下管线的位置和状态，严格按照设计要求进行基坑土方开挖和支护施工，加强管线或管线部位位移和沉降监测，制定工程风险防范和管理机制，及时处理险情等。这些工作环环相扣、密切相关、相互影响，每一项具体工作是否落实到位，都直接影响到基坑工程的质量和近接工程的安全稳定。

4.3 工程实践

城市中地下工程深基坑周围一般距建(构)筑物较近，基坑支护除了要确保地下建筑物主体施工安全外，更需要考虑基坑施工对近接工程的影响，必要时对近接工程采取超前加固处理措施。这里列举黄石市和武汉市采取不同加固技术对强影响区范围的楼房进行基础处理的实例。

4.3.1 黄石某医院急救中心基坑邻近楼房基础加固

(1) 工程概况

黄石市某医院拟在院内兴建一栋 15 层的急救中心大楼，设有一层地下室，基坑底面面积约 1480m^2，形状为长方形。地梁及承台底标高为－7.70m，基坑开挖深度达 7.1m。由于场地周边楼房密集，基坑开挖无放坡条件，且西侧南段紧邻 4 层的手术楼，而且该楼在基坑开挖前基础已有较大的沉降。因此基坑土方开挖时，必须采取安全可行的基坑支护和楼房加固措施，确保地下室主体工程的顺利进行和周边建(构)筑物的安全。

(2) 手术楼与基坑的关系

根据现场施工放线，基坑西侧南端约 21m 长，紧邻正在使用的 4 层手术楼，该手术楼为框架结构，新楼 H 轴线距手术楼外墙仅 0.43～0.67m，而且其 ZT13 承台将伸入手术楼基础约 17cm，因此该手术楼处于基坑施工的强影响区。由于必须确保医院手术楼的绝对安全，因此在基坑开挖时将其列为重点保护对象。手术楼及基坑南侧紧贴围墙，围墙外为宽 4.5m 的湖滨巷，巷边为一层门面房，距围墙约 10m 为埋深达 4m 的地下砖砌拱形排洪港，水量大，该侧在基坑开挖时也属重点保护部位。

(3) 场区工程地质水文条件

依据《黄石市某医院急救中心岩土工程勘察报告》(黄石市建筑设计研究院)，拟建场地地貌单元属长江一级阶地，原湖港曾几次蛇曲穿过，现地势低平，地面标高 18m 左右。与基坑开挖和支护密切相关的土层的主要特征如下：①杂填土：色杂，松散不匀，湿，主要为建筑垃圾；②黏土：黄褐色，可塑，高压缩性，粉粒含量较重，不均匀；③黏土：灰色，软可塑，高压缩性；④黏土夹角砾：17 号孔缺失，可硬塑，中压缩性。土层力学参数见表 4-2，其中 c、φ 值系根据勘测报告提供的 f_k 值查相关文献获得。

场地存在有上层滞水，水位埋深 0.2～0.49m，受大气降水及地面排水补给，主要赋存于①层土中，极不均匀。地基水土属无腐蚀或弱腐蚀等级。

表 4-2　基坑支护设计土层物理力学参数表

编号	土层名称	层厚 (m)	重度 γ(kN/m^3)	黏聚力 c(kPa)	内摩擦角 φ(°)	承载力 f_k(kPa)	压缩模量 (MPa)
①	杂填土	0.5～0.7	18.0	5.0	20		
②	黏土	5.6～6.6	18.5	20.0	12	127	3.85
③	黏土	1.9～7.1	18.3	18.0	10	112	3.03
④	黏土夹角砾	2.0～4.3	20.6	35.0	16	336	7.16

(4) 深基坑边坡支护及止水设计方案简介

从该深基坑工程地质、环境、安全性、经济性、可行性考虑，该基坑支护选择了微型钢管注浆桩＋喷锚网支护（又称复合土钉墙支护结构）、喷锚网支护（土钉墙支护结构）等综合支护及止水方案，对于紧邻手术楼的关键部位采取预制静压桩托换，见图 4-7，然后在手术楼基础下进行花管注浆，并用喷锚网护面。

喷锚网支护是利用加固的土体支护土体，依靠信息法施工的一种科学方法，它属于主动制约机制的支护体系。它在工程应用中具有如下特点：

① 高压喷射混凝土封闭边坡土体，能有效地防止地表滞水渗漏及边坡流砂现象，锚杆的压力水泥浆液渗入土体，大大提高了土体的抗渗性能；

② 喷锚网支护施工与基坑开挖同时进行，缩短了土体变形的时间，扰动性小，对边坡稳定极为有利，由于工序协调，缩短了施工周期；

③ 基坑护壁完成后相对美观整洁，便于主体文明施工；

④ 喷锚网支护施工具有快速及时、施工灵活、占地小、施工机械轻便等优点，除了一台空压机可产生如卡车的噪声外，其他设备产生的噪声均比较低，对周边居民干扰小。

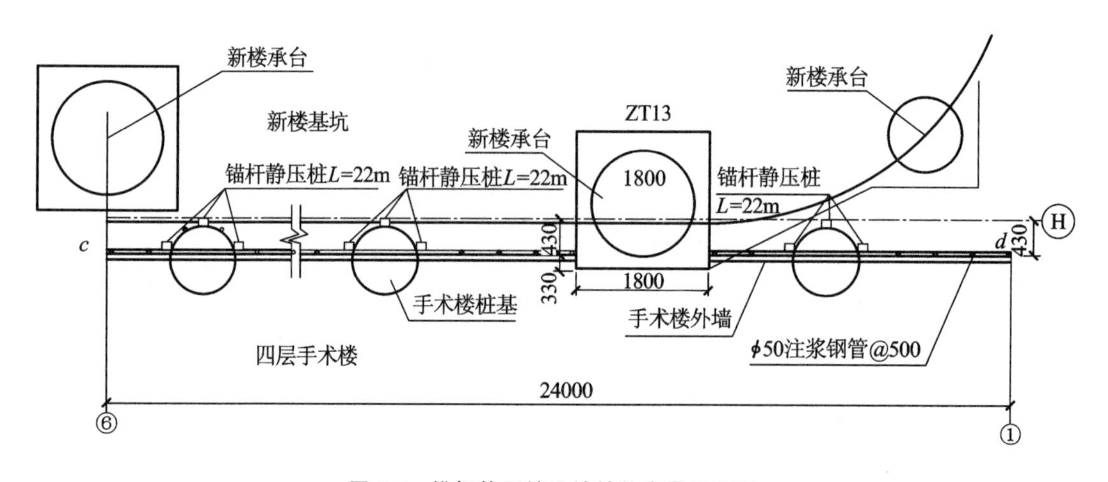

图 4-7 锚杆静压桩设计桩位布置平面图

（5）紧邻基坑的手术楼基础锚杆静压桩托换设计

锚杆静压桩是利用锚杆提供反力，通过反力架用千斤顶将钢桩或钢筋混凝土预制桩逐段压入土中的沉桩工艺。锚杆可以是垂直地表的土中锚杆或临时锚在混凝土底板、承台中的地锚。当压桩力、压入深度达到设计要求后，将桩与基础联结在一起，达到提高地基承载力和控制建筑物沉降的目的。锚杆静压法施工与静压法施工不同，静压法是通过大型静力压桩机以压桩机自重及桩架上的配重作反力将预制桩压入土中的一种沉桩工艺。锚杆静压桩施工的桩一般为 250mm×250mm 左右的小截面钢筋混凝土预制方桩或圆桩，主要用于人工填土、粉质黏土、粉土以及淤泥质土中新建(采用逆做法施工)或已建多层建筑物的地基加固、托换、纠偏等工程中。

锚杆静压桩的优点有:所用压桩机具简单轻便,可在室内及狭小的空间内作业;易于操作,施工时基本上无噪声,不扰民,利于环境保护;桩段预制,桩身质量可靠;压桩力可控,传荷过程和受力性能明确,施工质量可控;施工工期短,费用较低。因此该工程选择锚杆静压桩对该基坑邻近楼房基础进行加固。

本工程锚杆静压预制桩设计参数如下:

① 采用250mm×250mm钢筋混凝土预制方桩。

② 桩身混凝土强度等级为C30,配4Φ14螺纹钢筋,箍筋为圆钢φ6@200,桩段长2.0m。

③ 经计算,需在原桩外侧设3根锚杆静压桩,新桩桩端应超过原有桩,每根桩长12m。

④ 桩段接头形式常用电焊焊接和硫黄胶泥锚固接头。节间采用钢帽连接,静压桩施工时现场电焊接长。电焊焊接施工时焊前须清理接口处砂浆、铁锈和油污等杂质,坡口表面要呈金属光泽,加上定位板。接头处如有孔隙,应用楔形铁片全部填实焊牢。焊接坡口槽应分3~4层焊接,每层焊渣应彻底清除,焊接采用人工对称堆焊,预防气泡和夹渣等焊接缺陷。焊缝应连续饱满,焊好接头自然冷却15min后方可施压,禁止用水冷却或焊好即压。

⑤ 压桩时以压桩力控制为主,桩长控制为辅,但桩端须超过原有桩。压桩达到设计荷载时应稳压30min方合格,当压入桩长达到设计值而压力未达到时,则应加长桩继续加压,直到满足设计要求。

(6) 手术楼侧ZT13承台两侧基坑侧壁支护:微型钢管注浆桩+喷锚网支护

手术楼紧临坑边,新楼H轴线距手术楼外墙仅0.43m,ZT13承台外边线距H轴有0.6m,承台伸入手术楼基础约0.17m,加上开挖时需0.15m厚的喷网尺寸,故实际伸入墙内应按0.33m考虑;确定地面附加荷载:手术楼桩长15m,摩擦桩型,基坑开挖深度为5.5m,每层楼荷载按15kPa计,则地面附加荷载为15kPa×4×5.5/15=22kPa;土层物理力学参数按就近的地质剖面图确定,垂直开挖。经计算,该处须采用4排锚杆抵抗土体侧向压力,参数见表4-3。由于该处为垂直开挖,且深入手术楼基础0.33m,为此,采取下列3种加强措施:①在手术楼基础梁底下0.5m、2.5m深处,分别施工1排注浆钢管,以对手术楼底下桩间土体进行预先加固,注浆钢管参数为 ϕ50t3.5 钢管@500L=6m 和 4m;②为了增大喷层面板刚度,喷射混凝土厚度设计为 150mm;③为减小对土体的扰动,梁底下土体每次挖土高度限制在 1.0m。

表 4-3 锚杆参数表(位置 0.0 点在手术楼基础梁底)

位置(m)	锚杆长度(m)	水平间距(m)	倾角(°)	锚杆材料	距地面(m)
0.5	9	1.5	12	1Φ25	1.9
1.5	8	1.5	12	1Φ25	2.9
2.5	6	1.5	12	1Φ25	3.9
3.5	6	1.5	12	1Φ25	4.9

锚杆注浆采用 P·O42.5 普通硅酸盐水泥,水灰比为 0.45,外加早强剂及止水剂;喷射混凝土采用 C20 级,配比为水泥:砂:石=1:2:2,编网钢筋采用ϕ6.5@200×200,锚杆头采用ϕ16 螺纹钢筋加强连接。

(7) 手术楼侧 1~6 轴段(*cd* 段):微型钢管注浆桩+喷锚网支护

该段新楼外墙距 H 轴 0.15m,距手术楼外墙 0.28~0.52m,由于开挖线距手术楼太近,且手术楼基础桩距新楼外墙更近,因此该处也是垂直开挖,计算参数与(6)相同,该处也需采用 4 排锚杆抵抗土体侧向压力,参数见表 4-3,注浆喷射混凝土参数同(6)。采取下列 3 种加强措施:①在基坑开挖前,沿手术楼基础梁外边线施工 1 排竖向注浆钢管,以对手术楼底下桩间土体进行预先加固,注浆钢管参数为 ϕ50t3.5 钢管@500L=6m;②为了提高喷层面板刚度,喷射混凝土厚度设计为 150mm;③为减小对土体的扰动,梁底下土体每次挖土高度限制在1.0m。

(8) 基坑地下水处理措施

根据地质报告,场地中地下水主要为赋存于杂填土中的上层滞水。对于上层滞水,由于水压不大,而土体为杂填土及基本不透水的黏土,因此采用钢管注浆及高压喷射混凝土可以将水封闭在土体内。

基坑内的积水由明沟集水,抽水机抽出;基坑外向基坑内的补给水,如生活用水、雨水及坑内抽出的水由地面截排水沟将水截住并排出场地。排水沟尺寸为 300mm×300mm,用红砖砌筑,M5 水泥砂浆抹面,排水坡度 1%。

(9) 施工情况(图 4-8)

5 月 26 日完成静压注浆后开始进行挖土、边坡喷锚网支护及锚杆静压桩施工,至 6 月 18 日除局部及车道部分外,其他均支护到设计坑底。基坑变形、沉降监测数据表明，基坑边坡变形及地面沉降均在允许范围内，手术楼及湖滨巷侧最大水平变形为 17mm，最大沉降仅为 4.31mm，达到了预期的加固目的。

锚杆静压桩施工原计划 6d 完成，由于施工遇到了三个未曾预料到的难题，致使锚杆静压桩施工工期拖延 10d，并影响了基坑土方挖运及支护工期。三个难题及解决方法为：①手术楼承台上覆土层挖去后，发现承台尺寸比原图纸提供的要小 5～10cm，这样原设计的静压桩反力架便无法固定，只好根据现状重新设计加工反力架，将原直接固定在承台上反力架改为通过槽钢结构来固定，从而解决了这一难题；②锚杆静压桩施工完成后在封桩时，原设计采用角钢结构直接将静压桩固定在手术楼承台底部以托住承台，由于挖出承台时发现承台底不仅尺寸不规则而且承台混凝土蜂窝现象严重，因此上述封桩方法便难以实行，而改为钢板托底现浇钢筋混凝土封桩；③手术楼位置基坑挖到底后在放新建楼地下室外墙轴线时，发现手术楼承台外侧和 2 根锚杆静压桩底部斜入剪力墙内 5～15cm，必须对此进行处理，在经过充分论证的基础上，为配合剪力墙施工，决定将影响施工部位的静压桩及承台人工凿去，并对凿去的部位进行及时处理，从而保证了邻近楼房的安全和新建楼房地下室施工的顺利进行。

(a)

(b)

图 4-8　锚杆静压桩施工图

(a)施工中；(b)施工后

4.3.2　武汉某基坑邻近楼房花管树根桩基础加固

(1) 工程概况

某工程基坑位于武汉汉口沿江大道和兰陵路交界处，建筑场地濒临长江，基坑西侧靠近道路，南侧紧贴条形基础的二层老楼房，北侧为桩基的九层楼房。由于地下室承台及地梁施工要求，需挖 4.0～6.0m 深的基坑。虽然基坑深度有的不到5m,从深度上来说,不属于深基坑范围,但是在地下水位以下的砂性土中开挖基坑且坑壁紧邻二层老楼房,基坑开挖线距二层楼外墙只有0.4m,基坑施工风险性相当大,因此仍属于危险性较大的深基坑工程。开挖前必须首先对邻近的二层楼房基础进行超前加固。由于场地太狭窄,经过比较和论证,最后确定采用花管树根桩对楼房基础进行加固,并采用预应力锚杆+土钉墙结构对该基坑边坡进行支护。

(2) 工程水文地质条件

根据武汉市勘察设计有限公司提供的《武汉兰陵路发展工程时代广场岩土工程补充勘察报告》,该工程场地覆盖层为全新统河流相冲积层,具有典型的二元结构,自上而下分别为人工填土、粉土、粉质黏土、黏土、粉质黏土、粉土、粉砂。与支护有关的土层为(1—1)杂填土,由碎石、砖渣等建筑垃圾组成,层厚0.8~1.0m;(1—2)素填土,由软塑至可塑状态的黏性土及粉土组成,层厚1.2~2.6m;粉土,灰黄色,夹少量粉质黏土薄层,层顶埋深2.2~2.6m,层厚2.8~3.6m。地层的物理力学参数见表4-4。

表4-4 有关地层的物理力学参数表

层序	土层名称	平均层厚(m)	土体重度(kN/m³)	内摩擦角 φ(°)	凝聚力 c(kPa)
①	人工填土	2.4	18.3	20	0
②	粉土	3.2	18.5	24	8

该工程场区的人工填土及粉土具有半透水性,其下的粉质黏土及黏土有不透水性,为隔水层,底部的粉、细砂等砂类土具较强的透水性。上层滞水水位在地面下2.31m左右,挖深4.0~6.0m,虽然不存在坑底突涌的可能,但是上层滞水容易造成边壁粉土流失(这主要是因为粉土层层顶埋深较浅,该层土体在上层滞水作用下极易发生流动,即淅土现象),且紧临建筑物,开挖无放坡条件,因此开挖前还必须先处理粉土层,即加固土体,防止水土流失。另据反映,过去附近地库开挖时,九层楼侧出水量较大,有涌水现象,其原因是九层楼下地下水箱漏水和老消防水管破裂漏水。

(3) 紧贴基坑壁二层楼基础加固设计

由于受环境限制,经过比较,该工程拟采用树根桩法对邻近基坑边的二层楼(老房)基础进行加固。树根桩是一种直径较小的钻孔灌注桩,其直径通常为100~300mm,根据工程需要和环境条件,桩的布置可采用直桩型或排(或交叉)

成网状结构斜桩型，可以是端承桩也可以是摩擦桩。由于桩在网状布置时，桩群形如树根状，故称之为树根桩或网状树根桩。在基础托换工程中使用时，须要按设计位置、角度和长度采用钻机钻穿既有建筑物的基础进入地基土中直至设计标高，清孔后下放 2～3 根钢筋或将钢花管直接钻入地基土中，通过注浆管压力注入水泥砂浆或纯水泥浆而成桩；当树根桩设计承载力较大时，亦可先成孔放入钢筋笼再放碎石，然后注入水泥浆或水泥砂浆而成桩。

树根桩加固的优点是：

① 由于使用小型钻机等施工机具，故施工方便、所需施工场地较小、空间要求不高，施工时噪声小。

② 土质适应性好，适用于淤泥、淤泥质土、黏性土、粉土、砂土、碎石土及人工填土等，即使在不稳定的地基土中也可以进行施工。

③ 施工时因桩孔很小，故对墙身和地基土都不产生任何次应力，只是在压力注浆时对土体有挤密作用，但只要控制注浆压力，加固时不存在对墙身的危害，也不会扰动地基土和干扰建筑物的正常工作。

④ 压力灌浆使桩的外表面比较粗糙，使桩和土之间的附着力增加，从而使树根桩与地基土紧密结合，使桩和基础（甚至和墙身）联结成一体，因而经树根桩加固后，结构整体性得到大幅度改善。

⑤ 施工对原有建筑物、甚至是已有损坏而又需托换的建筑物不会有任何危险。由于在地基的原位置上进行加固，竣工后的加固体不会损伤原有建筑物的外貌和风格，这对古建筑的修复非常有利。

随着地下工程的发展以及对近接工程的保护要求，树根桩加固越来越多地用于基坑附近建筑物加固、房屋纠偏、地基沉陷处理、边坡加固以及古建筑整修、地下铁道穿越等的加固工程。

树根桩的单桩竖向承载力可通过单桩载荷试验确定，当无试验资料时，也可按《建筑地基基础设计规范》（GB 50007—2011）有关规定估算；树根桩的单桩竖向承载力的确定，可以按端承桩考虑，也可以按摩擦桩或端承摩擦桩考虑，除此之外还应考虑既有建筑的地基变形条件的限制和桩身材料的强度要求。

对二层楼基础加固主要采取如下措施：

① 挖去表土 0.5m 后，在沿开挖线外 0.1～ 0.2m 紧贴条形基础外侧处施

工一排竖向注浆花管，间距 0.4m，长 6.0m（可以进入粉质黏土中 1m），以形成隔水帷幕。

② 挖深至 1.0m 后，在二层楼基础底部斜向基础内与水平面成 70°施工一排斜向注浆花管，间距 0.75m，长 6.0m，以加固楼房基础并起止水作用。

③ 每下挖 1.0m 的土，设置一排与水平面夹角约 70°的 3m 长斜向注浆花管，水平间距 0.75m，呈梅花形排列，这样除了达到托换二层楼基础的目的外，同时还起到止水帷幕的作用。详见基础托换设计施工剖面图（图 4-9）。

钢花管均采用 ϕ48×3.5 焊管，在距钢管头 1.5m 开始往内每隔 0.5m 设置直径 8mm 的出浆小孔，呈 120°梅花形布置，出浆孔应采用小短角钢或胶布覆盖，防止钢管顶进过程中粉土通过出浆孔进入管中，影响注浆效果。注浆采取 P·O42.5 普通硅酸盐水泥浆，水灰比 0.45，注浆压力 0.5MPa，浆体强度不低于 20MPa。

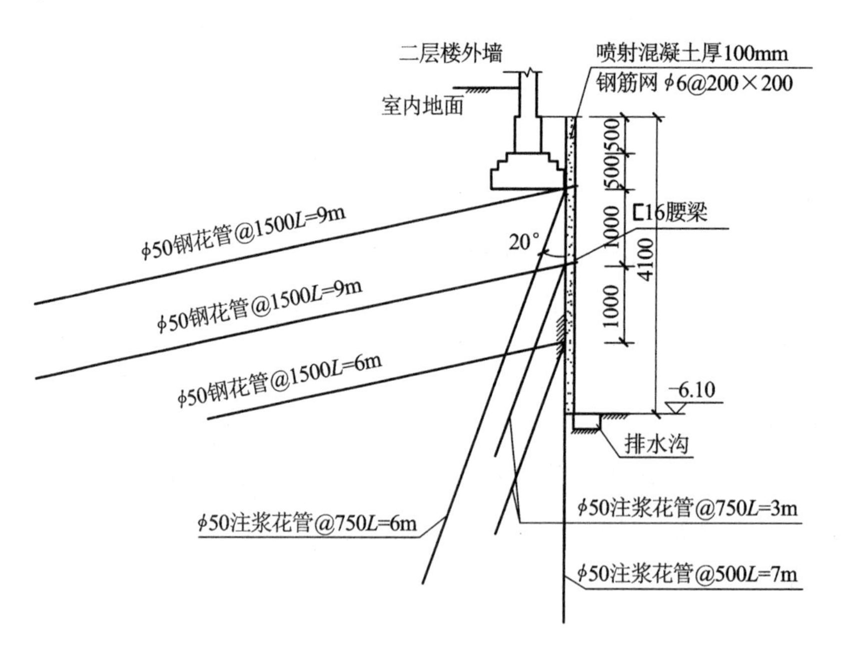

图 4-9　二层楼基础托换设计施工剖面图

（4）基坑边坡喷锚网支护止水设计

竖向和斜向注浆花管除了具有加固楼房基础及形成隔水帷幕外，还具有稳定边坡土体的作用，采用喷锚网支护可以进一步加固边坡土体、封闭边坡土体，有效地防止地表滞水渗漏及边坡流砂现象。

经过工程类比和稳定性计算，喷锚网支护设计为：对二层楼侧，设 3 排锚杆，分别距自然地面1.0m、2.2m、3.5m，水平间距为1.2m，采用ϕ48×3.5焊管，长度分别为9m、9m、6m，第二排锚杆施加预应力30kN，倾角均为15°；对九层楼侧，若其桩间距大于0.5m，则应在桩间施工1根竖向注浆花管，长度应保证深入粉质黏土中1m以防止桩间水土流失，并在桩间施工长3m左右的土钉，以便固定钢筋网；若其桩间距小于0.5m，则可用射钉将钢筋网直接固定在桩上，采用喷网将土体封闭。若遇到九层楼下出水量较大，则应采取疏堵相结合的方法，即首先用软水管将水引到集水井中，用水泵将水抽出，使无序流动的水变成有序流动，然后通过高压喷射混凝土及注浆将土体封闭和固结。

喷射混凝土采用C20级，水泥为普通硅酸盐水泥42.5R，中砂，水泥：砂：石＝1：2：2，外加速凝剂，喷射混凝土厚度10cm左右，钢筋网采用ϕ6.5盘元，间距200mm×200mm，钢筋网外的水平加强钢筋采用Φ16@1m，通长布置。注浆水泥为普通硅酸盐水泥42.5R，水灰比为0.45，注浆压力0.3～0.6MPa.

（5）应急处理措施

由于该基坑地质条件较差，周边环境较复杂，房屋破旧，因此施工中，特别是开挖时，技术人员应在现场，加强观察和指导；必须加强变形监测和现场巡视，及时发现问题及时支护；土体暴露时间不得超过1h。若出现位移速率过大，应增加预应力锚杆；若地面沉降速率过大，应迅速加固坑底；若出现粉土流砂现象，应及时封闭土体，并加密花管注浆，防止水土流失。

（6）施工主要技术要点

第一，紧贴二层楼基础外侧施工7m长竖向花管，并高压灌浆，以形成防水帷幕。

第二，注浆3d后，进行土方开挖及支护。根据该工程基坑支护设计要求和工程特点，喷锚网施工支护和土方开挖必须密切配合，同步进行，不得超挖、抢挖。每挖下层土时，应保护上层支护的边坡，不碰撞喷锚结构，若遇到粉土层必须特别慎重，一次挖深不得超过1m。

第三，边坡土方开挖后，应立即采用喷射混凝土将土体封闭，防止土体渗流，然后进行锚杆施工

第四，锚杆施工均采用机械冲击压入法（不钻孔）。锚杆注浆3d后，挂钢筋网，钢筋网与锚杆（包括小锚杆）以井字架形焊接成一体，然后喷射混凝土至设

计厚度10cm。注意对于两次喷射混凝土搭接部位,在喷前应对上部所喷混凝土的下边沿虚碴进行清理,然后再接喷。

第五,第一排锚杆需要施加预应力,以尽量减小边坡变形,锚杆预应力通过锚杆的螺杆螺母和加力管钳实现。

第六,除第三方检测单位进行仪器监测外,在施工过程中应派专人采用位移收敛计进行边坡位移量测,以及时掌握基坑边坡及楼房变形情况。土层开挖一次测一次,支护一层测一次。开始每天不得少于两次测试,当一天两次测试数据递增幅度超过0.55mm,应增加观测次数,如果支护措施加上后观测数据仍不收敛(增至2～3mm时),则应采取应急措施进行加强。

该工程通过严格按上述要求进行施工,比较顺利地完成了该楼房基础钢花管树根桩托换和基坑开挖,保证了地下室施工安全和二层楼房的稳定,施工效果见图4-10。

(a)

(b)

图4-10　钢花管树根桩加固楼房基础施工图

(a) 基础托换施工中;(b) 支护到基坑底

4.4　论文——基坑附近楼房基础综合托换及边坡加固技术

李欢秋,吴祥云,袁诚祥,等.基坑附近楼房基础综合托换及边坡加固技术[J].岩石力学与工程学报,2003,22(1).

4.4.1 前言

随着城市建设的发展，地下空间的开发越来越受到人们的重视，而深基坑开挖往往不可避免地要在已有建筑物附近进行，由此将对已有建筑物或地下管线带来危害。如何在基坑开挖中既安全又经济地保护基坑附近楼房及地下管线的安全，是实际工程中经常遇到的难题。某医院拟在院内兴建一栋急救中心大楼，占地面积约70m×16m，为15层框架结构，采用人工挖孔桩基础，设有一层地下室，基坑形状为长方形，基坑开挖深度约为6m。由于场地无放坡开挖条件，基坑南侧距湖滨巷地下排洪箱涵仅9m，新楼约24m长外墙轴线距4层楼的手术楼外墙仅0.43～0.67m，且承台已伸入手术楼基础下，故手术楼在新楼挖桩过程中发生不均匀沉降，累计最大沉降达到49mm，最小沉降为14mm，基坑开挖前仍未完全稳定。经分析，该沉降主要是人工挖桩过程中土体失水并有泥砂流失所造成，因此基坑开挖时除了必须采取可靠的基坑支护措施，还必须对手术楼基础进行加固，以将手术楼基础变形控制在安全范围。本工程通过采用锚杆静压桩和灌浆加固的综合托换技术对该楼房进行了加固及边坡处理，解决了楼房继续沉降问题，达到了不影响楼房使用、保证楼房安全和基坑开挖顺利进行的目的。

4.4.2 场区工程地质水文条件

根据地质报告，拟建场地地貌单元属长江一级阶地，原湖港曾几次蛇曲穿过，现地势低平，地面标高18m左右。与基坑开挖和支护密切相关的手术楼侧土层的主要特征如下：

① 杂填土：色杂，松散不匀，湿，层厚0.6m，主要为建筑垃圾。

② 黏土：层厚6.6m，黄褐色，可塑，高压缩性，粉粒含量较重，不均匀。该层土是影响基坑开挖时边坡稳定及引起地面和楼房沉降的关键土层。

③ 黏土：层厚2m，灰色，软至可塑，高压缩性。

④ 黏土夹角砾：层厚4.3m，可硬塑，中压缩性。

土层力学参数见表4-5，其中c、ϕ值系根据勘测报告提供的f_k值而得。场地存在有上层滞水，水位埋深0.2～0.49m，受大气降水及地面排水补给，主要赋存于①层土中，极不均匀。

表 4-5　土层主要参数表

编号	土层名称	层厚 (m)	重度 (kN/m^3)	黏聚力 (kPa)	内摩擦角 φ(°)	承载力 f_k(kPa)	压缩模量 (MPa)
①	杂填土	0.6	18.0	5	20		
②	黏土	6.6	18.5	20.0	12	127	3.85
③	黏土	2	18.3	18.0	10	112	3.03
④	黏土夹角砾	4.3	20.6	35.0	16	336	7.16

4.4.3　楼房托换加固方法及深基坑边坡支护设计

(1) 手术楼托换加固设计

由于手术楼基础桩挖桩时遇到困难，桩底未进入稳定的持力层，因此当邻近新楼挖桩时，桩间水土流失使原桩的侧阻力降低，从而造成楼房不均匀沉降，最大累计沉降达 49mm。基坑大面积开挖时，如果楼房加固及基坑支护止水措施不当，除了引起桩间水土流失外，手术楼底下土体侧压力也将对手术楼桩基造成不利影响，由此将导致手术楼不均匀沉降加速。鉴于此，首先对楼房采取加固措施。

根据对已有加固方法的比较，该楼房加固分两方面，首先选用锚杆静压桩也称硬托换技术对手术楼外侧墙进行加固；然后在土方开挖时对手术楼底板下的土体采用静压注浆方法也称软托换技术进行加固，即在手术楼基础梁下 0.5m处施工一排斜向(20°)带出浆孔的钢管作为静压注浆管，以预先加固底板下土体，提高土体承载能力，防止水土流失，其参数为 ϕ50 钢管@500$L=8$m。注浆采用 32.5 级普通硅酸盐水泥浆，水灰比为 0.45，注浆压力为 0.5MPa，外加早强剂及水玻璃，以提高注浆效果。

手术楼每层荷载按 18kPa 考虑，则其边墙地基承受的总荷载为 4536kN，按每根桩承载力 300kN 考虑，则需 15 根，压桩力同样为 300kN，考虑到原有基础的承载力，因此锚杆静压桩设计不另外加安全系数。

(2) 基坑边坡支护止水设计

由于新楼 21m 长外墙距手术楼外墙仅 0.28～0.46m，且 ZT13 承台伸入手术楼基础约 0.17m，加上开挖时喷锚支护需 0.10m 厚的喷层厚度，故实际伸入墙内应按 0.33m 考虑，故该处基坑开挖边线均进入手术楼基础 0.33m，而且必须垂直开挖。根据这种情况，经分析比较，认为采用微型钢管注浆桩加喷锚网支护技术对手术楼底板下土体进行支护是一种切实可行的方案。经计算，该处须采用 4 排锚杆抵抗土体侧向压力，参数见表 4-6。由于该处为垂直开挖，且深入手术楼基础 0.33m，为确保手术楼安全，施工中还需采取下列 3 种加强措施：①在手术楼基础梁底下 0.5m 深处，施工 1 排斜向注浆花管（20°），以对手术楼底下靠基坑边的土体进行预先加固和防止水土流失。注浆花管参数为 ϕ50 钢管@500L＝6m。②为了增大喷层面板刚度，喷射混凝土厚度设计为 150mm。③为减小对土体的扰动，手术楼底下土体每次挖土高度限制在 1.0m。手术楼处基坑及加固详见图 4-11 和图 4-12。

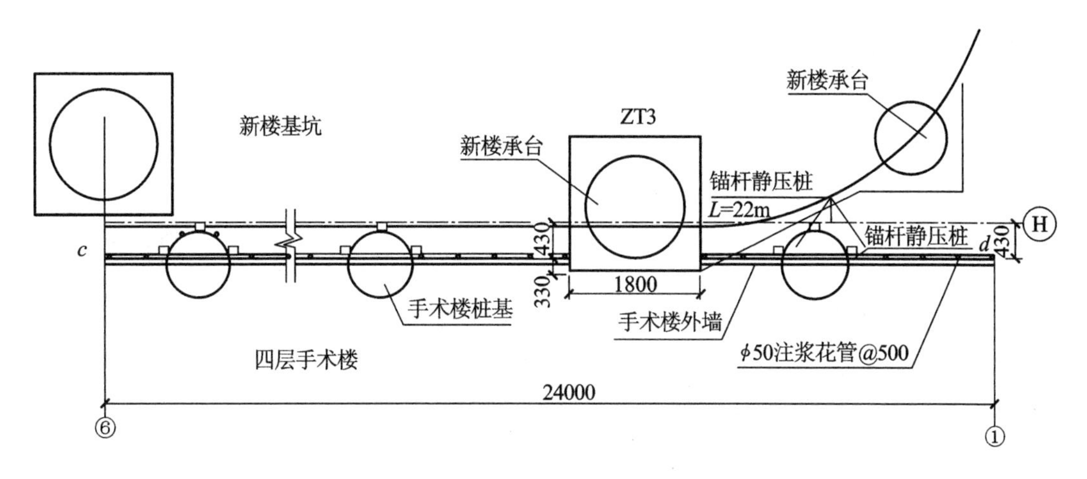

图 4-11　手术楼处基坑平面图

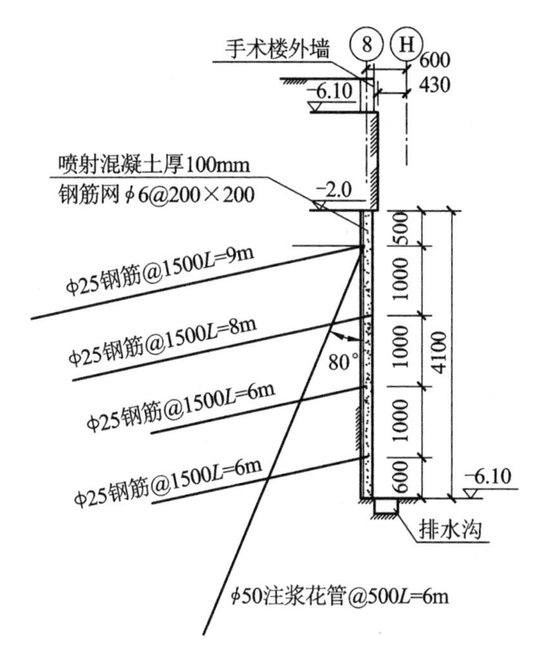

图 4-12　手术楼处加固剖面图

表 4-6 锚杆参数表

距地面(m)	锚杆长度(m)	水平间距(m)	倾角(°)	锚杆材料
1.9	9	1.5	12	1Φ25
2.9	8	1.5	12	1Φ25
3.9	6	1.5	12	1Φ25
4.9	6	1.5	12	1Φ25

锚杆注浆及喷射混凝土采用 P·S32.5 水泥,水灰比为 0.45,外加早强剂及止水剂;喷射混凝土采用 C20 级,配比为水泥∶砂∶石=1∶2∶2,编网钢筋采用φ6.5@200×200,锚杆头与网筋用φ16 螺纹钢筋连接。

4.5 施工简介及工程效果

4.5.1 锚杆静压桩施工

锚杆静压桩施工主要分压桩和封桩两个步骤。压桩能否顺利进行与反力架安装及土质有关,该工程压桩时主要遇到反力架无处固定这一难题,原设计将反力架固定在手术楼承台上,但施工时发现承台尺寸比原图纸提供的要小5~10cm,这样原设计的静压桩反力架便无法固定,只好根据现状重新设计加工反力架,将原直接固定在承台上的反力架改为通过槽钢结构来固定,从而解决了这一难题;锚杆静压桩施工完成后在封桩时,原设计采用角钢结构直接将静压桩固定在手术楼承台底部以托住承台,由于挖出承台时发现承台底部不仅尺寸不规则而且承台混凝土蜂窝现象严重,因此上述封桩方法难以实现。该工程根据承台现状,对封桩方法进行了修改,首先清理蜂窝混凝土,然后在承台底用 12mm 厚钢板托底,采用现浇钢筋混凝土加大原承台,使锚杆静压桩与原承台联成一体,这样封桩效果比原设计的更可靠。

4.5.2 花管静压注浆施工

花管施工一般可采用打入式和先钻孔后送花管两种方式,前者施工速度快、注浆少,但噪声大、加固及止水效果差;后者施工速度慢、注浆量大,工艺复杂,但噪声小、加固及止水效果好,为了保证止水效果和尽量降低施工噪声,采用后者。基坑挖土表明,花管注浆加固土体及止水效果比较好,基坑挖至 6m

深时，坑壁没有渗水现象，坑底基本上见不到水，地面及附近建筑物沉降比较小，如手术楼处基坑挖到位后，其最大沉降仅 4.12mm，说明该基坑花管注浆加固及止水是成功的，达到了设计目的。

4.5.3　锚杆施工

锚杆施工的主要内容包括锚杆制作、锚杆孔位及倾角的确定、搭钻机钢管脚手架、钻孔、锚杆安装、锚杆注浆、与加强筋的焊接。

根据设计要求，锚杆采用钻孔锚杆，即先钻孔后送锚杆再注浆，锚杆杆体由 1 根Φ 25mm 螺纹钢构成，其制作工艺为：首先将Φ 25mm 螺纹钢筋截断或焊接成设计长度，然后在锚杆杆体上每隔 2～3m 设置 2 个对中支架以确保锚杆杆体在钻孔中居中，使锚杆杆体周围有一定厚度的注浆体包裹，取得良好的锚固效果。

锚杆钻孔使用螺旋钻机，钻孔直径 100～110mm。为了使钻孔清洁，要求钻至设计深度后钻机空转一定时间，用螺旋片将钻孔内的土屑彻底排出孔外，以保证成孔质量。所有锚杆均采用封闭式压力注浆，注浆压力为 0.5MPa，可确保注浆的饱满并使浆液渗入周围地层。

4.5.4　喷射混凝土施工

根据设计要求，喷层厚度为 100mm，喷射混凝土设计强度不小于 C20，采用 32.5 级普通硅酸盐水泥，其配合比为水泥∶砂∶石＝1∶2∶2。为了减少回弹量、缩短凝结时间和提高喷射质量，在喷射时添加适量的速凝剂。

喷锚网支护施工中，由于基础设计的局部变化及坑底土质差异，根据支护施工应遵循信息化施工法这一原则，对原支护设计进行了局部加强及修改，因此施工中未出现任何险情，确保了基坑安全特别是手术楼安全及正常使用。

4.5.5　工程效果

基坑变形、沉降监测数据表明，基坑边坡变形及沉降均在允许范围内，手术楼侧及湖滨巷侧最大变形为 17mm，最大沉降仅为 4.31mm，达到了预期的加固、支护及止水目的。手术楼处沉降-时间曲线见图 4-13。

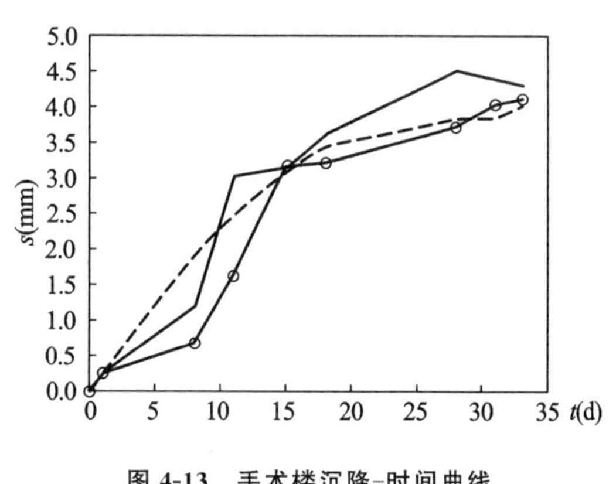

图 4-13　手术楼沉降-时间曲线

4.5.6 结论

采用静压锚杆桩对楼房基础进行硬托换，计算简便，托换效果明显，但有时因受场地限制，难以实施；采用静压注浆方法对楼房基础进行软托换，方法简捷、施工便利，对场地要求不高，但注浆范围及注浆量不易控制；采用上述两种方法对楼房基础进行综合托换则可以扬长避短、达到理想的托换效果。由于对基坑附近楼房采取了可靠的托换技术，因此紧临楼房的基坑边坡采用喷锚网支护技术进行支护也是可行的，而且该支护技术解决了场地狭窄部位基坑支护的难题。

4.5.7 参考文献

[1] 高旗，李欢秋，袁培中，等.中国武汉劳动力市场大楼深基坑边坡支护设计与施工[J].岩石力学与工程学报，2002，21(6)：919-922.

[2] 邓能兵，张杰.托换技术控制既有建筑物变形的应用探讨[A]//黄熙龄.地基基础按变形控制设计的理论与实践[C].武汉：武汉理工大学出版社，2000.

[3] 叶书麟.地基基础与托换技术[M].北京：中国建筑工业出版社，1994.

[4] 湖北省地方标准编写组.深基坑工程技术规定(DB 42/159—1998)[S].武汉：湖北省建设厅，湖北省技术监督局，1998.

4.6 论文——隧道开挖对高边坡稳定性的影响

连洛培，郭进军，李欢秋.隧道开挖对高边坡稳定性的影响[J].建筑科学，2016，09：291-296.

根据理论知识可知，隧道的开挖必然引起隧道周围岩体应力发生变化，对位于高边坡坡脚近距离的浅埋隧道，隧道施工将引起边坡内土体中的应力也发生重分布。边坡一旦失稳，将引发边坡滑移，使得隧道荷载重新分布，将严重影响施工浅埋隧道的稳定性。因此，只有确保边坡的整体稳定性，才能保证隧道稳定。反之，如果在隧道施工过程中，隧道一旦失稳引发围岩大位移或者地表沉降，边坡土体内应力重分布又必然影响到高边坡的稳定，因此隧道的稳定又是边坡安全的有力保障。

对于隧道与边坡稳定的耦合问题，目前尚没有理论解答。考虑有限元方法在岩土工程的应用比较成熟，本文采用 ABAQUS 软件对隧道开挖与边坡稳定的耦合问题进行分析。在对边坡的稳定性分析、隧道开挖对边坡稳定性的影响理论分析以及隧道开挖与边坡稳定耦合问题的数值模拟分析的基础上，拟得到边坡在未受影响和隧道开挖影响下的稳定性判据，以及隧道开挖扰动对边坡稳定性的影响规律，并提出隧道开挖前高边坡的处理方案。

晋祠隧道在里程 DK14＋970～DK15＋090 段从煤场的高边坡坡脚下通过，坡脚线与隧道左线中心线几乎平行。煤场边坡高度达 16m，而隧道埋深仅 5.7m（从煤场地面算起，见图 4-14），沿垂直于隧道走向，地形变化大而且剧烈，对于隧道形成严重地形偏压。该段的地质条件相对比较复杂，主要为新黄土（Q_4），为洪积成因，成分为粉土和粉质黏土，以粉土为主，中密，可塑至硬塑，含卵石，场地表层为耕土，上部夹 3～4m 厚的卵石夹层。隧道开挖断面高度 11.3m，宽度 13.6m，构成隧道的围岩主要是新黄土，根据地质报告，隧道围岩属Ⅵ级围岩，设计施工方案为 CRD 法，拟采用台阶法施工。

4.6.1　隧道开挖前边坡的稳定性

（1）有限元计算模型的建立

考虑到该问题涉及边坡和隧道的耦合影响，计算范围应比通常隧道的开挖计算范围要大。本次计算时水平方向计算范围为：隧道中线向右取 58m，向左取 47m，总宽度 105m；竖向计算范围取至隧道底部以下 41m（图 4-15）。由于隧道轴线基本与边坡走向平行，计算采用二维平面应变方式。为便于计算，将计算范围内的岩土体视作单一的黄土状粉土组成（这里主要讨论边坡和隧道稳定，忽略上部卵石层的影响），它均匀分布，各向同性。土体采用莫尔-库伦本构模型，计算参数如下（表 4-7）：

表 4-7　土体模型参数

密度（kg/m^3）	弹性模量（MPa）	泊松比	内摩擦角（°）	剪胀角（°）	黏聚力（kPa）
1800	8	0.3	25	15	15

（2）边坡稳定性的计算方法

在定量计算边坡稳定性时，通过减小强度参数的强度折减法计算得到边坡的安全系数。为达到边坡岩土体的极限状态，可通过逐步折减其抗剪强度参数，使边坡达到破坏的临界状态，这时的折减系数定义为边坡稳定安全系数。

开挖前的安全系数直接反映了边坡自然状态下的强度储备大小，安全系数

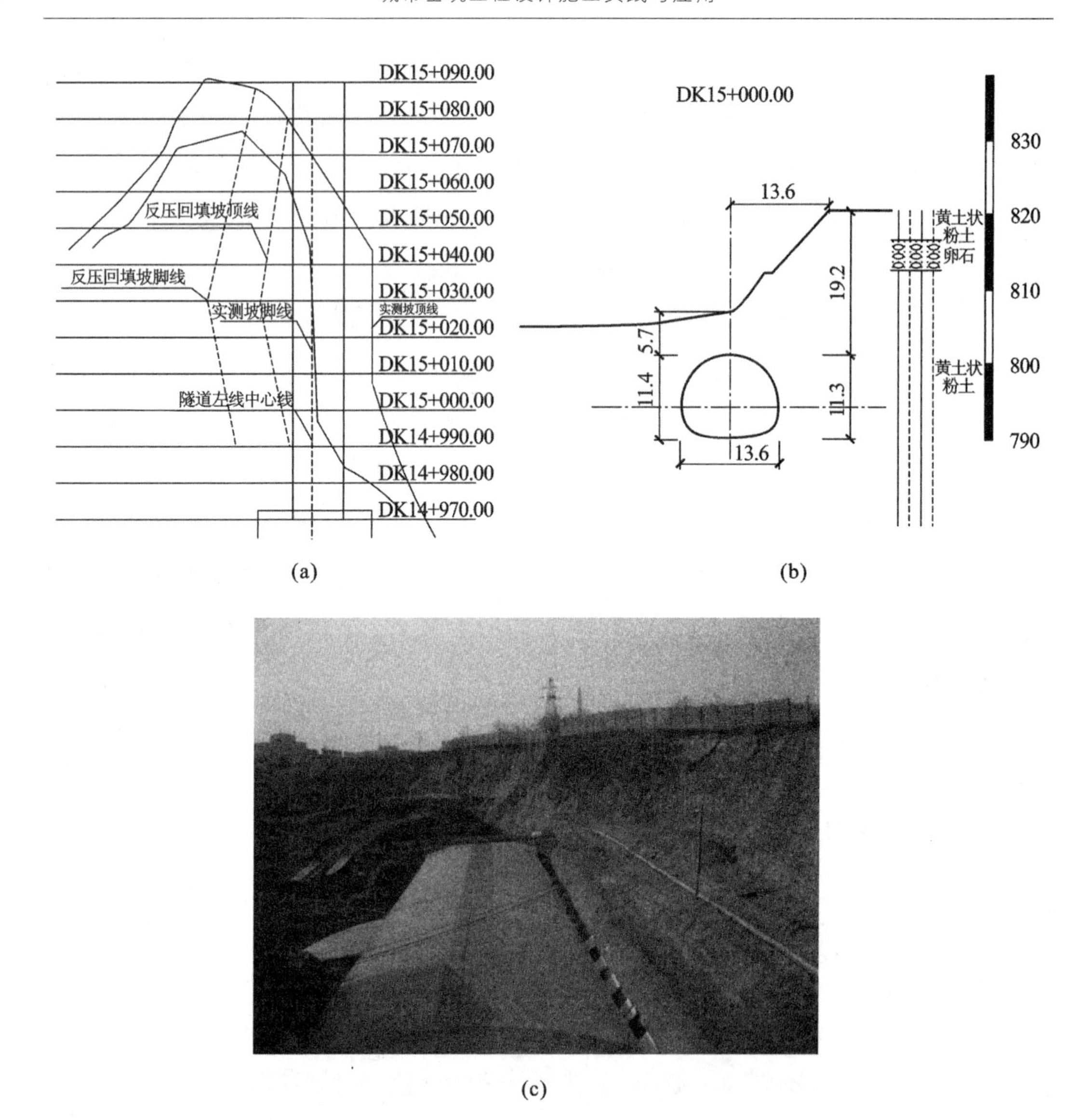

图 4-14　DK14＋970～DK15＋090 高边坡工程地质条件图

(a) 偏压段地形图；(b) 隧道与地形横断面图(DK15＋000 里程)；(c) 现场照片

越大，说明坡体越稳定，越不容易受到外界条件的影响而出现滑坡或塌方等事故。根据《建筑边坡工程技术规范》(GB 50330—2013)的规定，只有确保边坡的安全系数在 1.30 以上，才能保证工程安全。而考虑到隧道施工振动，以及开挖导致沉降的影响，边坡需具有更大的安全系数。

隧道未开挖前边坡的应力场是自重应力场，边坡的稳定主要取决于边坡的角度。该边坡天然的角度大约为 45°，其自重应力场(ABAQUS 中拉力为正，压力为负，与岩土力学中的定义相反)如图 4-16 所示。从图 4-16 可以看出坡脚处出现了剪应力突变，意味着此处剪应力出现了集中，亦即边坡的容易破坏区，后

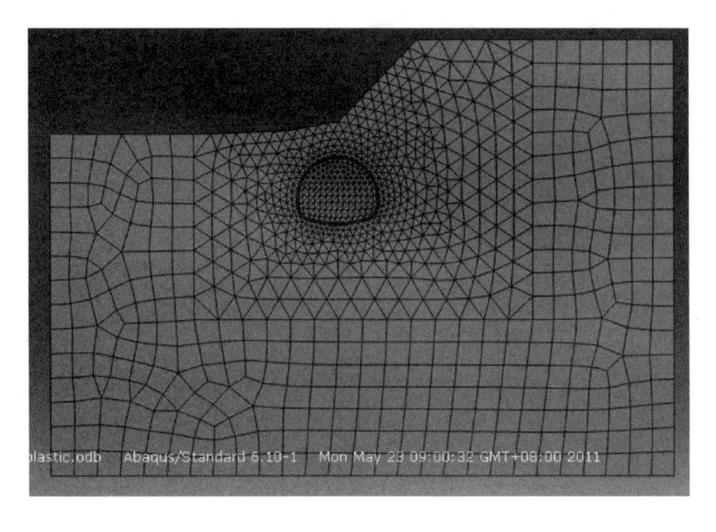

图 4-15　有限元模型

面的边坡稳定计算也反映出该区的变形量最大。这也是进行边坡加固重点考虑的区域。

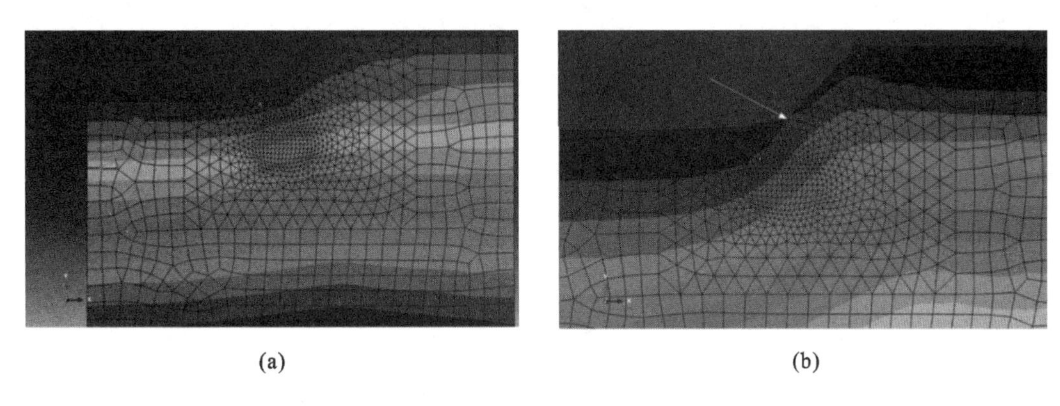

(a)　　　　(b)

图 4-16　天然边坡的应力分布

(a) 自重应力场;(b) 剪应力场

利用强度折减法计算得到的位移结果如图 4-17 所示，从图可以看出潜在的破坏面是一圆弧滑动面，该滑动面坡顶影响距离为 11m 左右，坡底 13m 左右，深度 4m 左右。该滑动面通过拟开挖的隧道拱顶附近，因此隧道的开挖势必影响边坡的稳定，特别是拱部开挖，而支护相对滞后，更容易引起边坡滑动。

为获取边坡的稳定系数，将计算过程中强度的折减系数与边坡顶处 P_1 点(图 4-17)的水平位移绘制成关系曲线，如图 4-18 所示。从图可知，当强度折减至原强度的 1/1.4 时，边坡达到极限平衡状态，当继续折减强度参数时，P_1 点的水平位移迅速增大，达到破坏。说明该边坡的稳定系数为 1.4，该值稍大于

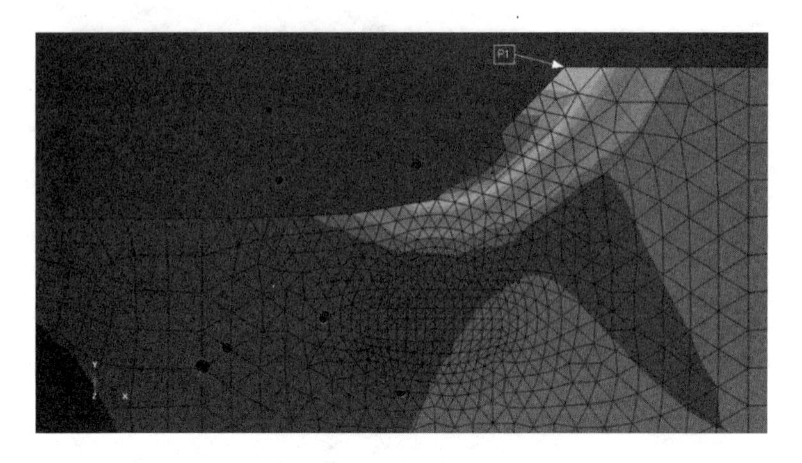

图 4-17 强度折减法计算得到的位移场

规范的规定 1.30，边坡处于稳定状态。

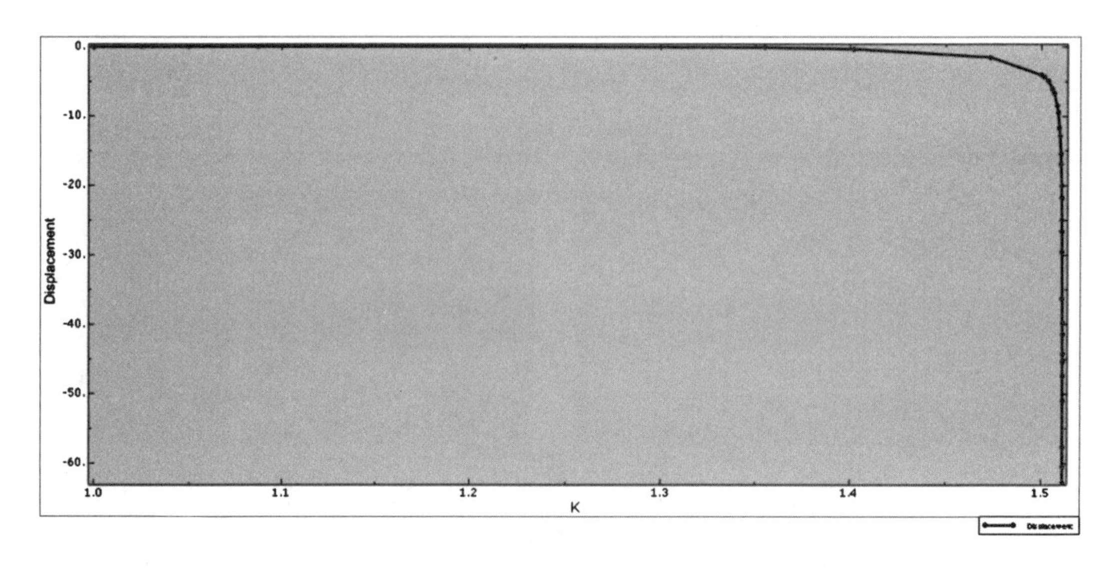

图 4-18 P_1 点的水平位移与稳定系数的关系曲线

4.6.2 隧道开挖对边坡稳定性的影响

根据上节边坡稳定的分析，潜在滑动面正好通过拱顶，因此，控制好拱顶沉降对边坡的稳定影响较大。如果采用短台阶或超短台阶法，衬砌封闭早，拱顶沉降较小；如果台阶取得较长，或支护滞后，衬砌封闭晚，亦引起拱顶和地面较大沉降。不同的拱顶沉降对于边坡内应力重分布影响不同，因此本节主要考虑不同的拱顶下沉量对边坡稳定性的影响。

有限元计算并不能完全模拟施工过程，为模拟衬砌封闭的早晚，对过程中采用应力释放程度的大小进行计算。这样通过计算不同的应力释放率,得到不同的拱顶下沉量,以此求得相应的应力场分布,进而判断边坡的稳定性。相应的有限元计算模型如图 4-19 所示,衬砌采用线弹性模型,计算参数如表 4-8 所示。

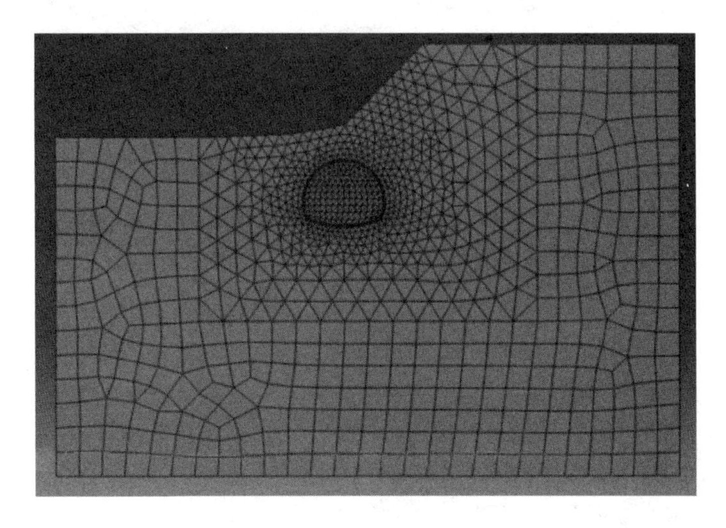

图 4-19　隧道开挖有限元模型

表 4-8　衬砌模型参数

密度(kg/m^3)	弹性模量(GPa)	泊松比	厚度(cm)
2500	20	0.2	30

(1) 应力释放率为 10%

当隧道初衬完成,应力释放率为 10%时,对应的竖向位移见图 4-20,由图 4-20 可知拱顶沉降 0.013m,对应地中沉降(隧道纵轴线在地面投影)0.010m、右拱脚沉降 0.028m,地中沉降与拱顶沉降比值为 0.73,可见在隧道右拱脚处沉降最大,反映了地形偏压的影响。

利用强度折减法计算得到的位移结果如图 4-21 所示,从图可以看出潜在的破坏面是一圆弧滑动面,该滑动面坡顶影响距离为 11.0m,坡底 11.8m,深度 4.8m。仍然利用坡顶处 P_1 的水平位移判断边坡稳定系数为 1.23,该值小于 1.3,边坡处于不稳定状态。

(2) 应力释放率为 50%

当应力释放率为 50%时,对应的竖向位移见图 4-22,由图可知拱顶沉降 0.132m,对应地中沉降 0.090m,地中沉降(隧道纵轴线在地面投影)与拱顶沉降比值为 0.73,右拱至拱脚沉降最大,最大值可达 0.145m,在地面对应于坡脚

图 4-20　初支完成时的竖向位移场(一)

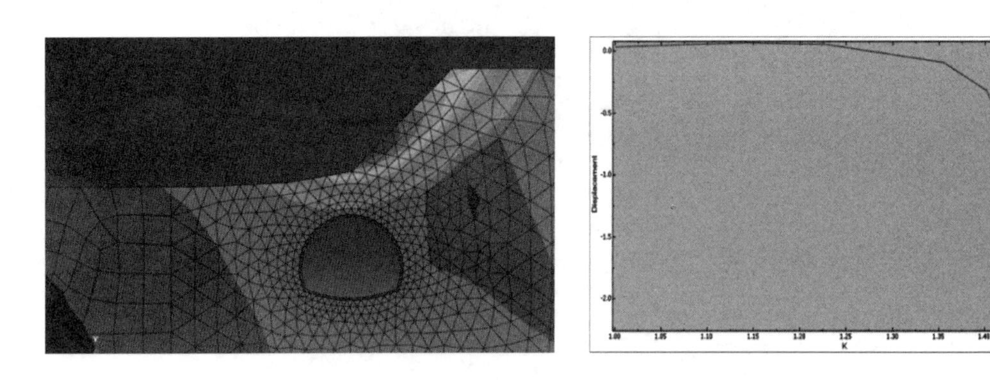

图 4-21　边坡失稳时的位移场及对应安全系数(一)

处出现最大竖向位移。

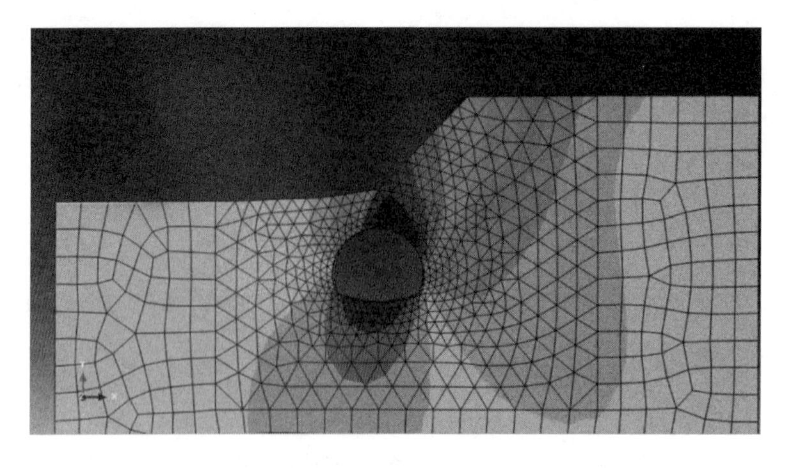

图 4-22　初支完成时的竖向位移场(二)

利用强度折减法计算得到的位移结果如图 4-23 所示,从图可以看出潜在的破坏面是一圆弧滑动面，该滑动面坡顶影响距离为 11.6m，坡底 13.0m，深度 4.8m。仍然利用坡顶处 P_1 的水平位移判断边坡稳定系数为 1.25，该值小于 1.3，边坡处于不稳定状态。

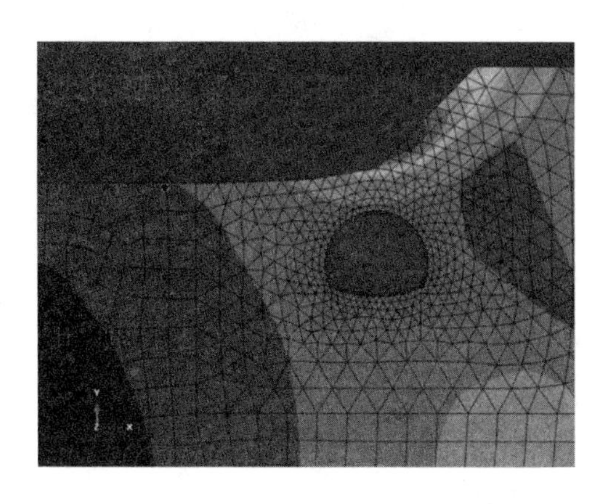

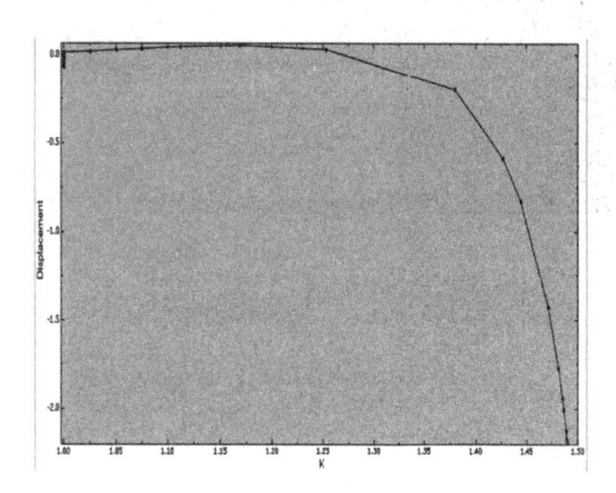

图 4-23　边坡失稳时的位移场及对应安全系数（二）

（3）应力释放率为 70%

当应力释放率为 70%时，对应的竖向位移见图 4-24，由图可知隧道拱顶到右拱肩处沉降最大，并有与地面连通的趋势。拱顶沉降 0.289m，对应地中沉降 0.176m，地中沉降与拱顶沉降比值为 0.61。在地面对应于坡脚处出现最大竖向位移。

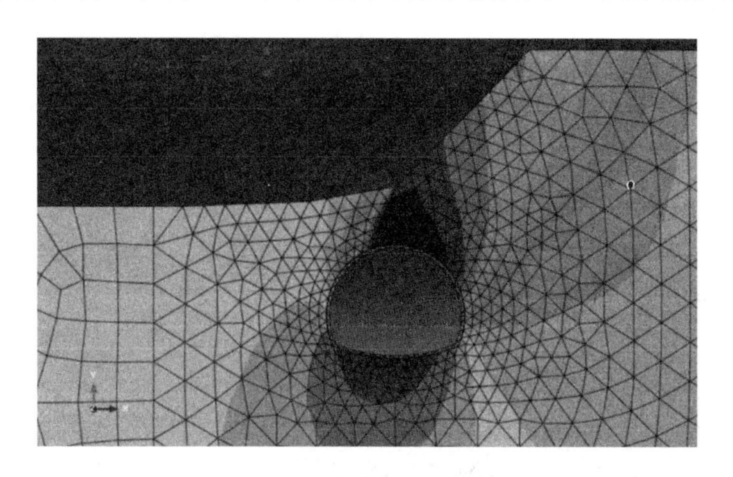

图 4-24　初支完成时的竖向位移场（三）

利用强度折减法计算得到的位移结果如图 4-25 所示，从图可以看出潜在的破坏面是一圆弧滑动面，该滑动面坡顶影响距离为 11.6m，坡底 17.5m，深度 5.7m，滑面通过拱顶。仍然利用坡顶处 P_1 的水平位移判断边坡稳定系数为 1.25，该值小于 1.3，边坡处于不稳定状态。

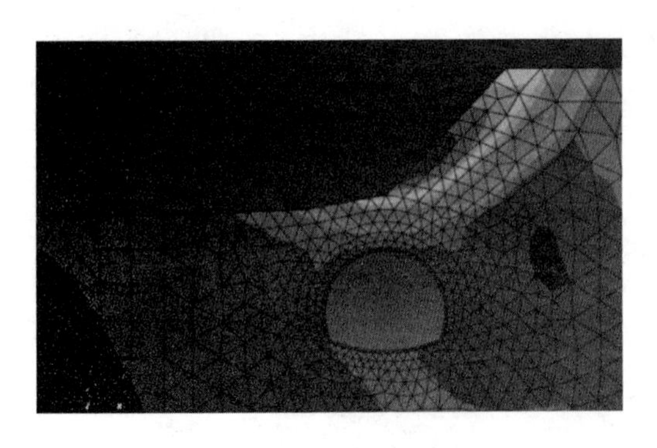

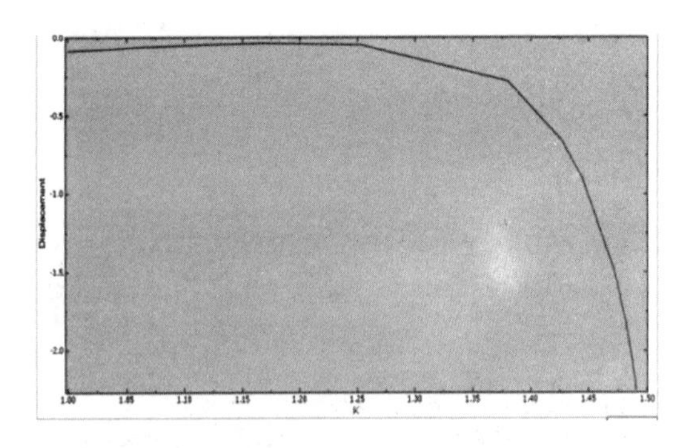

图 4-25 边坡失稳时的位移场及对应安全系数(三)

4.6.3 保证边坡稳定的处理方法

边坡与隧道是相互影响的,如上节所述,隧道开挖破坏了边坡原有的平衡状态,边坡的受力和位移重新调整,以达到新的平衡状态;同样,由于坡体的力和位移的重新分布,其产生的下滑力和下滑位移直接作用于隧道结构,边坡下滑力对隧道产生的是偏压影响,隧道在偏压力作用下,将出现非对称受力和变形。因此,采用处理方案时应将隧道偏压和边坡的稳定综合起来考虑处理方法。由于线路左侧存在回填空间,且当地土方施工成本相对锚杆加固成本要低,因此本文考虑反压堆载法。

采用反压堆载进行处理,处理范围见图 4-14,即按现在的边坡高度向左回填,回填范围:坡顶回填 28m 左右,坡底回填 43m 左右,回填高度 15m。假设反压回填材料与隧道围岩相同,对反压回填的效果进行分析计算。计算模型如图 4-26 所示。

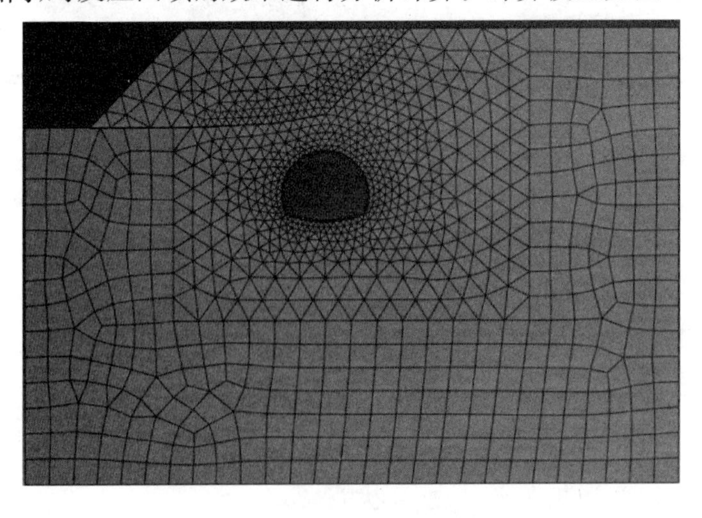

图 4-26 反压回填计算模型

利用强度折减法计算边坡稳定时，随着土体强度的不断折减，并未出现明显的滑动面(图 4-27)，而是在新回填反压土体区域出现了显著沉降，左拱顶至拱肩处沉降亦比较大，形成了与地面接近贯通的沉降槽。这说明经过反压后，原先的边坡变形较小，处于稳定状态，而新填土形成的边坡并未产生向外滑动，主要是向隧道方向塌陷。

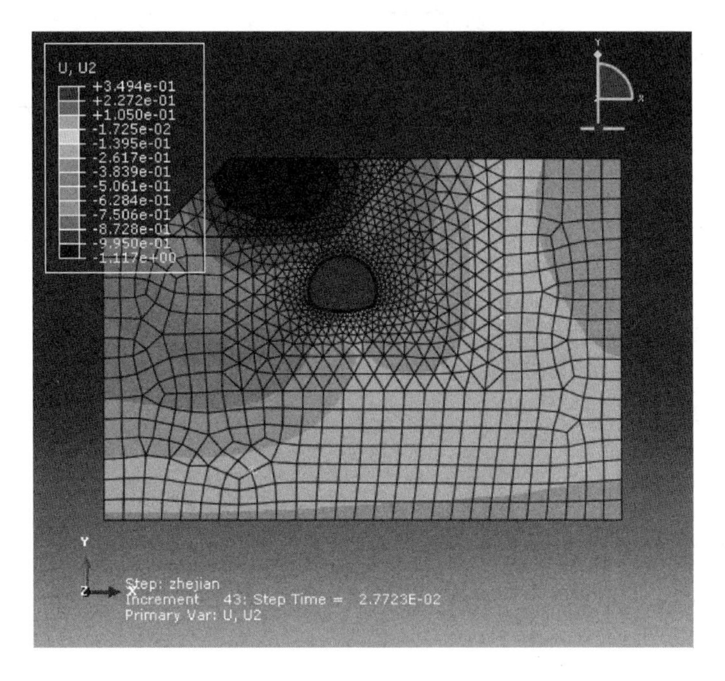

图 4-27　强度折减法得到的失稳时的竖向位移场

4.6.4　现场测试结果

在进行边坡反压之前，施工单位试验性开挖一段隧道。但隧道上台阶施工进尺约 15m 左右，边坡地表面出现平行隧道走向的裂缝，在 DK15＋000 附近边坡出现小规模滑塌，隧道暂停施工，这证明本文的前述分析是正确的。后来，施工单位在线路左侧范围约为 11.8～17.5m 进行反压回填，填方高度约 10～15m。反压回填结束后，开始隧道暗挖施工，顺利通过该段高边坡。说明反压回填对隧道的偏压起到纠偏作用，为偏压山体隧道施工提供了便利条件，同时也保证了高边坡的稳定。

从各断面稳定时拱顶累计沉降历时曲线图(图 4-28)可以发现，前期进洞段(DK14＋995～DK15＋010)拱顶沉降较快；4 月中旬至 6 月掌子面停止掘进，进行二衬的施工以控制隧道变形，期间二衬施工至 DK14＋990，各断面拱顶变形增加不大;6月2日后继续掘进,各个断面沉降相继增大,经分析7月1日至7月13日拱顶沉降较慢,而且稳定值也小。从监测结果可知拱顶沉降整体为0.2～0.35m,这与前面有限元计算值(0.349m)较为接近,反映出选择反压堆载法的合理性。

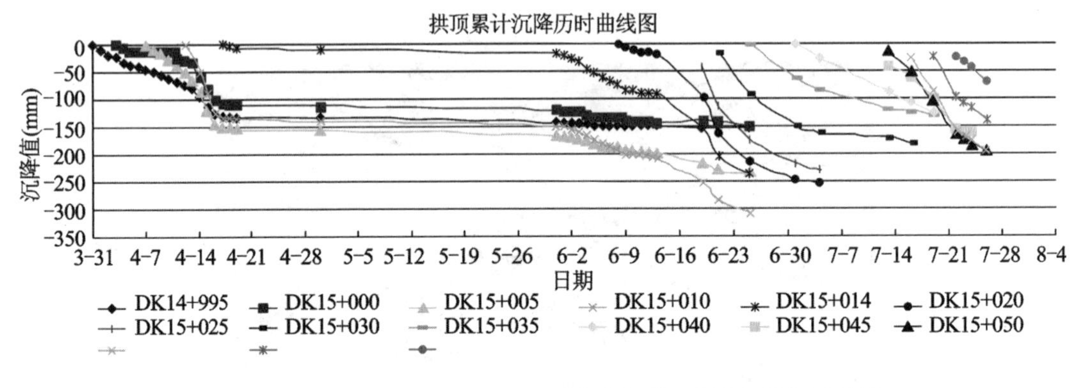

图4-28 DK14＋995～DK15＋050里程断面拱顶累计沉降历时曲线

4.6.5 结论

(1) 当隧道未进行开挖时,计算得到的煤场边坡安全系数为1.4,稍大于《建筑边坡工程技术规范》(GB 50330—2013)的1.3,在边坡未受到扰动时,基本处于稳定状态。

(2) 数值模拟结果表明:隧道开挖后,对应于不同的拱顶沉降值,边坡稳定的安全系数下降至1.2～1.25,边坡处于不稳定状态。潜在滑动面在坡顶的影响范围约为11～11.6m,在坡底的影响范围约为11.8～17.5m,滑动面深度从4.8m变化到5.7m,逐渐从高于拱顶到穿过拱顶。因此,隧道开挖产生的扰动可能引发高边坡的失稳滑动,本工程需要严格控制隧道开挖对边坡的扰动,并对边坡进行加固处理。

(3) 对该高边坡采用反压回填处理的方法,既可纠正隧道的偏压状态,又可以保证边坡的安全与稳定。

4.6.6 参考文献

[1] 王立忠,郭东杰.偏压隧道二次应力场分析及应用[J].力学与实践,2000,22(4):24-28.

[2] 吴红刚,马惠民,包桂钰.浅埋偏压隧道－边坡体系的变形机理研究[J].岩土工程学

报,2011,33(s1):509-514.

[3] 王军,曹平,林杭.受偏压隧道影响边坡加固的数值分析[J].公路交通科技,2009,26(9):102-106.

[4] 刘小军,张永兴.地形因素及围岩类别对偏压隧道的影响效应分析[J].西安建筑科技大学学报(自然科学版),2010,42(2):205-210.

[5] 王书刚,李术才,王刚,王向刚,林春金.浅埋偏压隧道洞口施工技术及稳定性分析研究[J].岩土力学,2006(s1):364-368.

[6] 王梦恕.中国隧道及地下工程修建技术[M].北京:人民交通出版社,2010.

[7] 戴文革.浅埋偏压隧道支挡方案比选稳定性数值分析[J].铁道建设,2011,3:61-65.

第5章　相关论文

5.1　淤泥质土中锚杆锚固力现场试验及其应用

李欢秋，张福明，赵玉祥.淤泥质土中锚杆锚固力现场试验及其应用[J].岩石力学与工程学报，2000(19).

5.1.1　引言

淤泥和淤泥质土统称为软土，软土在我国分布较广，厚度变化大，土质软弱，具触变性，被人们认为是建筑工程特别是深基坑工程灾害性土层，因此软土的工程特性及其加固方法的研究一直是人们关注的课题。通常将天然含水量大于液限，天然孔隙比大于1.5(相当于天然含水量大于55%)的黏性土称为淤泥，而将天然含水量大于液限，天然孔隙比为1～1.5的黏性土称为淤泥质土，虽然在工程地质上它们各具一定的特性，但也具有相同之处，主要表现在：①高含水量和大孔隙比，如武汉地区软土的含水量一般为29.5%～70.1%，含水量越高，空隙比越大；②弱透水性，软土的渗透系数小，一般为10^{-6}～10^{-8}cm/s，因而在压力作用下土体固结过程很长，软土中基坑降水对软土的含水量影响不大，其力学性质也无明显变化；③低抗剪强度，高灵敏度，软土强度本身很低，当受到扰动如附近打桩机打桩、车辆运行等振动，土体强度都会有很大的降低；④高压缩性，软土的弹性模量很低，武汉地区软土弹性模量最小仅为1.57MPa；⑤蠕变性，软土的蠕变性是其一个很重要的特性，软土蠕变的速度一般为每年变形几厘米或几十厘米，这对其上建筑物的安全是一个不容忽视的因素，对于临时性的深基坑工程围护来说也是需要注意的。

软土的上述特性使人们对在软土中应用锚杆缺少信心，怀疑锚杆在软土中能否达到预期的抗拔力。随着城市建设的发展，许多建筑物地下室均坐落在淤泥质土层中，武汉汉口地区从香港路一线、新华路至唐家墩甚至发展大道均分布有深厚软土层，由于淤泥质土是一种高流动性、高压缩性、高灵敏性的土体，因此也给地下室基坑边坡围护带来了很大的难题，在这类土层分布区即使开挖深度仅 4～6m，处理不当仍有可能发生严重问题。一是易于发生整体失稳；二是易于发生大变形而引起工程桩的偏位。因此，在这种土层中进行基坑支护设计与施工必须慎重。工程实践表明，软土中基坑边坡（基坑深小于 6.0m）围护采用喷锚支护方法必须注意两点：一是锚杆的设计锚固力必须得到保证；二是坑底土抗隆起问题，而且后者是主要的问题。本章节通过淤泥质土中锚杆锚固力现场试验研究，分析了锚杆变形对基坑边坡围护的影响，提供了淤泥质土中锚杆锚固力设计指标，并介绍了武汉地区淤泥质土中基坑边坡喷锚网支护的工程实例。

5.1.2　试验研究简介

分别在武汉软土分布比较多的汉口地区两处地质条件中进行了锚杆锚固力试验，一是淤泥质粉质黏土中，二是淤泥中。现场勘察表明，淤泥质粉质黏土为灰褐色至灰色，饱和，软至流塑状态，内含极少量贝壳，微层理发育，层厚为 6.6～9.8m；淤泥为褐灰色，饱和，流塑状态，含贝壳屑及有机质，有臭味，分布较均匀，层厚为 13m。其土层物理力学参数如表 5-1 所示。

表 5-1　试验土物理力学参数表

名称	重度（kN/m³）	含水量（%）	孔隙比	液限（%）	压缩模量（MPa）	承载力（kPa）	黏聚力（kPa）	内摩擦角（°）
淤泥质粉质黏土	17.6	41.7	1.35	38.3	2.9	70	14	10.0
淤 泥	16.4	59.7	1.67	52.6	1.9	34	10	4.0

原设计试验锚杆采用钻孔锚杆，即先用麻花钻钻一 ϕ150 的孔，然后放钢筋，注浆，由于在钻孔过程中，发现在淤泥质土中成孔缩径现象比较明显，因此改用一次性锚杆，即用锚杆冲击器或地质钻将钢管直接打入土中，然后注浆，钢管上锚固段按间距 500mm 梅花形布置出浆孔，孔径 ϕ5，试验锚杆参数见表 5-2。

表 5-2　试验锚杆参数表

锚杆编号	锚杆长度（m）	锚杆材料	设计吨位（kN）	锚杆倾角（°）	注浆压力（MPa）	土 体
YZ1	14	Φ48×3.5	130	15	0.4～0.6	淤泥质土
YZ2	14	Φ48×3.5	130	15	0.4～0.6	淤泥质土

续表 5-2

锚杆编号	锚杆长度(m)	锚杆材料	设计吨位(kN)	锚杆倾角(°)	注浆压力(MPa)	土体
YZ3	19	1Φ48×3.5 +1Φ25	170	15	0.4～0.6	淤泥质土
YZ4	19	同上	170	15	0.4～0.6	淤泥质土
Y1	22	1Φ48×3.5 + 1Φ25	150	15	0.4～0.6	淤泥
Y2	22	同上	150	15	0.4～0.6	淤泥
Y3	28	同上	270	15	0.4～0.6	淤泥

试验锚杆共分三组，第一组 YZ1、YZ2 为淤泥质土中 14m 长锚杆，第二组 YZ3、YZ4 为淤泥质土中 19m 长锚杆，第三组 Y1、Y2 为淤泥中 22m 长锚杆，Y3 为淤泥中 28m 长锚杆，它作为检验性锚杆。锚杆头均位于地面下 3m。

锚杆注浆采用水灰比为 0.45 的纯水泥浆，水泥为 425＃普通硅酸盐水泥，第一、二组浆液中增添了 0.05％水泥量的三乙醇胺(化学醇)作为早强剂，第三组浆液中除增添上述早强剂外还加了 5％水泥量的水玻璃，注浆压力一般为 0.4～0.6MPa，全程注浆。

锚杆抗拔试验是在龄期达到 7d 后进行的，试验设备为穿心式千斤顶，电动油泵加载，千分表和游标卡尺(测量锚杆头变形)。

5.1.3 试验结果分析

锚杆试验结果见图 5-1、图 5-2 和表 5-3，其中锚杆极限荷载取破坏荷载的 95％。

从图中可以出，锚杆施加拉力后，开始表现为弹性变形，此时荷载一般为 50kN，变形约 2mm；随着荷载的增加，变形随之增加，这个变形是由两部分组成的，一是锚杆拉杆的变形，二是锚杆随注浆体的变形，前一种变形为弹性变形，而后一种变形则是塑性变形，这种塑性变形在淤泥质土中比在黏土或粉砂中都要大，因此淤泥质土中基坑边坡采用锚杆加固时，边坡附近地面上不可避免地会出现一些裂缝，但是若能根据基坑边坡允许变形值来设计单根锚杆锚固力，则可以尽量减少和减小地面裂缝，使边坡变形控制在规范规定的范围内，以上结论从表 5-3 可得。淤泥质土中锚杆每延米锚固力为 8.7～9.7kN/m，而淤泥中锚杆每延米锚固力只有 6.8kN/m，虽然淤泥中锚杆注浆时增加了水玻璃，但淤泥中锚杆锚固力仍比淤泥质土中的小；试验中未专门严格地做锚杆的蠕变试验，但对 YZ4 和 Y2 二根锚杆在加载期间均做了稳压试验，即当荷载加到 70％时，将油泵进油阀关闭 30min，期间观察千分表的读数即锚杆头变形情况。观察发现，在 30min 内，锚杆头的变形小于 2.0mm，即在 70％设计荷载下，锚杆的蠕变不是很明显。由此可见，在淤泥质土中采用锚杆进行基坑边坡支护是可行的，可以达到预期的锚固效果，但实践表明，在该类土中仅仅考虑锚固力是不够的。

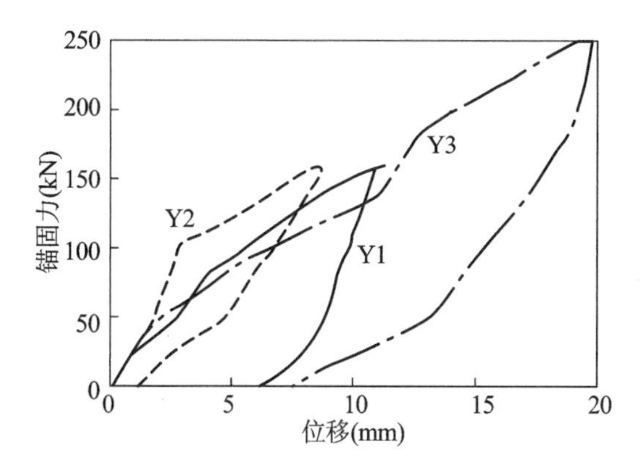

图 5-1　锚杆拉力-变形曲线（1）

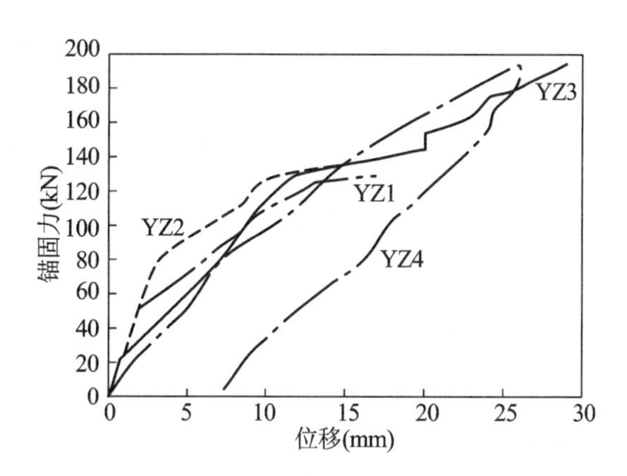

图 5-2　锚杆拉力-变形曲线（2）

表 5-3　锚杆锚固力试验结果

锚杆编号	锚杆锚固段长度（m）	破坏荷载（kN）	极限荷载（kN）	锚固力[延米（kN/m）]	土体
YZ1	14	128	122	8.7	淤泥质土
YZ2	14	133	126	9.0	淤泥质土
YZ3	19	194	184	9.68	淤泥质土
YZ4	19	198	188	9.89	淤泥质土
Y1	22	158	150	6.8	淤泥

续表 5-3

锚杆编号	锚杆锚固段长度(m)	破坏荷载(kN)	极限荷载(kN)	锚固力[延米(kN/m)]	土体
Y2	22	152	144	6.5	淤泥
Y3	28	250	237	8.5	淤泥

5.1.4 工程实例

(1) 工程概况

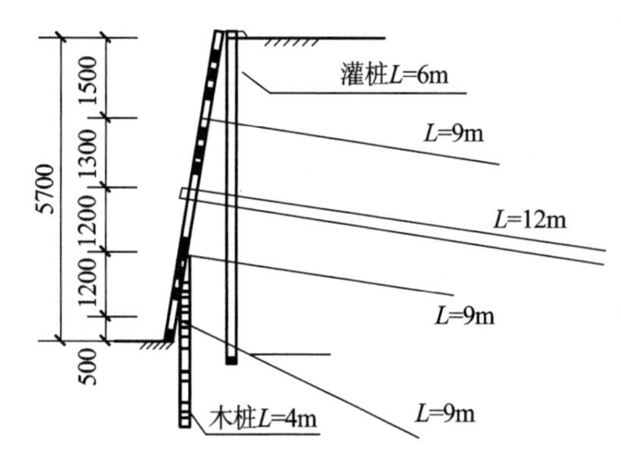

图 5-3 喷锚网支护边坡剖面

某工程位于武汉市汉口台北路，有一层地下室，地下室承台底标高为−6.9m，自然地面标高为−1.2m，所以基坑开挖深为5.7m。大楼占地面积为45m×41m。该基坑工程有下列特点：①场区周边环境复杂，台北路一侧有4条地下管线平行于基坑边线走向，其中6根地下电缆线与开挖线距离为零(垂直开挖)；台北二路一侧有地下上下水管平行于基坑边线走向，距离开挖线为2.5m；基坑西侧距锅炉房及住宅楼为1.5m。②地质条件差，该工程地表4.0m以下为层厚达5.0m的灰色、流塑至软塑状的淤泥质粉质黏土，刚好位于基坑坡脚处。由此可见，该基坑支护属软土地质基坑支护问题，实际支护采用了喷锚网支护技术(图5-3)。

(2) 工程地质条件

场地地形平坦，地面高程约20.50m。地貌单元属长江一级阶地。根据钻孔揭露，与基坑开挖关系密切的各土层工程地质特征如下所述。

① 人工填土：土黄至黄褐色，以黏性土为主，顶部20cm左右为混凝土板地坪，含有较多碎石、砖渣等杂物，黏性土呈可塑至软塑，土层强度不均，厚度约2.1m，为低强度高压缩性土层。

② 黏土：褐黄色，可塑，底部变层时偏软塑，饱和，含铁锰质结核，厚约2.0m。承载力标准值 $f_k=121kPa$，压缩模量 $E_s=4.4MPa$，分布稳定，属低强度高压缩性土层。

③ 淤泥质粉质黏土：灰色，流塑至软塑，饱和，含少量小螺壳。略具粉感，

底部偶夹微薄层粉土及粉砂；厚度约 4.5m，承载力标准值 f_k＝68kPa，压缩模量 E_s＝3.0MPa，分布稳定，属低强度高压缩性土层。

④ 粉质黏土夹粉土：灰色，粉质黏土，饱和，软塑，占总厚 70%，粉土主要呈薄层状，单层厚 1～10cm，约占 30%，偶夹有微薄层的粉砂；厚度 3.2～5.2m，平均 4.40m。分布稳定。承载力标准值 f_k＝114 kPa，压缩模量 E_s＝5.0MPa。其下为粉砂夹粉质黏土、粉土层。

场地地下水为上层滞水和孔隙承压水。赋存于人工填土中的上层滞水水量受地表排水和大气降水控制，水量较大。厚约 11.5m 的相对隔水层以下为与长江水有密切水力联系的承压水，水头埋深 2.0m。

场区各土层物理力学性质指标详见表 5-4。

表 5-4　现场土物理力学参数表

编号	土层名称	层厚（m）	重度（kN·m^{-3}）	黏聚力（kPa）	内摩擦角(°)	承载力（kPa）
①	人工填土	2.1	18.0	5.0	15.0	0
②	黏土	2.0	18.4	17.4	10.0	121
③	淤泥质粉质黏土	4.5	17.7	9.9	5.9	68
④	粉质黏土夹粉土	4.4	17.4	9.8	9.7	114

(3) 基坑边坡喷锚网支护设计计算

采用表 5-4 所示的土层参数，取地面附加荷载 q_a＝5kPa，基坑深 H＝5.7m，安全系数 K＝1.5。土压力计算采用朗肯土压力理论分层计算。

$$E_a=(q+rh)K_a-2c\sqrt{K_a}$$

$$K_a=\tan^2(45°-\varphi/2)$$

锚固段长度 $L=KT_i/(\pi df)$

自由段长度 $L_z=(H-h)\sin\theta/\cos(\theta-15°)$

经计算，锚杆参数如表 5-5 所示。

表 5-5　锚杆设计参数

自然地面下(m)	锚杆长度(m)	材料	倾角(°)	承载力(kN)
1.5	9	1Φ25	15	29
2.8	12	1Φ25	10	84
4.0	9	1Φ48×3	10	69
5.2	9	1Φ48×3	30	118

锚杆水平间距均为 1.2m。喷射混凝土采用 C20 级,配比为水泥∶砂∶石=1∶2∶2,添加速凝剂,钢筋网采用 ϕ6@ 200× 200 焊网。采用ϕ 18 螺纹钢筋作加强筋将锚杆头与钢筋网焊接在一起,锚杆注浆采用纯水泥浆,水灰比 0.5,外加早强剂。为了增大坡脚土体的承载力及坡脚面板刚度,基坑开挖前,沿开挖线施工一排静压注浆花管,参数为 ϕ48@ 1000L=6.0m;当基坑开挖到距坑底 2.0m 时,沿坡脚施工一排杉木桩,参数为 ϕ100@ 500L=4.0m。

(4) 施工简介

由于该基坑地质条件差,周边环境复杂,因此土方施工中,要求严格分层开挖,开挖后及时支护,土体暴露时间一般不得超过 4 h。根据地质状况和锚杆设计位置,对基坑土方开挖及支护施工要求如下:

第一层挖 1.8m,施工第一排锚杆及竖向注浆花管;第二层挖 1.5m,施工第二排锚杆;第三层挖 1.2m,施工第三排锚杆,并压入竖向木桩;第四层挖 1.0m,施工第四排锚杆,剩下的 0.2m 土由人工挖除。

土方开挖后,组织人力对边坡及时修整,经验坡后及时挂网和喷射混凝土至设计厚度,然后进行锚杆施工。锚杆施工时根据设计要求,先确定锚杆孔位,然后架设钻机进行钻孔,淤泥土中采用冲击锚杆机将锚杆直接压入土体,以尽量减小对淤泥土体的扰动。锚杆送到位后,及时注浆。注浆压力为 0.5MPa,注浆三天后进行下一层土体开挖。在施工过程中,由于想赶进度,台北二路侧在凌晨 5 时挖第三层土体时,一次挖深达到 1.7m(至 5.0m 深),已揭露淤泥质土层 0.7m,而且挖土之前未压木桩,虽然上午已完成喷锚网支护施工,但中午却发现地面有微裂缝拓展,监测表明地面有下沉趋势。由此说明坑底土体有深层滑动的可能。下午 4 时紧急回填 1.0m 厚的土体,使边坡变形得到及时控制。然后沿坡脚施工一排杉木桩,参数为 ϕ100@ 500L=4.0m。由于边坡变形对土体有所扰动,故在距地表约 3.0m 处增加了一排预应力锚杆,锚杆参数为 ϕ48 钢管@ 2000L=12m,施加 60 kN 预应力。锚杆注浆达到 3 d 强度后,按要求挖土及支护,顺利到达 5.7m 深。竣工图见图 5-3。

经过喷锚网支护的基坑经受住了 1998 年夏季武汉百年未遇的大暴雨的严峻考验,由此说明该基坑边坡支护是成功的,同时也说明淤泥质土中深基坑边坡支护是可以采用喷锚网支护技术的,但边坡支护施工中必须按科学规律办事,除了要保证锚杆的锚固力外,还必须加固坡脚土体,而采用木桩加固确是一种经济有效的加固方法。此外严格分层开挖,依靠信息施工法也是非常重要的,否则欲速则不达,将造成严重的后果。

5.1.5　结论

淤泥质土中锚杆的最大锚固力为 8.7～9.7kN/m，而淤泥中锚杆最大锚固力为 6.8 kN/m，建议淤泥质土中锚杆设计锚固力按上述试验值的 70%取值；淤泥质土中深基坑边坡支护采用锚杆支护技术时，除了要保证锚杆的锚固力外，还必须验算土体深层稳定性，采用木桩加固坡脚土体是一种经济有效的加固方法；土方施工中，要严格分层开挖，不得超挖，开挖后及时支护。

5.1.6　参考文献

何克农，刘祖德，李受址，等. 武汉地区深基坑工程技术现状与展望[A]//武汉建设监理协会. 武汉地区深基坑工程理论与实践. 武汉：武汉工业大学出版社，1998.

5.2　复杂土层边坡中钢管锚杆加固设计计算方法及试验研究

李欢秋，卢芳云，吴祥云. 复杂土层边坡中钢管锚杆加固设计计算方法及试验研究[C]//徐祯祥，阎莫明，苏自约. 岩土锚固技术与西部开发. 北京：人民交通出版社，2002.

5.2.1　前言

岩土中常规锚杆施工一般是先用钻机或洛阳铲成孔，然后将经加工的钢筋插入孔中，再进行压力灌浆。这种施工方法在土质较好土层如黏土、黄土中是可行的，但对于比较复杂的土层，如在含水量较大的填土、淤泥质土、粉土、粉细砂及砂砾层等土层或有承压水的地层中使用锚杆技术，往往因锚杆成孔时孔壁塌落、水土流失及缩孔等现象而造成周围地面开裂和沉降，从而对周围建筑物及环境造成破坏。为了避免这种现象发生，有时可采用套管跟进成孔方法，以保护孔壁，但这种方法需要专用钻机及拔管机，工艺比较复杂，造价也较高。而采用钢管锚杆则可解决上述问题。钢管锚杆是用钢管（如 ϕ48 钢管、ϕ63 钢管等）代替钻杆和锚杆杆体的一部分或全部，用钻机直接将带出浆孔的钢管钻入土层中，钢管代替钻杆具有以下几个优点：①节省钻杆；②灌浆时无须另外安装压浆管；③钢管在钻进过程中对土体扰动较小，钻进速度快；④钻进过程中钢管起到护壁作用，孔壁周围的土体不会发生塌落、水土流失及缩孔等现象；⑤当锚杆设计吨位较高，仅靠钢管不能完全承担拉力时，还可通过在钢管中放置钢筋予以解决。由此可见，钢管锚杆应用比较经济、可靠及灵活，可广泛应用于流塑性软土及易流失的砂土中。该锚杆技术在武汉汉口地区的深基坑支护中取得了许多成功经验，如淤泥质土中的建银大厦、青年广场、粉土中的新世纪大厦及粉细砂中的武汉国际会展中心等深基坑工程中，均采用了预应力钢管锚杆技术，5.2.5 节中文献[1]介绍了淤泥质土中钢管锚杆拉拔力试验情况，文献[2]介绍了钢管锚杆在碎卵石层中的应用。由此可以说明在一些复杂地层中已越来越多地应用钢管锚杆。因此研究钢管锚杆承载力及其计算方法对于更好地推广应用该类型锚杆具有实际意义。本文通过计算及现场锚杆锚固力试验探讨了这种锚杆的承载力计算方法，并给出了锚杆的设计指标。

5.2.2 钢管锚杆承载力计算

钢管锚杆极限承载力计算公式为

$$T = \sum_{i=1}^{n} \pi D_i l_i \tau_i \tag{5-1}$$

式中 n——锚固段所经过的土层数；

D_i——第 i 层土中有效锚固体直径(m)；

l_i——第 i 层土中锚固段长度(m)；

τ_i——第 i 层土中土体与砂浆体之间或砂浆体周围土体的极限摩阻力(kPa)。

目前计算 τ_i 时，通常取原状土层的极限摩阻力，而 D_i 则取钻杆的直径或成孔的直径，这样取值适宜于岩石锚杆，但在土层锚杆中由于未考虑浆液对土体强度的提高，故使 T 的计算值偏小，这种偏差在钢管锚杆中更明显。工程实践表明，计算钢管锚杆的承载力应考虑浆液的扩散半径即有效锚固体直径和锚杆周围土体因灌浆 τ_i 的提高因素。浆液扩散半径和 τ_i 值与注浆压力、注浆时间、浆液黏度、土体的空隙以及土体的渗透性等因素有关。当假设浆液为牛顿流体并按柱体扩散时，对于假定为均质和各向同性的砂土，可以根据 Reffle 公式计算浆液的扩散半径；对于粉土、粉质黏土等可参考 Reffle 公式进行估算，然后根据实际注浆效果进行调整。其公式为

$$t=\frac{\beta n r^2 \ln \dfrac{r}{r_0}}{2KP} \tag{5-2}$$

式中 t——在 P 压力下的注浆时间(s)；

n——砂土空隙率；

β——浆液黏度对水的黏度比；

r_0，r——注浆管及浆液扩散半径(cm)；

K——砂土的渗透系数(cm/s)；

P——注浆压力(MPa)。

由此可见当浆液材料、土质、注浆压力一定时，浆液扩散半径可通过控制注浆时间来达到，然后通过现场试验确定最后的注浆时间。

例如，对于锚固段位于粉土和粉砂中，取介质参数 $K=1.4\times10^{-5}$，$n=1$，$\tau=35$kPa，注浆参数 $\beta=2$，$P=1$MPa，注浆管半径 $r_0=5.35$cm，对于锚杆长度为28m，固段长度为22m，要求锚固力设计值为350kN。则由公式(5-1)计算得浆液扩散半径为7.25cm，由公式(5-2)计算得当注浆压力达到1MPa时还需稳压注浆约2min才能保证达到要求的浆液扩散半径。

5.2.3 试验研究

(1) 试验简介

结合几个深基坑支护设计与施工工程，在有代表性的施工场地进行了钢管锚杆抗拔力试验，目的是检验已施工锚杆的承载力，为修改设计及继续施工提供试验依据。所选定的地质条件分别为淤泥质粉质黏土、淤泥、粉土、粉砂四种，现场勘察表明，淤泥质粉质黏土为灰褐色至灰色，饱和，软至流塑状态，内含极少量贝壳，微层理发育，层厚为6.6～9.8m；淤泥为褐灰色，饱和，流塑状态，含贝壳屑及有机质，有臭味，分布较均匀，层厚为13m；粉土、粉砂中富含承压水，层厚为5～10m。土层物理力学参数如表5-6所示。

表5-6 土层物理力学参数表

名称	重度 (kN/m^3)	含水量 (%)	孔隙比	液限 (%)	压缩模量 (MPa)	承载力 (kPa)	黏聚力 (kPa)	内摩擦角 (°)
淤泥质粉质黏土	17.6	41.7	1.35	38.3	2.9	70	14	10.0
淤泥	16.4	59.7	1.67	52.6	1.9	34	10	4.0
粉土	19.3		0.79		6.5	150	20	18
粉砂	19.5		0.83		13	200	0	32

淤泥质土中钢管锚杆采用冲击器将钢管直接打入土中，粉土粉砂中采用锚

杆钻机将钢管压入土中，然后注浆，钢管上锚固段均按间距 0.5m 梅花形布置出浆孔，孔径 5mm，试验锚杆参数见表 5-7

表 5-7　试验锚杆参数表

锚杆编号	锚杆锚固段长度(m)	锚杆材料	设计吨位(kN)	锚杆倾角(°)	注浆压力(MPa)	土体
YZ1	14	1ϕ50 钢管	130	15	0.4～0.6	淤泥质土
YZ2	14	1ϕ50 钢管	130	15	0.4～0.6	淤泥质土
YZ3	19	1ϕ50 钢管+1Φ25 钢筋	170	15	0.4～0.6	淤泥质土
YZ4	19	同上	170	15	0.4～0.6	淤泥质土
Y1	22	同上	150	15	0.4～0.6	淤泥
Y2	22	同上	150	15	0.4～0.6	淤泥
Y3	28	同上	270	15	0.4～0.6	淤泥
T1	28	1ϕ63 钢管+2Φ20 钢筋	350	15	1.0～1.2	粉土粉砂
T2	28	1ϕ63 钢管+2Φ20 钢筋	350	15	1.0～1.2	粉土粉砂

试验锚杆共分 4 组，第 1 组 YZ1、YZ2 为淤泥质土中 14m 长锚杆，第 2 组 YZ3、YZ4 为淤泥质土中 19m 长锚杆，第 3 组 Y1、Y2 为淤泥中 22m 长锚杆，Y3 为淤泥中 28m 长锚杆，它作为检验性锚杆，第 4 组 T1、T2 为粉土粉砂中 28m 长锚杆。锚杆头均位于地面下 3m。

锚杆注浆采用水灰比为 0.45 的纯水泥浆，水泥为 P·O32.5 级普通硅酸盐水泥，第 1、2、4 组浆液中增添了 0.05%水泥量的三乙醇胺(化学醇)作为早强剂，第 3 组浆液中除增添上述早强剂外还加了 5%水泥量的水玻璃，全程注浆。

锚杆抗拔试验是在龄期达到 7d 后进行的，试验设备为穿心千斤顶，其行程为 200mm，活塞面积 51.5cm^2，电动油泵加载，千分表和游标卡尺测量锚杆头变形。锚杆抗拔试验时，判断锚杆是否破坏主要是以油泵压力表和千分表读数来确定的，锚杆破坏表现为锚杆头位移不收敛、不稳定或荷载加不上。

(2) 试验结果分析

试验结果见图 5-4、图 5-5、图 5-6，其中锚杆极限荷载取破坏荷载的 95%。从图 5-4、5-5 中可以看出，锚杆施加拉力后，开始表现为弹性变形，此时荷载一般为 50kN，变形约 2mm。随着荷载的增加，变形随之增加，这个变形是由两部分组成的，一是锚杆拉杆的变形，二是锚杆随注浆体的变形。前一种变形为弹性变形，而后一种变形则是塑性变形，这种塑性变形在淤泥质土中比在黏土或粉砂中都要大，这样淤泥质土中基坑边坡采用锚杆加固时，当锚杆受力后，边坡附近地面上不可避免地会出现一些裂缝，但是若能根据基坑边坡允许变形值来设计单根锚杆锚固力，则可以尽量减少和减小地面裂缝，将边坡变形控制在规范规定的范围内。从图 5-4、5-5 可见，淤泥质土中锚杆每延米锚固力为 8.7～9.7kN/m，而淤泥中锚杆每延米锚固力只有 6.8kN/m，该结果与5.2.5节中文献[3]中孔径为 150mm 的钻孔钢筋锚杆的拉拔力比较一致。虽然淤泥中锚杆注浆时增加了水玻璃，但淤泥中锚杆锚固力仍比淤泥质土中的小。试验中未专门严格地做锚杆的蠕变试验，但对 YZ4 和 Y2 二根锚杆在加载期间均做了稳压试验，即当荷载加到 70%时，将油泵进油阀和回油阀关闭 30min，期间观察千分表的读数即锚杆头变形情况，观察发现，在 30min 内，锚杆头没有明显的变形，将油泵进油阀和回油阀打开但不供油，压力表也没有明显的变化。也就是说，在 70%设计荷载下短时期内锚杆的蠕变不是很明显。图 5-6 中当拉力达到设计拉力 350kN 时，锚杆头位移分别为 19mm 和 22mm，经过 5min 稳压，三次锚杆头位移读数基本一致，说明该钢管锚杆施工达到了设计要求。锚杆拉力达到设计值后，仍可继续加载，当拉力达到 1.1 倍的设计值时锚头变形仅为 24mm 和 25mm，锚杆头位移读数稳定，说明还未达到锚杆的极限承载力。由此说明，钢管锚杆设计时考虑浆液扩散对周围一定范围的土体加固作用可以更准确地反映该种锚杆的受力性能。从图 5-6 可见粉土粉砂中的钢管锚杆每延米锚固力达到 18kN/m。

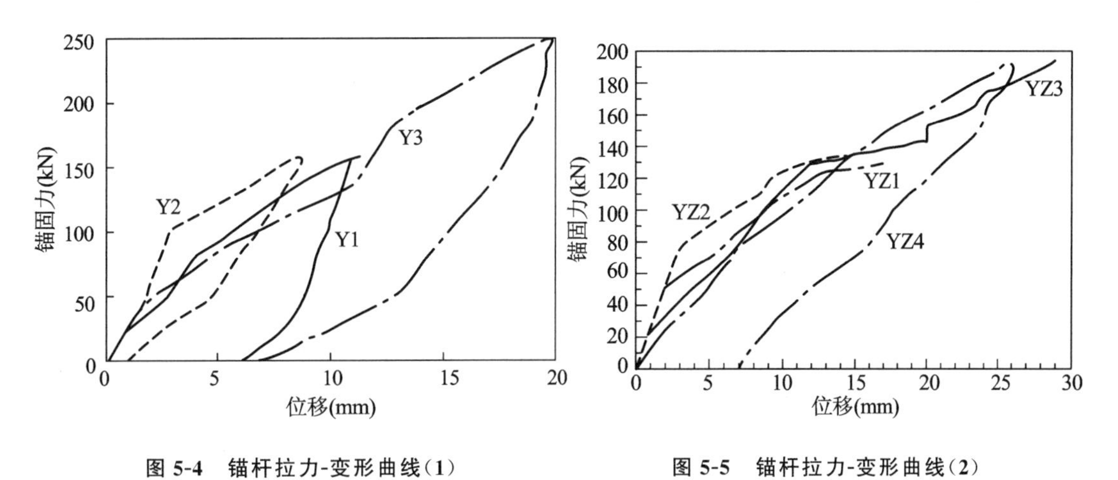

图 5-4　锚杆拉力-变形曲线(1)　　　**图 5-5　锚杆拉力-变形曲线(2)**

5.2.4　结束语

钢管锚杆作为土中锚杆的一种新类型已越来越多地应用于比较复杂的土

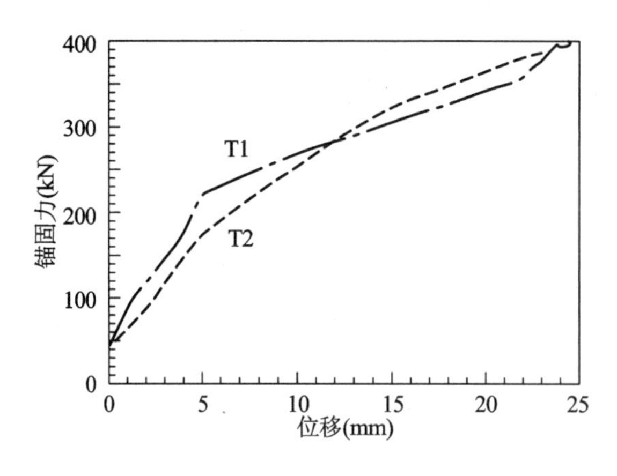

图 5-6 锚杆拉力-变形曲线(3)

层中,特别是应用于软土、粉土、粉细砂等土层中更表现出其优越性。淤泥质土中钢管锚杆的最大锚固力为 8.7～9.7kN/m,淤泥中钢管锚杆的最大锚固力为 6.8kN/m,粉土粉砂中的钢管锚杆锚固力达到 18kN/m,说明钢管锚杆在复杂土层中具有较好的锚固力。钢管锚杆的承载力计算除了需要考虑锚杆的锚固长度及钢管直径外,还应考虑浆液的扩散半径及锚杆周围土体因灌浆 τ_i 的提高因素,本节试验表明,对于粉土、粉质黏土、淤泥质土等,浆液的扩散半径可参考 Reffle 公式进行估算,然后根据实际注浆效果进行调整,这样计算得到的钢管锚杆承载力比较符合实际情况。

5.2.5 参考文献

[1] 李欢秋,赵玉祥,张福明.淤泥质土中锚杆锚固力现场试验及其应用[J].岩石力学与工程学报,2000,1(19):922-925.

[2] 陈肇元,崔京浩.土钉支护在基坑工程中的应用[M].2 版.北京:中国建筑工业出版社,108-110.

[3] 吴铭炳.软土地基土钉支护研究[J].岩土工程学报,1999,216:687-670.

5.3 黄土岩石混合地层边坡加固方法及其应用

李欢秋,张仕,欧阳科峰,等.黄土岩石混合地层边坡加固方法及其应用[J].防灾抗震工程学报,2014,34.

5.3.1 引言

我国中原地区黄土往往具有湿陷性和膨胀性,因此黄土地区边坡支护的分析与设计是工程设计的一大难题，黄土边坡稳定性问题一直受到人们的关注。目前对于黄土地区支护加固的研究集中在锚杆锚固机理、边坡土压力、边坡稳定性分析等方面。锚杆的锚固机理就是通过锚杆的锚固力，将边坡或者结构物进行加固，利用锚固体周围土层的抗剪强度来抵抗边坡或结构物主动土压力。吴璋等对黄土地层锚杆的工作原理进行了试验分析，得出黄土层锚杆对边坡的加固主要表现为改善边坡整体力学性质和结构特征。在坡体构筑物的作用下，锚杆对边坡产生主动压力，限制边坡土体的进一步变形，同时注浆不仅为锚杆提供了锚固力，而且充填加固了土体中的裂缝，防止了地下水对坡体的影响，改善了土体的力学性质；在边坡土压力方面，经过大量的深基坑和边坡工程实践，人们认识到作用于支护结构上的土压力并不是一成不变的，而是随着边坡的开挖和支护结构的变形在不断变化。目前用于边坡稳定性分析的方法很多，如常用的极限平衡法、工程经验类比法，对复杂的边坡往往还采用数值分析如有限差分法、有限元法等。每一类方法都有各自的特点和适用范围，选择适宜的边坡稳定性分析方法，应在确定边坡破坏模式的基础上进行。对于黄土类边坡采用极限平衡法分析更具有优势，也就是说最简单的方法可能是最有效的方法。高建勇等对考虑含水量的黄土高边坡稳定性预测模型进行了研究，在搜集黄土高边坡工程典型实例资料的基础上对黄土边坡稳定性进行了分析，结果表明：黄土边坡的重度、黏聚力、内摩擦角是黄土边坡稳定性影响因子中最主要的因子，其次坡比、坡高，孔隙压力比和地震烈度也对黄土边坡的稳定性有一定的影响。本节主要结合工程实例，即针对由坡积黄土、风化砂岩组成的混合地层高边坡的稳定性问题进行研究并提出该混合地层边坡的综合加固方案。

5.3.2　黄土岩石地层边坡及支护特点

黄土按其成因分为原生黄土和次生黄土。一般将不具层理的风成黄土称为原生黄土，原生黄土经过流水冲刷、搬迁重新沉积而成的为次生黄土，工程界统称它们为黄土。次生黄土一般具有层理，较原生黄土结构强度要低。黄土在一定压力（土自重或自重压力和外压力）作用下，受水浸湿后结构迅速破坏而发生的显著下沉现象，称之为湿陷。具有湿陷性的黄土称为湿陷性黄土。湿陷性黄土又分为自重湿陷性黄土和非自重湿陷性黄土。对于湿陷性黄土地基的处理有以下几种方式：①采用换土、强夯、挤密桩等基本方法消除基础已有土层的湿陷性，这是土层较薄（10m 以内）时采用的办法，常用于多层建筑的地基处理；

②采用桩基使建筑物基础穿透湿陷性黄土层,传力于非湿陷性的持力土层上,该方法常用于高层建筑的地基处理;③采用隔水材料如灰土、油毡以及各种PVC和PE膜等,使基础湿陷性黄土地基无法浸水,以达到避免地基湿陷的目的,该方法常用于对基础承载力要求不高的设施,如游泳池、供水管床、渠道等。对于湿陷性黄土边坡加固,目前还没有专门的处理方法,但常采用锚杆、锚索、重力式挡土墙或抗滑悬臂桩等支护技术,工程实践中采用锚杆或锚索等支护方法,相对于采用重力式挡土墙或抗滑悬臂桩等,该方法支护效果好,而且具有造价经济、不占用空间等优点。

河南西部地区地形起伏较大,冲沟发育,地表多分布着第四系中更新黄土质粉质黏土,下伏寒武系石灰岩、页岩和灰岩等。该种类型岩土质边坡的稳定性及支护措施必须考虑两方面因素,一是黄土类边坡稳定性及支护方法,二是黄土与岩层交界面的稳定性及支护方法。此外在选择边坡加固方案时,除考虑土层因素外,还要充分考虑工程的地形地貌、土质参数、水文等具体情况,做到与工程环境协调、经济、安全、美观。

5.3.3 工程实例分析

(1) 工程现状及地质情况

拟加固的边坡场地位于××市,场区内地貌单元为低山丘陵。该边坡坡脚距6层楼房约6m,坡顶地面上的两层楼房距坡顶边线5～10m,坡高约9.9～11.6m,虽然边坡已采用喷锚网进行了支护,但观测表明边坡顶地面上出现裂缝,坡脚支护面压碎,坡面有下滑趋势,见图5-7。如果该边坡不能得到有效加固,一旦雨水或地表水下渗至岩土接触面,极易造成上覆土层顺层滑坡,危及住宅楼安全。

高边坡倾向、倾角、坡长、坡高如表5-8所示。

表5-8 高边坡倾向、倾角、坡长、坡高一览表

倾 向	倾 角	坡长(m)	坡高(m)
180°左右	50°～65°	20	11.6～9.1
180°左右	45°～80°	10	9.85～7.5

勘察范围内场地岩土层结构及特征从上往下分述如下:

第①层黏土(Q_2^{al+pl}):棕黄色、棕红色,硬塑,干强度及韧性高,无摇振反应,切面有光泽。含铁、锰质氧化物。局部夹灰绿色黏土团块,该层在场地内分布

图 5-7　失稳状态的南侧东段边坡图

均匀。

第②层砂岩(Z):灰白、肉红色,中风化,微裂隙发育,粒状结构,中厚层状构造,夹薄层页岩,岩芯呈柱状。岩层倾向 180°～185°,倾角 25°。该层场地分布普遍。

该场地气候为大陆性季风气候,地处暖温带和北亚热带地区。据近年的气象资料统计,年降水量 1000mm,夏季雨水充沛,占全年降水量的 47%～53%;冬春为少雨季节。自然降水偏丰,该边坡易遭受夏季雨水冲刷侵蚀。

(2) 加固方案选取

黄土类边坡的加固防护技术,通常可以分为坡面植物防护技术、坡面工程加固技术以及一些新型的防护加固技术等,本工程为在已有边坡支护基础上进行边坡加固,即应采用工程加固技术。通常对于黄土地区的 10m 左右的高边坡支护,可采用悬臂桩(钻孔灌注桩或人工挖孔桩)、土钉墙(喷锚支护)、水泥砂浆毛石挡墙等方案,综合考虑该边坡环境、边坡现状、边坡安全、加固造价、实际可操作性等因素,该边坡加固方案采用:预应力锚杆＋网喷＋钢筋混凝土格构梁加固方案。

本边坡组成边壁的土层主要为表层粉质黏土和第②层砂岩,水文地质条件较好。根据上述分析,结合本边坡高度和该工程的具体环境情况,根据《建筑边坡工程技术规范》(GB 50330—2013),该工程为永久性边坡支护且地质条件复杂,本边坡支护工程安全等级定为一级。

(3) 边坡稳定性分析

地质勘查揭示边坡岩土体组成主要为砂岩夹薄层页岩，顶部覆盖层厚0.00～8.00m 的残坡积粉质黏土。南侧边坡砂岩岩层倾向与边坡一致，倾角 25°，小于边坡倾角，砂岩在场地局部剥蚀，自南向北逐渐升高，与上覆土层接触面角度和岩石倾角基本相同，造成边坡顶缘残坡积土层，稳定性较差，对边坡的稳定性影响明显。若雨水或地表水下渗至岩土接触面，极易造成上覆土层顺交界面层滑坡。边坡虽然已采用喷锚网进行了支护，但原支护设计没有考虑这种情况，锚杆锚固端未进入风化岩石层，面板强度不够，致使岩石上覆土层出现顺层下滑现象，对坡顶及坡脚建筑物安全均造成很大威胁。此外如果坡脚土层受到破坏，锚杆受力状态由受拉变为抗剪，从而容易造成坡积土沿黄土岩石交界面下滑。

(4) 加固计算方法

根据地质勘察报告中钻探、岩土室内试验物理力学性质指标的统计分析，结合地区建筑经验，综合分析岩土层物理力学设计计算指标，见表 5-9。

表 5-9　岩土层物理力学性质

层号	岩性描述	物理力学性质指标		抗剪强度指标	
		重度(kN/m^3)	抗压强度(MPa)	黏聚力(kPa)	内摩擦角(°)
①	黄土	18.2		37	19.5
②	砂岩	26.6	70		70

注:表中砂岩参数为经验值。

对于岩石上覆土的稳定性分析一般采用极限平衡法进行计算。极限平衡法是边坡稳定性分析的传统方法，通常根据作用于岩土体中潜在破坏面上块体沿破坏面抗剪力与该块体沿破坏面的剪切力之比求出该块体的稳定系数，通过稳定性安全系数评价边坡的稳定性。对于黄土岩石复合地层边坡，认为边坡的滑移面即为土层岩层的分界面，锚杆作用下受力分析见图 5-8，边坡的稳定性系数可按下式进行计算：

$$K_s = \frac{(G_a + \sum_{i=1}^{n} T_{ia})\tan\varphi + \sum_{i=1}^{n} T_{it} + Ac}{G_t} \tag{5-3}$$

$$G = \gamma V + q$$

$$G_t = G\sin\theta = \gamma V\sin\theta$$

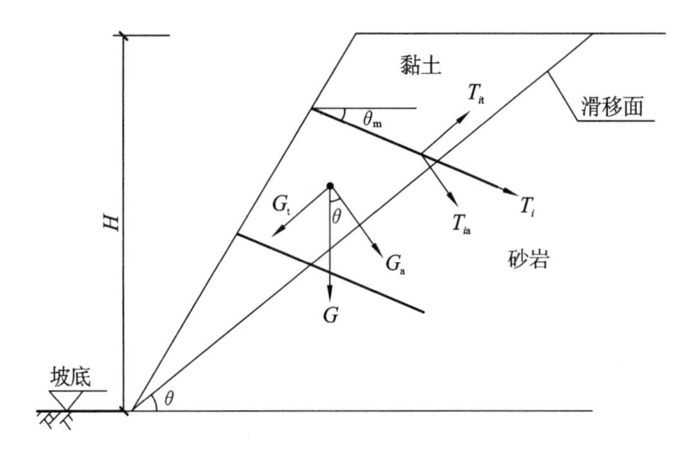

图5-8 黄土岩石混合土层边坡力学简图

$$G_a = G\cos\theta = \gamma V\cos\theta$$

$$T_{it} = T_i\cos(\theta + \theta_m)$$

$$T_{ia} = T_i\sin(\theta + \theta_m)$$

$$T_i = \sum \pi d\tau_i l_i$$

$$K_s = \frac{[\gamma V\cos\theta + \sum_{i=1}^{n} T_i\sin(\theta + \theta_m)]\tan\varphi + \sum_{i=1}^{n} T_i\cos(\theta + \theta_m) + Ac}{G_t} \tag{5-4}$$

以上各式中，K_s 为边坡稳定性系数；G 为单位长度土体重力和地面附加荷载；T_i 为单位长度内第 i 排锚杆拉拔力；l_i 为第 i 排锚杆锚固段长度；τ_i 为锚固体与土层之间的极限黏结强度标准值（kPa），对于全风化岩石，τ_i 取 80～100kPa；γ 为土体重度（kN/m^3）；c 为结构面的黏聚力（kPa）；φ 为结构面的内摩擦角（°）；A 为单位长度结构面的面积（m^2）；V 为单位长度土体体积（m^3）；θ 为结构面的倾角（°）；θ_m 为锚杆倾角（°）；i 为锚杆排数，n 为锚杆总排数。结构面的抗剪指标可以由试验测得，无试验数据可以参考折减后的坡积黄土的指标。

根据勘察报告，南侧西段边坡设计高度 9.85m，坡比为 9.85∶8.2，约 50.2°。南侧东段边坡设计高度 11.6m，坡比为 11.6∶8.71，约 53.1°。由于砂岩倾角 25°，砂岩为中风化岩，岩体自身是稳定的。在两层介质交界面处由于黏结比较薄弱，因此表层黏土往往容易沿着交界面向下滑动。为了稳定岩层上的黏土层，需要通过锚固于岩层中的预应力锚杆将土层固定住。预应力锚杆的作用：一方面是防止土体本身之间的滑移，另一方面是增大交界面的摩阻力，防止岩层上面的土层沿交界面向下滑动，并用钢筋网喷射混凝土护面。

当不采用锚杆加固或锚杆锚固端未进入岩层时，即锚杆的锚固力 T_i 取为0，则采用折减后的表5-8、表5-9中坡面参数及黄土岩石参数，由公式(5-4)计算得到的边坡稳定性系数为0.939，说明边坡处于极限状态，当黄土岩石交界面遇到雨水甚至生活用水浸泡时，风化岩石上覆的坡积土将下滑。

当采用表5-10所示的锚杆参数时，锚杆入射角10°～15°，水平间距均为1.5m，锚杆钢筋为HRB400直径25的螺纹钢筋，锚杆按入岩2.6m考虑。同样利用表5-8、表5-9中坡面参数及黄土岩石参数，根据公式(5-4)计算得到边坡安全系数大于1.5，满足规范对于一级边坡稳定安全系数的要求。锚杆设计参数见表5-10、表5-11及图5-9、图5-10。

表5-10　南侧西段计算间距参数(边坡高度9.85m)

排号	支护类型	竖向间距(m)	锚杆长度(m)	入岩情况
1	锚杆	2.25	12.5	应入岩2.6m
2	锚杆	2.0	10.5	应入岩2.6m
3	锚杆	2.0	8.5	应入岩2.6m
4	锚杆	2.0	6	应入岩2.6m

表5-11　南侧东段计算间距参数(边坡高度11.6m)

排号	支护类型	竖向间距(m)	锚杆长度(m)	入岩情况
1	锚杆	1.5	12.5	入岩
2	锚杆	1.5	12.5	应入岩2.6m
3	锚杆	1.5	10.5	应入岩2.6m
4	锚杆	1.5	9.0	应入岩2.6m
5	锚杆	1.5	6.0	应入岩2.6m

(5) 相关加固设计参数

① 喷射混凝土：边坡支护采用C20喷射混凝土，喷射混凝土喷层厚度(100±20)mm，喷射混凝土材料中水泥为符合国家相应标准的P·O32.5普通硅酸盐水泥，配合比为石∶砂∶水泥=2∶2∶1，水灰比为0.45～0.5。速凝剂掺量小于水泥重量的3%，在满足施工条件下，尽量少用。

② 钢筋网：采用Φ6.5mm盘圆钢筋，网格间距为200mm×200mm。

③ 锚杆及注浆：根据锚杆受力情况，锚杆拉杆采用1根Φ25mm或2根Φ25mm的螺纹钢筋。锚杆头采用2Φ16mm加强螺纹钢筋固定。注浆采用纯

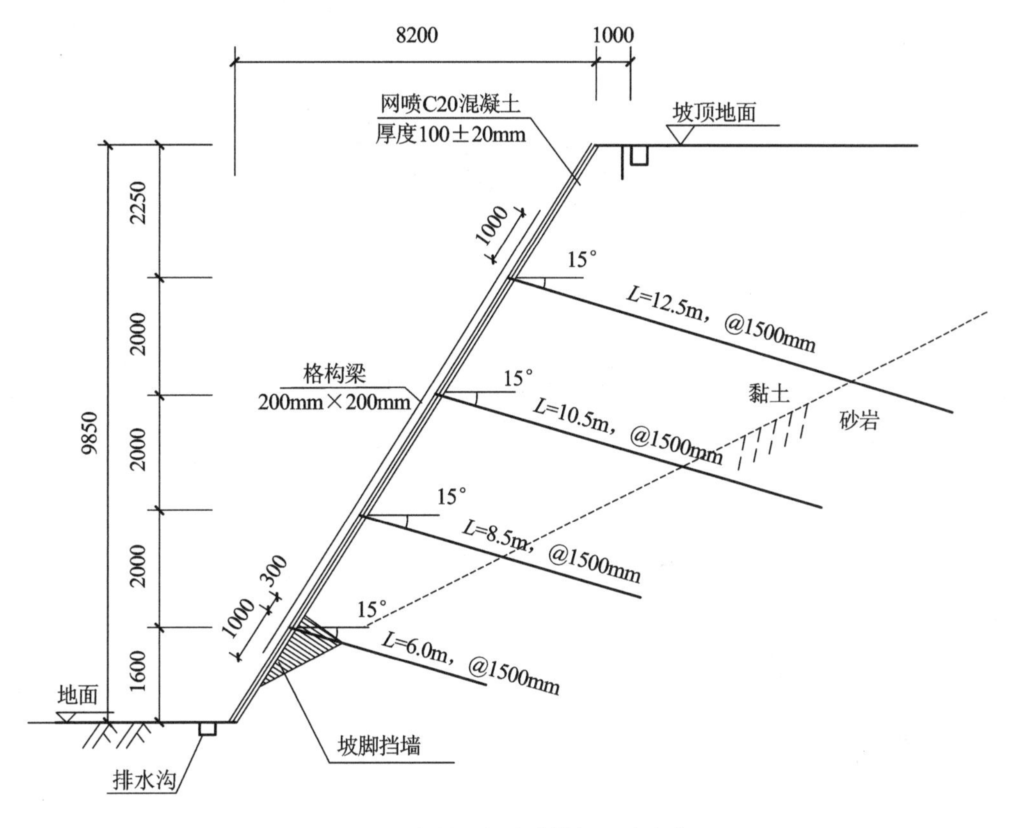

图 5-9　南侧西段边坡锚杆设计方案

水泥浆，水泥采用 P·O32.5 级普通硅酸盐水泥，水灰比为 0.45～0.5，注浆压力 0.5MPa，外加早强剂，注浆体强度为 M15。

④ 压顶：压顶混凝土喷层厚度约(80±20)mm、宽度 1.0m，压顶土钉使用φ16螺纹钢，长度 0.5m。加强钢筋使用φ16mm 螺纹钢，沿每排锚杆(土钉)全长设置并与土钉焊接。

⑤ 钢筋混凝土格构梁：为了提高面板刚度和锚固效果，在永久边坡支护时，在锚杆端部设置加强筋的基础上，还应设置钢筋混凝土格构梁，钢筋混凝土格构梁尺寸为 200mm×200mm，混凝土强度等级为 C20，配主筋为 4φ16 螺纹钢，箍筋为φ6.5@250，按水平间距 3m、竖向间距 2.0m 设置。

⑥ 浆砌毛石挡墙：为了增大坡脚强度、刚度和保护坡脚土体，还应沿地面坡脚或在坡脚处的岩层与土层结合部位施工一道浆砌毛石挡墙。挡墙高度约为 1.5m，埋深一般 0.5m 左右或坐落在岩层上，墙厚度与岩层有关，一般 0.3m 左右。坡脚加固剖面图见图 5-11。

⑦ 地下水及雨水控制：场区内地下水主要为杂填土中的上层滞水，水量受

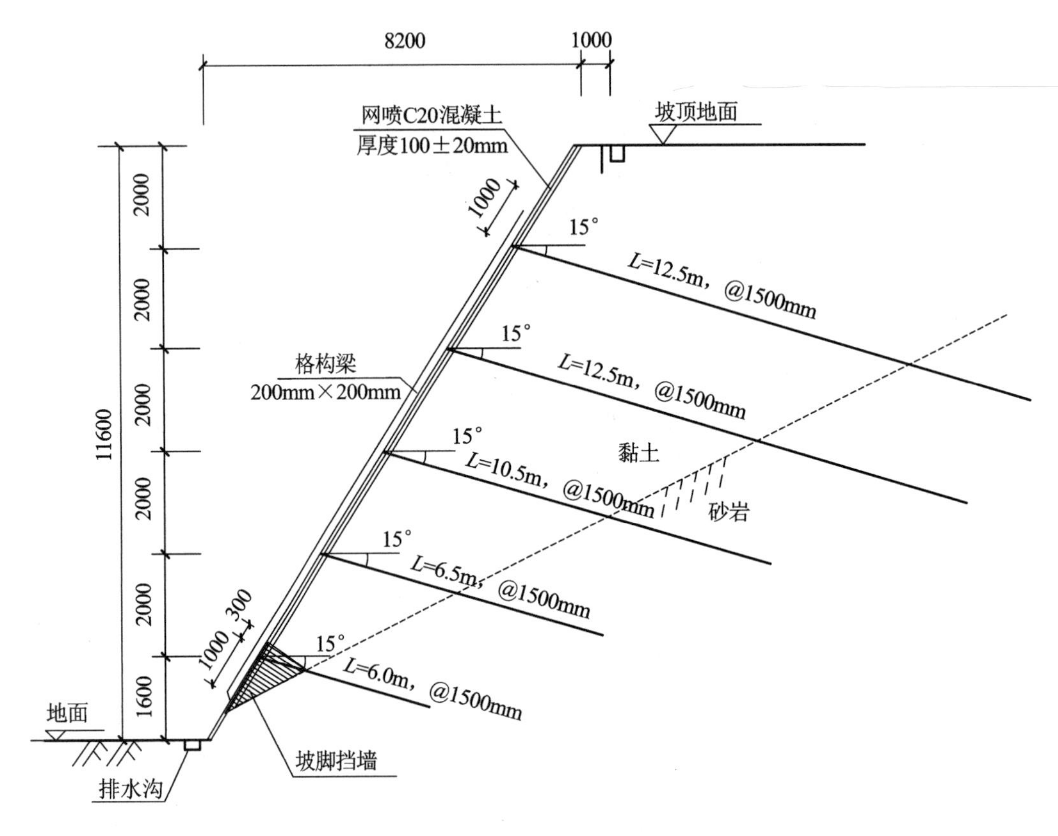

图 5-10　南侧东段边坡锚杆设计方案

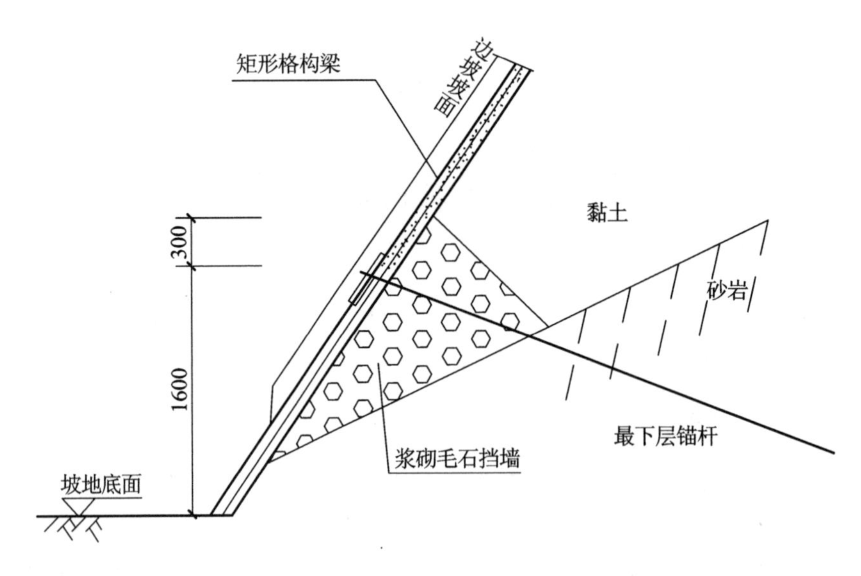

图 5-11　坡脚加固剖面图

季节影响，雨季水量比较丰富。具体方案为：在距坡顶 1.0m 和坡底 0.5m 位置各施工一道排水沟，排水沟尺寸为宽×深＝0.30m×0.20m，并与主下水道连接。支护坡面应设置排水管，排水管采用长 300mm、直径 100mm 的 PVC 管，排水孔外斜坡度大于 5%，按水平间距 3.0m、竖向间距 4.0m 设置。

根据以上设计施工的边坡竣工工程实景图见图 5-12，经过 1 年多的观测，边坡处于稳定状态。

图 5-12　工程实景图

5.3.4　结论

通过对黄土岩石混合边坡稳定性进行分析，综合分析黄土类边坡支护技术的特点，结合某 10m 高黄土岩石混合工程实例，成功进行了该边坡加固，形成了一套黄土岩石混合地层综合加固技术方法。可以得出以下结论：

① 对于此种类型的边坡，应综合考虑影响边坡稳定性的因素，如土质特点、岩石风化程度和不同介质的界面影响等，采取合理的加固方案。

② 对于黄土岩石混合地层，须保证锚杆一定的入岩深度，即锚杆须进入岩石内一定深度，从而才能将锚杆末端与岩石充分锚固，提高加固效果；坡脚采用毛石挡墙加固可以有效保护坡脚土层，防止黄土沿黄土岩石交界面下滑。

③ 对于 10m 左右的黄土岩石混合土层边坡，采用预应力锚杆＋网喷加固方案，可以较好地控制边坡的变形，同时也可以根据工程周边环境，达到与环境协调、支护结构占用空间小、安全美观等要求。

5.3.5 参考文献

[1] 吴璋,张晶.黄土层预应力锚索锚固力试验研究[J].煤田地质与勘探,2006,23(6):75-77.

[2] 王长荣.黄土地区框架预应力锚杆支护结构研究综述[J].实验与研究,2010,06(5):76-80.

[3] 吴祥云,李欢秋,李永池,等.岩体中喷锚支护与被复结构计算研究[J].岩石力学与工程学报,2005,24(19):3561-3565.

[4] 张向阳,李欢秋,吴祥云,等.不良地质环境中基坑边坡加固技术分析及其应用.岩土力学,2007(28):663-668.

[5] 高建勇,党进谦,陈艳霞,等.考虑含水量的黄土高边坡稳定性预测模型研究[J].西北农林科技大学学报,2007,35(6):108-110.

[6] 高建勇,陈艳霞,党进谦.基于范数灰关联的黄土边坡稳定性影响分析[J].人民长江,2008,39(8):26-28.

[7] 张仕,李欢秋,王爱勋.提高PHC管桩在深基坑支护中应用的技术途径[J].地下空间与工程学报,2011,12(7):1643-1647.

[8] 黄传志.土体极限分析理论及应用[M].北京:人民交通出版社,2007.

5.4 岩体中喷锚支护与被复结构计算研究

吴祥云,李欢秋,李永池,杨仁华.岩体中喷锚支护与被复结构计算研究[J].岩石力学与工程学报,2005,24(19):3561-3565.

5.4.1 引言

岩体是由岩石块体组成的地质构造体,在自重相容的条件下,处于稳定的平衡状态。若在岩体中开挖一条坑道,则破坏了岩体的自然平衡状态,组成岩体的岩石块体就会产生运动,造成坑道的落石或塌方。为了防止落石和塌方的发生,工程师们采取了许多有效的办法,如锚杆加固、喷射混凝土或者它们的有机结合等方法。采用锚杆加固坑道围岩或山体面层岩石,要根据工程情况而定,具体情况具体分析,不可采取固定的模式。如果是考虑岩体自重作用下的静荷载,可灵活采用长锚杆,充分利用岩体深层的稳定性来平衡开挖造成的表面松动岩石;如果考虑偶然性爆炸产生的动荷载,可采用一定长度的短锚杆,与喷锚网联合作用，使洞室周围的松动围岩形成一个具有一定厚度的围岩加固层，在爆炸荷载的作用下该加固层将产生较大的位移，也就是锚杆随着加固的围岩一起运动，形成围岩和深层岩体的刚度差，这样有利于岩体中动应力的传递，将大应力引向刚度大的岩体深处。同时，加固围岩产生位移将大幅度消耗爆炸荷载的能量。

爆炸荷载作用下的岩体中坑道工程的设计方法研究，是个十分复杂的问题，涉及正确的结构选型、合理的空间利用以及可行的计算方法等。就可行的计算方法而言，由于坑道形状千差万别，很难找出通用的函数描述坑道的位移，这给采用精确的解析解进行分析造成很大困难，因此，对于形状不容易用函数描述的结构，应用数值分析方法是合适的。

本文推导了平面应变条件下圆形洞室结构动力计算方法，给出了圆形洞室结构动力分析的解析解，并对不同结构厚度及不同坚硬系数的岩体进行了计算，得到了符合宏观定性分析结论的计算结果。

5.4.2　圆形洞室动力分析的解析解的建立

（1）基本假设

已知圆形结构周边荷载的动力分析简图如图 5-13 所示。在计算中采用下列基本假设：

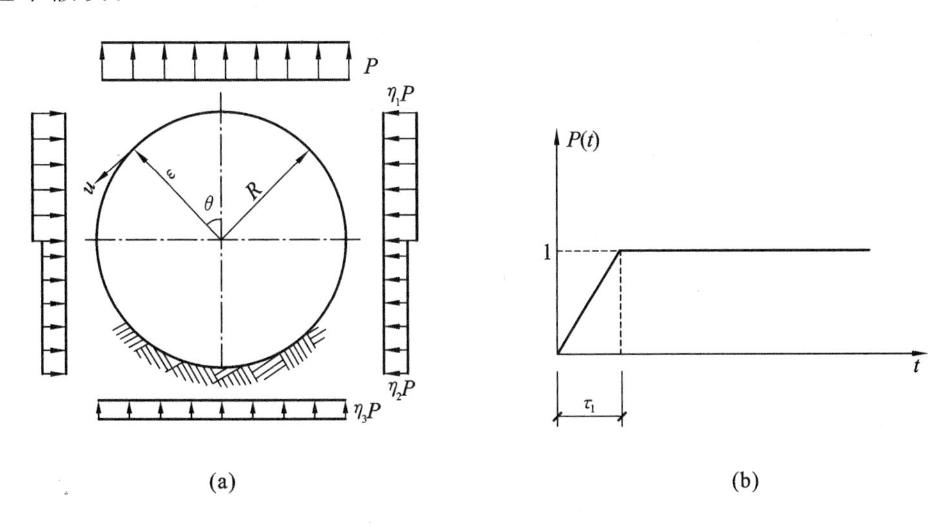

图 5-13　图形结构周边荷载的动力分析简图

（a）计算模型；（b）外荷载随时间的变化规律

① 由于地下结构纵轴线远大于横向尺寸，因此可按平面应变问题来考虑。

② 结构在变形过程中，当岩体介质受到结构的挤压时，介质对结构提供弹性抗力；弹性抗力采用文克尔假设，其方向沿径向方向向内，数值大小与径向位移成正比。

③ 圆形结构的轴线长度在结构变形过程中保持不变。

④ 爆炸引起的冲击波同时作用在圆形结构四周，并认为作用在结构各点上的压力随时间的变化规律是一致的。

(2) 运动微分方程的建立

设圆形结构的径向位移为 $w(\theta.t)$，并采用下列三角级数表示：

$$w(\theta,t)=\sum_{n=0,1,2,\cdots}(A_n\cos n\theta+B_n\sin n\theta) \tag{5-5}$$

其中 A_n、B_n是待定的广义坐标。

当 $n=0$ 时，$w(\theta,t)=A_0$，表示结构轴线均匀径向压缩或拉伸。根据假设③，当作用在结构上的外荷载与中心的铅垂线对称时，B_n等于零，因此结构的径向位移和切向位移可以写成下列的形式。

$$w(\theta,t)=\sum_{n=1}A_n\cos n\theta \tag{5-6}$$

$$u(\theta,t)=\sum_{n=1}\frac{1}{n}A_n\sin n\theta \tag{5-7}$$

在计算结构的位能、动能和外力功时，将结构周边介质的弹性抗力当作外力考虑，同时忽略介质的质量。

结构的位能为：

$$U=\int\frac{M^2}{2EJ}dS+\int\frac{N^2}{2EF}dS+\int\frac{Q^2}{2GF}dS \tag{5-8}$$

由假设③知，式中第二项为零，同时忽略剪力的影响，则结构的位能可写成：

$$\dot{U}=\int\frac{M^2}{2EJ}dS=\frac{\pi EJ}{2R^3}\sum_{n=1}(1-n^2)^2\cdot A_n^2 \tag{5-9}$$

结构的动能为：

$$\begin{aligned}T&=\int\frac{1}{2}\overline{m}\left[\left(\frac{\partial w}{\partial t}\right)^2+\left(\frac{\partial u}{\partial t}\right)^2\right]dS\\&=\frac{\pi\overline{m}R}{2}\sum_{n=1}\left(1+\frac{1}{n^2}\right)\cdot\dot{A}_n^2\end{aligned} \tag{5-10}$$

式中 $\overline{m}$——结构单位长度质量。

作用在结构周边的主动荷载和介质弹性抗力在结构变形过程中做功。介质弹性抗力做的功为：

$$W_1=\int -\frac{1}{2}K\omega \mathrm{d}S=-KR\sum_{n=1}A_n^2\times\left[\frac{\pi-\alpha_c}{2}-\frac{1}{4n}\sin 2n\alpha_c\right]$$

$$+KR\times\sum_{n=1}\sum_{m=1}A_nA_m\left[\frac{\sin(m+n)\alpha_c}{2(m+n)}+\frac{\sin(m-n)\alpha_c}{2(m-n)}\right]\quad(m\neq n)$$

(5-11)

式中　α_c——结构在振动过程中与周围介质的脱离区角度，可通过逐渐逼近，直到满足精度要求为止。

外荷载在结构变位时做的功(令 $P_{max}=1$)为：

$$W_2=\int q_w\cdot w\mathrm{d}S+\int q_u\cdot u\mathrm{d}S \tag{5-12}$$

$n=1$ 时，$W=A_1C_1Rf(t)$，$C_1=2(1-\eta_3)$；

$n=2$ 时，$W=A_2C_2Rf(t)$，$C_2=\frac{3\pi}{8}(1-\eta_1-\eta_2+\eta_3)$；

$n>2$ 时，$W=\sum_{n>2}A_nC_n'Rf(t)$，$C_n'=\frac{2[(n^2-1)(\eta_1-\eta_2)-3(1-\eta_3)]}{n(n+2)(n-2)}(-1)^m$

$\begin{pmatrix}n=2m+1\\ m=1,2,\cdots\end{pmatrix}$

式中　$f(t)$——荷载随时间的变化规律。

将求得的体系的位能、动能和外力功代入拉格朗日方程，经整理可得出下列微分方程：

$$\frac{EJ}{KR^4}\pi\left[1+\frac{1}{n^2}\right]\ddot{A}_n+\frac{EJ}{mR^4}\times\left[\frac{EJ}{KR^4}\pi(1-n^2)^2+2\left(\frac{\pi-\alpha_c}{2}-\frac{1}{4n}\sin 2n\alpha_c\right)\right]A_n+$$
$$\frac{EJ}{mR^4}2\sum_{m\neq n}\left[\frac{\sin(m+n)\alpha_c}{2(m+n)}+\frac{\sin(m-n)\alpha_c}{2(m-n)}\right]A_m=\frac{EJ}{mR^4}\frac{C_n}{R}f(t) \tag{5-13}$$

令

$$\frac{EJ}{KR^4}\pi\left(1+\frac{1}{n^2}\right)=a_{nn},$$

$$\frac{EJ}{KR^4}\pi(1-n^2)^2+2\left(\frac{\pi-\alpha_c}{2}-\frac{1}{4n}\sin 2n\alpha_c\right)=e_{nn},$$

$$2\left[\frac{\sin(m+n)\alpha_c}{2(m+n)}+\frac{\sin(m-n)\alpha_c}{2(m-n)}\right]=e_{mn}$$

可将上面的方程写成下列形式

$$a_{nn}\ddot{A}_n+\sum_m \frac{EJ}{\overline{m}R^4}e_{mn}A_m=\frac{EJ}{\overline{m}R^4}\cdot\frac{C_n}{K}f(t) \tag{5-14}$$

(3) 频率方程及强迫振动的解

频率方程：

$$a_{nn}\ddot{A}_n+\sum_m \frac{EJ}{\overline{m}R^4}e_{mn}\cdot A_m=0 \tag{5-15}$$

设 $A_m=\varphi_m \sin\omega t$，代入方程(5-15)中，可以得到

$$\sum_m e_{mn}\varphi_m-a_{nn}\frac{\overline{m}R^4}{EJ}\omega^2\varphi_n=0 \tag{5-16}$$

令$\frac{\overline{m}R^4}{EJ}\omega^2=\Omega^2$，则有 $\omega=\frac{\Omega}{R^2}\sqrt{\frac{EJ}{\overline{m}}}$

式中　Ω——频率系数。

频率方程为：

$$\Delta=|e_{mn}-a_{nn}\Omega^2|=0 \tag{5-17}$$

将式(5-17)展开成下面的形式：

$$\Delta=\begin{vmatrix} e_{11}-a_{11}\Omega^2 & e_{12} & e_{13} \\ e_{21} & e_{22}-a_{22}\Omega^2 & e_{23} \\ e_{31} & e_{32} & e_{33}-a_{33}\Omega^2 \\ \vdots & \vdots & \vdots \end{vmatrix}=0$$

① 首先求特征向量 $\varphi_n^{(r)}$ 值

令

$$\sum_n a_{nn}\varphi_n^2(r)=1 \tag{5-18}$$

利用式(5-16)和式(5-18)两个关系式，可以求出 $\varphi_n^{(t)}$ 值，写成下面形式：

$$\left.\begin{aligned} &\sum_m e_{mn}\varphi_m-a_{nn}\Omega^2\varphi_n=0 \\ &\sum_n a_{nn}\left[\varphi_n^{(r)}\right]^2=1 \end{aligned}\right\} \tag{5-19}$$

或展开成为：

$$\begin{cases} (e_{11}-a_{11}\Omega_r^2)\varphi_1^{(r)}+e_{12}\varphi_2^{(r)}+\cdots+e_{1n}\varphi_n^{(r)}=0 \\ e_{21}\varphi_1^{(r)}+(e_{22}-a_{22}\Omega_r^2)\varphi_2^{(r)}+\cdots+e_{2n}\varphi_n^{(r)}=0 \\ \qquad\qquad\vdots \\ e_{n-1,1}\varphi_1^{(r)}+\cdots+(e_{n-1,n-1}-a_{n-1,n-1}\Omega_r^2)\varphi_{n-1}^{(r)}+e_{n-1,n}\varphi_n^{(r)}=0 \\ a_{11}\left[\varphi_1^{(r)}\right]^2+a_{22}\left[\varphi_2^{(r)}\right]^2+\cdots+a_{nn}\left[\varphi_n^{(r)}\right]^2=1 \end{cases}$$

由上述方程中可以解出特征向量：

$\varphi_1^{(1)},\varphi_2^{(1)},\cdots,\varphi_n^{(1)};\varphi_1^{(2)},\varphi_2^{(2)},\cdots,\varphi_n^{(2)};\cdots;\varphi_1^{(n)},\varphi_2^{(n)},\cdots,\varphi_n^{(n)}$；共 n^2 个。

② 主振型的正交性

由(5-16)式可得

$$\left.\begin{aligned}\omega_s^2 a_{nn}\varphi_n^{(s)} &= \sum_m \frac{EJ}{mR^4}e_{mn}\varphi_m^{(s)}\\ \omega_r^2 a_{nn}\varphi_n^{(r)} &= \sum_m \frac{EJ}{mR^4}e_{mn}\varphi_m^{(r)}\end{aligned}\right\}\tag{5-20}$$

以 $\varphi_n^{(r)}$ 乘式(5-20)中的第一式，以 $\varphi_n^{(s)}$ 乘(5-20)式中的第二式，对 n 叠加，再将二式相减

$$(\omega_s^2-\omega_r^2)\sum_n a_{nn}\varphi_n^{(r)}\varphi_n^{(s)}=0\tag{5-21}$$

由于 $\omega_s\neq\omega_r$，则有

$$\sum_n a_{nn}\varphi_n^{(r)}\varphi_n^{(s)}=0\tag{5-22}$$

这就是主振型的正交性。

③ 强迫振动的解

为了求强迫振动的解，将 A_n 及 $\frac{EJ}{mR^4}\frac{C_n}{R}f(t)$ 按主振型展开。

令 $A_n=\sum_r \beta_r\varphi_n^{(r)}$，利用主振型的正交性，则

$$\beta_r=\sum_n a_{nn}\varphi_n^{(r)}A_n\tag{5-23}$$

令 $\frac{EJ}{mR^4}\frac{C_n}{K}f(t)=\sum_r \alpha_r a_{nn}\varphi_n^{(r)}$，利用主振型的正交性，则

$$\alpha_s=\sum_n \varphi_n^{(r)}\frac{EJ}{mR^4}\frac{C_n}{K}f(t)\tag{5-24}$$

将式(5-23)和式(5-24)两式代入方程(5-14)，并考虑到式(5-16)，便得：

$$\ddot{\beta}_r+\omega_r^2\beta_r=\alpha_r\tag{5-25}$$

当初始位移及初始速度为零时，方程(5-25)的解为：

$$\beta_r=\frac{1}{\omega_r}\int_0^t \alpha_r(u)\sin\omega_t(t-u)\mathrm{d}u\tag{5-26}$$

于是

$$A_n=\sum_r\varphi_n^{(r)}\sum_m\varphi_m^{(r)}\frac{1}{\Omega_r^2}\frac{C_m}{K}\cdot\omega_r\int_0^t f(u)\sin\omega_t(t-u)\mathrm{d}u\tag{5-27}$$

(4) 结构的位移、弯矩和轴力

当外荷载随时间的变化规律如图 5-13(b)所示时，圆形结构的径向位移：

$$w(\theta,t)=\sum_{n=1}A_n\cos n\theta=\frac{1}{K}\cdot\mu\cdot P \tag{5-28}$$

$$\mu=\sum_{n}\sum_{r}\varphi_n^{(r)}\sum_{m}\varphi_m^{(r)}\times\frac{C_m}{\Omega_r^2}\left[1-\frac{2}{\omega_r\tau_1}\sin\frac{\omega_r\tau_1}{2}\cos\left(\omega t-\frac{\omega_r\tau_1}{2}\right)\right]\cdot\cos n\theta$$

圆形结构的弯矩：

$$M(\theta\cdot t)=-\frac{EJ}{R^2}\left(\frac{\partial^2 w}{\partial\theta^2}+w\right)=a\cdot R^2\cdot P \tag{5-29}$$

$$a=\frac{EJ}{KR^4}\sum_{n}(n^2-1)\sum_{n}\varphi_n^{(r)}\sum_{m}\varphi_m^{(r)}\times\frac{C_m}{\Omega_r^2}\left[1-\frac{2}{\omega_r\tau_1}\sin\frac{\omega_r\tau_1}{2}\cos\left(\omega_r t-\frac{\omega_r\tau_1}{2}\right)\right]\cos n\theta$$

圆形结构的轴力：

当 $w(\theta,t)<0$ 时(结构的径向变形挤压周围介质时)：

$$N(\theta,t)=R\left[\overline{m}\frac{\partial^2 w}{\partial t^2}+Kwq_w(t)\frac{1}{R}\frac{\partial^2 M}{\partial\theta^2}\right]=\beta RP \tag{5-30}$$

$$\begin{aligned}\beta=&2\sum_{n}\sum_{r}\varphi_n^{(r)}\sum_{m}\varphi_m^{(r)}\frac{EJ}{KR^4}\frac{C_m}{\omega_r\tau_1}\times\sin\frac{\omega_r\tau_1}{2}\cos\left(\omega_r t-\frac{\omega_r\tau_1}{2}\right)\cos n\theta+\\&\sum_{n}\sum_{r}\varphi_n^{(r)}\sum_{m}\varphi_m^{(r)}\times\frac{C_m}{\Omega_r^2}\left[1-\frac{2}{\omega_r\tau_1}\sin\frac{\omega_r\tau_1}{2}\cos\left(\omega_r t-\frac{\omega_r\tau_1}{2}\right)\right]\times\cos n\theta-\\&q_{u\theta}+\frac{EJ}{KR^4}\sum_{n}n^2(n^2-1)\sum_{r}\varphi_n^{(r)}\times\sum_{m}\varphi_m^{(r)}\frac{C_m}{\Omega_r^2}\times\\&\left[1-\frac{2}{\omega_r\tau_1}\sin\frac{\omega_r\tau_1}{2}\cos\left(\omega_r t-\frac{\omega_r\tau_1}{2}\right)\right]\times\cos n\theta\end{aligned}$$

当 $w(\theta\cdot t)>0$ 时(结构的径向变位不挤压周围介质时)：

$$\begin{aligned}\beta=&2\sum_{n}\sum_{r}\varphi_n^{(r)}\sum_{m}\varphi_m^{(r)}\frac{EJ}{KR_4}\cdot\frac{C_m}{\omega_r\tau_1}\times\sin\frac{\omega_r\tau_1}{2}\cos\left(\omega_r t-\frac{\omega_r\tau_1}{2}\right)\cdot\cos n\theta-\\&q_{u\theta}+\frac{EJ}{KR^4}\sum_{n}n^2(n^2-1)\sum\varphi_n^{(r)}\sum\varphi_m^{(r)}\times\\&\frac{C_m}{\Omega_r^2}\left[1-\frac{2}{\omega_r\tau_1}\sin\frac{\omega_r\tau_1}{2}\cos\left(\omega_r t-\frac{\omega_r\tau_1}{2}\right)\right]\times\cos n\theta\end{aligned}$$

5.4.3 工程算例

采用本文方法作了一组算例，研究结构内力随着岩石坚硬系数 f 及结构厚度 h 的变化趋势。岩石坚硬系数 f 取 2、4、6、8；结构厚度 h 取 0.4m、0.5m、

0.6m；圆形结构计算半径 $R=3.85\mathrm{m}$；结构材料弹性模量 $E=3.4\times10^{7}\mathrm{kN/m^{2}}$；结构宽度 $b=1\mathrm{m}$；荷载取有上升时间的平台荷载，荷载上升时间 $\tau_1=12\mathrm{ms}$，侧压系数 $\eta_1=\eta_2=0.3$，底压系数 $\eta_3=0$。在荷载峰值 $P=0.1\mathrm{MPa}$ 时，计算结果如图 5-14 所示。

从计算结果可以看出：①在结构截面厚度不变的情况下，结构控制断面的弯矩随着岩石坚硬系数 f 的增加而减少；结构的轴力随着岩石坚硬系数 f 的增加而减小。②在岩石坚硬系数不变的情况下，结构控制断面的弯矩随着结构厚度的增加而增加。该结论符合宏观定性分析的结果，与 5.4.5 节文献[8]的计算结果和 5.4.5 节文献[10]的试验结果相符合。

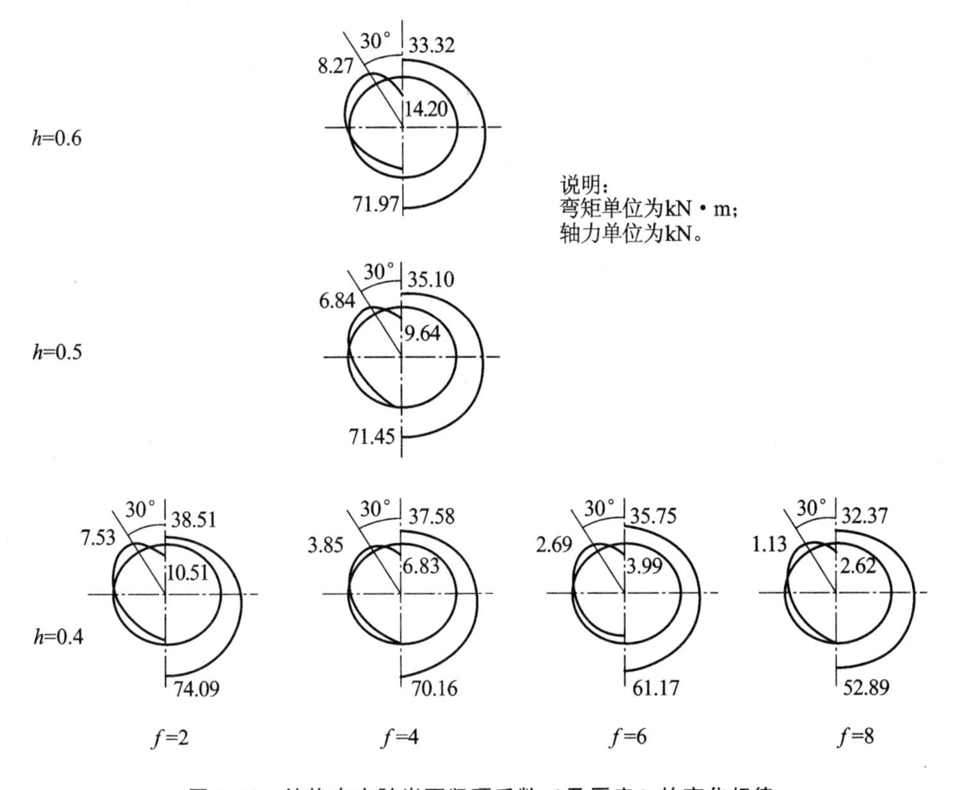

图 5-14　结构内力随岩石坚硬系数 f 及厚度 h 的变化规律

5.4.4　结论

爆炸荷载作用下的岩体中坑道工程的设计方法研究是个十分复杂的课题，本文详细给出了在平面应变条件下圆形洞室动力分析的解析解的推导过程，并对不同结构厚度及不同坚硬系数的岩体进行了计算，得到了如下结论：在结构截面厚度不变的情况下，结构控制断面的弯矩随着岩石坚硬系数 f 的增加而减小，结构的轴力随着岩石坚硬系数 f 的增加而减小；在岩石坚硬系数不变的情况下，结构控制断面的弯矩随着结构厚度的增加而增加。该结果符合宏观定性分析的结果，与有关试验和数值计算结果相符，可以看出本文推导的解析解是正确的，该方法为圆形结构的动力分析提供了一种较简便和适用的计算方法。

5.4.5 参考文献

[1] 刘玉堂，赵红玲，沈贵松．锚杆设计和施工中的几个问题[J]．防护工程，2004，10(26)：49-54.

[2] 吴祥云，赵玉祥，任辉启．提高岩体中地下工程承受动载能力的技术途径[J]．岩石力学与工程学报，2003，22(2)：261-265.

[3] 曹志远，曾三平．爆炸波作用下地下防护结构与围岩的非线性动力相互作用分析[J]．爆炸与冲击，2003，23(5)：385-390.

[4] SPYRAKOS C C，BESKOS D E. Dynamic response of flexible strip foundations by boundary and finite elements[J]. Soil Dynamics and Earthquake Engineering，1986，45：84-96.

[5] ESTORFF O V，PRABUEDI M J. The coupling of boundary and finite elements to solve transient problems in elastodynamics[A]//BREBBIA C A. Boundary element X. London：Springer-Verlag，1988：447-459.

[6] BATHE K J. Numerical methods in finite element analysis[M]. Englewood Cliffs，New Jersey：[s. n.]，1984.

[7] 邓国强，杨秀敏，周早生．防护工程中的数值仿真技术[C]//中国土木工程学会防护工程分会理事会暨学术会议．[出版地不详]：[出版者不详]，2004，8：616-625.

[8] LI H Q，ZHAO Y X. Interaction analysis of the undergroud composite cylindrical structures subjected to intense impulsive loading [A]//Proceedings of the 2nd international symposium on intense dynamic loading and its effects. Chengdu：Sichan University Press，1992，275-278.

[9] O'DANIEL J L，KRAUTHAMMER T. Assessment of numerical simulation capabilities for medium-structure interaction systems under explosive loads [J]. Computers and Structures，1997，63(5)：875-887.

[10] ZHAO Y X，LI H Q，LU J W，et al. Interaction problems of undergroud composite structures under the action of shock loading [A]//Proceedings of the Asia-Pacific Conference on Shock and Structures. Singapore：[s. n.]，1996，467-475.